工业和信息化
精品系列教材

U0377487

单片机
创新开发教程

基于STC8单片机｜微课版

吴险峰／主编

卢鑫 李欣／副主编

E L E C T R O M E C H A N I C A L

人民邮电出版社
北 京

图书在版编目（CIP）数据

单片机创新开发教程：基于STC8单片机：微课版 /
吴险峰主编. -- 北京：人民邮电出版社，2022.8（2024.3重印）
工业和信息化精品系列教材
ISBN 978-7-115-59093-0

Ⅰ. ①单… Ⅱ. ①吴… Ⅲ. ①微控制器－教材 Ⅳ.
①TP368.1

中国版本图书馆CIP数据核字(2022)第056073号

内 容 提 要

本书以国产新一代增强型 51 单片机 STC8 为载体，系统地讲述通过"天问 Block"图形化编程工具来快速学习单片机开发与应用的新方式。本书分为入门篇、基础篇和提高篇。入门篇将单片机开发的新模式和传统模式进行对比，介绍新开发模式的优势。新工具的图形化编程和互联网云编程方式，让零基础的单片机初学者能够更快入门。基础篇介绍 STC8 单片机各类内部资源、常用外设（如 LED 灯、独立按键和数码管等）。提高篇介绍单片机各类外设资源，包括 I^2C 总线、SPI 总线、单总线、并行总线和红外遥控等。

本书作为高职高专"双高计划"建设推荐教材和应用型本科改革规划教材，适用于电子通信类、计算机类、机电类、自动化类等专业相关课程的教学，也适合作为高校专业技能选修和职业技能培训教材。同时，本书非常适合用于零基础单片机爱好者自学入门，对单片机相关专业技术人员也有很高的参考价值。

◆ 主　　编　吴险峰
　　副 主 编　卢　鑫　李　欣
　　责任编辑　王丽美
　　责任印制　王　郁　焦志炜

◆ 人民邮电出版社出版发行　　北京市丰台区成寿寺路 11 号
　　邮编 100164　电子邮件 315@ptpress.com.cn
　　网址 https://www.ptpress.com.cn
　　固安县铭成印刷有限公司印刷

◆ 开本：787×1092　1/16
　　印张：18.25　　　　　　　　2022 年 8 月第 1 版
　　字数：502 千字　　　　　　2024 年 3 月河北第 2 次印刷

定价：69.80 元

读者服务热线：(010)81055256　印装质量热线：(010)81055316
反盗版热线：(010)81055315
广告经营许可证：京东市监广登字 20170147 号

序

21 世纪，全球全面进入了计算机智能控制与计算的时代，而其中的一个重要方向就是以单片机为代表的嵌入式计算机控制与计算。适合中国读者入门的 8051 单片机有 40 多年的应用历史，绝大部分工科专业均基于该单片机开设课程，目前有几十万名对该单片机十分熟悉的工程师可以相互交流开发经验，有大量的经典电路和程序可以直接移植，从而极大地降低了开发风险，提高了开发效率——这也使基于 8051 的 STC 系列单片机产品具有优势。

Intel 8051 技术诞生于 20 世纪 70 年代，功能简单，在产业界基本已被淘汰。STC 宏晶科技对 8051 单片机进行了全面的技术升级与创新，相继开发了 STC89/90、STC10/11、STC12、STC15 和 STC8 系列真 1T/单时钟周期 8 位增强型 51 单片机。新迭代的 STC8H 单片机是不需要外部晶振和外部复位电路的单片机，是以抗干扰、低价、高速、低功耗为目标的 8051 单片机，在相同的工作频率下，STC8H 系列单片机比传统的 8051 单片机快 13.2 倍。STC8H 系列单片机提供了丰富的数字外设（串口、定时器、高级 PWM 及 I^2C、SPI、USB）接口与模拟外设（高速 ADC、比较器），可满足广大用户的设计需求。目前，主流的 STC8H8K64U 芯片还可以实现 USB 下载（不需要 USB 转换电路）、USB 在线仿真（不需要仿真器）、DMA（直接存储器访问）和 RTC（实时时钟）等高级功能。

同时，STC 已推出了 32 位 8051 单片机 STC32G12K128，在相同的工作频率下，速度比普通 8051 单片机快 70 倍，引脚直接兼容 8 位 8051 单片机 STC8H8K64U，换一个头文件重新编译，STC8H/STC32G 程序可直接通用。STC32G 在降低 32 位单片机教学难度的同时，对学生创新能力的提升也起到了很大的促进作用。

1. 对 STC 大学推广计划与单片机教学的看法

STC 全力支持我国的单片机/嵌入式系统教育事业，STC 大学推广计划已经实施了多年，陆续开展的项目包括和高校合作出版教材、赠送 STC 系列实验箱及共建 STC 高性能单片机联合实验室等。STC 还多年赞助全国电子设计大赛、智能车大赛等大学生顶级科技赛项，参与培养数十万计的单片机专业人才和爱好者。

目前市场上 32 位 ARM 单片机应用广泛。现在学生应该首先学习 32 位的 ARM 单片机还是 8 位的 8051 单片机呢？个人觉得先学习 8 位的 8051 单片机比较合适。因为高校的嵌入式课程一般只有 48 个或者 64 个学时，学生如果能够充分利用这些学时，把 8051 单片机学懂，真正做出产品，工作以后就能触类旁通了。但是，如果在 48 个学时内学习 32 位的 ARM 单片机，学生要想完全学懂相对较难，最多只能调用函数，反而不如先打牢基础。如果想继续深入学习，也可以凭借坚实的基础迅速提高。所以，还是应该以 8 位单片机入门。

那么要学习 8 位单片机，选择哪款单片机比较好呢？个人觉得主流的 STC8 比较合适。STC8 系列的单片机本身就是一个仿真器，而对于定时器学生只需学 16 位自动重载一种模式即可；各类接口 ADC、PWM、SPI、I^2C 功能已经内置，学生学起来更方便，而且代码更具有实际工程价值。另外，单片机配套的 STC-ISP 烧录软件中提供了大量易用的工具，如范例程序、定时器计算器、软件延时计算器、波特率计算器、头文件、指令表、Keil 仿真设置等，极大地简化了教学。

2. 对工科非计算机专业 C 语言教学的看法

现在单片机开发基本都是 C 语言为主。工科非计算机专业介绍 C 语言的部分教材内容较为抽象，对学生应用能力的培养相对较弱。以前我们在学 C 语言时，学完理论知识后会进行 DOS 系统的学习，也在 DOS 系统下开发软件。现在学生学完理论知识后，要从 Windows 系统返回 DOS 系统，并且这种 C 语言程序也不能在 8051 单片机上运行。建议现在将单片机和 C 语言（面向控制的嵌入式 C 语言）放在一门课中，学生学完后知道如何应用这些知识。

3. 对本书的看法

多年来，STC 已经和广大高校教育工作者们合作出版了大量单片机教材。在众多单片机教材中，吴险峰老师的书非常具有创新特色。吴老师曾是某大型跨国通信企业资深工程师，非常注重产教融合。他主编的《51 单片机项目教程（C 语言版）（赠单片机开发板）》，将企业需求与学生技能培养结合，整合了供应链和出版社资源来编写教材。该书发行量多年位居单片机教材前列，影响很大。此外，在工业和信息化部教育与考试中心的协助下，他还利用此教材对硬件标准化实操考试进行了有益的探索。

这次推出的《单片机创新开发教程（基于 STC8 单片机）（微课版）》，是吴老师"五年磨一剑"的最新力作。为了方便学习者快速入门单片机，在借鉴开源硬件开发模式的基础上，本书推出了图形化编程和 C 语言结合的创新开发模式，极大地降低了 STC8 单片机的学习门槛。为了方便学习者掌握主流的单片机技能，本书除了提供丰富的工程实际案例，还首次开发了针对 STC8H 单片机的虚拟软件仿真资源。本书配套的图形化编程软件还提供了在线社区、在线学习、云代码托管和编译等功能，为 51 单片机传统编程方式插上了互联网的"翅膀"。

对于非工科背景的学生，采用图形化编程即可快速入门学习单片机；对于对工科非计算机专业背景的学生，通过图形化编程学习单片机的同时，也能很好地学习 C 语言；而对于电子信息类专业的学生，通过图形化设置寄存器，配合新开发模式配套的库函数和云编程等工具，可以大大加快单片机项目开发进程。

感谢吴险峰老师采用 STC8H8K64U 系列单片机撰写这本具备改革特色的教材，为中国多年来的单片机教学和应用做出了贡献。本书为 STC 大学推广计划和 STC 单片机大赛推荐教材。

姚永平（STC 单片机创始人）

2022 年 6 月

前言

教学背景

《国家职业教育改革实施方案》（又称"职教 20 条"）的印发和实施深化了职业院校教材改革，推出一批能体现职业教育特色、满足职业教育教学质量要求的优质教材已经迫在眉睫。

单片机是计算机类、电子类、自动化类和电气类专业的必修课程，目前很多学校还是使用单片机中最经典的 8051 单片机作为授课主体，相关教材内容几十年来没有太大的变化。而经典 8051 单片机在产业界早已淘汰，虽然 8 位单片机还在工业界使用，但都是拓展了更多资源和功能的增强型 51 单片机，而这部分知识还没有在教学中普及。为了深化产教融合改革，必须将这部分补上。同时，增强型 51 单片机和 32 位 ARM 单片机功能更为接近，由增强型 51 单片机入门对后续的单片机学习有非常好的衔接作用。

采用以往的传统开发模式学习 STC8 单片机的难度会很大，本书通过"天问 Block"开发平台，介绍图形化编程和互联网云编程的单片机开发新模式，不仅降低了学习门槛，而且提高了开发效率。

主要内容

本书分为入门篇、基础篇和提高篇。

入门篇将单片机开发新模式和传统模式进行对比，对单片机开发中使用的软硬件平台进行基本描述，对必要的硬件知识和对应的 C 语言编程进行总结归纳，即使是零基础的单片机初学者，也能快速入门。各章内容如下。

- 第 1 章　了解单片机传统开发
- 第 2 章　单片机开发新思路
- 第 3 章　了解开发板
- 第 4 章　入门 C 语言

基础篇介绍 STC8 单片机各类内部资源，包括 GPIO、中断、定时器、ADC、PWM、串口、EEPROM、比较器、低功耗和看门狗等，也包含了常用外设，如 LED 灯、独立按键和数码管等。基础篇对这些项目涉及的软硬件知识进行深入解析，一步步提高读者的理论知识水平和实践技能。项目同时包含图形化和 C 语言编程代码，提供仿真案例。各章内容如下。

- 第 5 章　GPIO 控制流水灯
- 第 6 章　使用独立按键
- 第 7 章　使用中断
- 第 8 章　使用定时器
- 第 9 章　使用数码管
- 第 10 章　使用 ADC

- 第 11 章　使用 PWM
- 第 12 章　使用串口
- 第 13 章　使用 EEPROM
- 第 14 章　使用比较器
- 第 15 章　使用低功耗
- 第 16 章　使用看门狗

提高篇介绍单片机各类外设资源，包括 I²C 总线、SPI 总线、单总线、并行总线和红外遥控等，并从软件工程的角度出发，通过一个综合项目让读者掌握更多的编程技巧。本篇最后通过使用天问 Block 高级技能为读者指出下一步学习的方向。各章内容如下。

- 第 17 章　使用 I²C 总线
- 第 18 章　使用 SPI 总线
- 第 19 章　使用单总线
- 第 20 章　使用并行总线
- 第 21 章　使用红外遥控
- 第 22 章　综合项目
- 第 23 章　使用天问 Block 高级技能

本书特色

1. 项目化体例。本书是"理实一体化"教材。每一章将项目有机地分解为典型任务，将知识融入任务情境之中。编写体例设计为"情境导入、学习目标、相关知识、项目设计、项目实现、知识拓展和强化练习"，符合学生认知，偏重实践技能培养。

2. 产教融合。本书基于业界主流的 STC8H 单片机，主要项目都来自产业实际并经过甄选。新开发模式也经过了产业界检验并被引入学校进行推广。

3. 学思融合。党的二十大报告提出"全面贯彻党的教育方针，落实立德树人根本任务，培养德智体美劳全面发展的社会主义建设者和接班人。"一方面,本书在每章项目中设置了知识拓展模块，将素质培养与知识技能结合，体现教材的立德树人作用；另一方面，本书采用的"天问 Block"平台与 STC8 单片机组成了"国产生态链"，让学生在学习中也支持"中国芯"和国产软件，践行立德树人的教育理念。

4. 虚拟仿真实训。高校课堂还在用经典 51 单片机教学的一个重要原因就是其有丰富的虚拟仿真案例。本书最大亮点之一就是为 STC8 单片机设计了大量的虚拟仿真案例，为没有条件使用开发板的读者提供便利。

学习建议

1. 对于零基础学员：通过图形化语言快速编程，锻炼编程思维，在进行图形化编程的同时学习 C 语言，方便后续切换到 C 语言编程。

2. 对于有开发基础的学员：在学习"天问 Block"的快速生成代码框架的基础上，结合具体项目学习和研究该框架下面的封装代码，提升专业能力。

以上学员建议购入与本书内容配套的开发板，以提升学习效果。为方便没有开发板的读者，本书也提供了软件虚拟实训案例。

3. 对于专业技术人员：将本书中介绍的新模式中的工具作为代码快速生成工具，提高开发效率，省去查阅手册、看寄存器资料的时间。希望有经验的开发者能将实际开发器件封装成模块库共享到平台，拓展知识付费"红利"，完善国产平台生态。

教材配套课程大纲

教材部分内容已经在编者所在学校的专业课和选修课程中进行了试用和优化。为了方便教师针对不同基础的学生及课程目标组织教学，本书提供了以下几个常用的课程大纲。教师可以根据自己的课程定位对大纲进行修改和取舍。课程名称也不用拘泥于此大纲仅限定于单片机的范畴，比如编者就开设过对标初级的"创客技能实战"课程。

课程名称	课程定位	课程目标	学习要求	课程内容
单片机创新开发教程——初级	公共选修课 本课程将单片机开发需要的常用技能通过对应的天问51开发板融入课程项目中，用可视化编程工具让学生快速入门单片机开发，领悟编程的乐趣，同时锻炼编程思维，提升创客技能	（1）掌握天问Block图形化编程 （2）理解单片机常见功能和使用 （3）了解C语言基本结构	不需要先导知识，零基础入门。中小学生和单片机爱好者都可学习。最好用开发板，没有开发板的可采用Proteus软件仿真	本教材入门篇+基础篇内容，不用涉及C语言编程
单片机创新开发教程——中级	专业选修课 本课程通过天问Block平台，用可视化编程工具让学生快速入门主流STC8单片机，同时高效学习C语言开发	（1）掌握天问Block图形化和C语言编程 （2）熟悉STC8单片机常见功能编程和库函数的使用 （3）熟悉Proteus的使用	有基本的电路知识。适合工科非计算机类专业学生。最好用开发板，没有开发板的可采用Proteus软件仿真	本教材入门篇+基础篇内容
单片机创新开发教程——高级	专业必修课/核心课 采用传统Keil平台+寄存器方式学习51增强型单片机，难度较大。本课程通过"天问Block"图形化编程和互联网云编程的单片机开发新模式，不仅降低了学习门槛，而且提高了开发效率。同时这种新开发模式也能方便过渡到后续的ARM单片机学习	（1）掌握天问Block高级开发模式 （2）掌握STC8单片机硬件架构和硬件仿真 （3）掌握Proteus软件的高级使用 （4）熟悉多个单片机程序移植	有电路、C语言相关知识基础。适合电子信息类高职或本科专业使用，可完全取代经典51单片机课程，或者作为经典51单片机到32位单片机衔接课程。需要将Proteus软件仿真和开发板结合使用	本教材全部内容，根据人才培养方案课时可以增减部分外设模块内容

配套资源

本书配有全套课件、教学视频和实例代码，相关实操可以直接扫描书中二维码在线观看，方便读者自学。本书配备教案、课程大纲、教学计划和软件虚拟实训案例，方便课堂教学和无开发板的读者实操。本书还提供慕课支持，读者可以在中国大学MOOC网在线学习。此外配套的"天问Block"平台还包含各类模块技术手册、模板库和开发者论坛，不光针对本书读者，而且面向整个产业中的人员，致力于推广单片机国产生态链。

编写说明

本书由深圳信息职业技术学院嵌入式省级示范基地负责策划和编写。基地负责人吴险峰任主编，对本书的编写思路进行了总体设计，对全书进行了统稿。卢鑫、李欣任副主编。卢鑫参与了项目审核，李欣参与了课程资源制作。嵌入式教研室的其他同仁也参与了本书的选题论证工作，在此表示感谢。

本书的出版离不开合作企业同仁的鼎力支持。感谢一直投身于中国单片机教育事业的 STC 宏晶科技，将 STC8H 单片机推向课堂，使单片机教学和应用与产业同步。感谢杭州好好搭搭科技有限公司，推出支持图形化编程和云编程模式的"天问 Block"平台，极大地降低了单片机学习难度。感谢广州风标教育技术股份有限公司，推动 Proteus 软件对国产新一代 51 单片机的仿真支持。正是大家的共同努力，才实现了 51 单片机课程从经典 8051 单片机到主流增强型 51 单片机教学平台的大跨越。

由于本书使用的 STC8 单片机和"天问 Block"开发工具都是新平台，除了产品手册、参考资料有限，相关虚拟实训案例也没有先例，编者水平所限，不当之处难免。敬请同行、专家及使用本书的读者提出宝贵意见，以便在本书下一版修订中改进。

编者

2023 年 5 月

单片机创新开发教程学思融合元素设计

章	知识拓展	学思融合元素
第 1 章　了解单片机传统开发	【案例】国产单片机机遇	大国战略 科技发展
第 2 章　单片机开发新思路	【案例】国产软件 WPS 的启示	民族自豪感 国际竞争
第 3 章　了解开发板	【案例】天问开发板命名由来	自主创新意识 民族意识 科技发展
第 4 章　入门 C 语言	【人物】中国 C 语言教育专家——谭浩强	职业自豪感 专业能力 工匠精神
第 5 章　GPIO 控制流水灯	【案例】黄光 LED 获得新突破	科技发展
第 6 章　使用独立按键	【案例】从实体按键到虚拟按键	中国制造 人民幸福
第 7 章　使用中断	【案例】中断的延迟处理	时间管理 科技发展
第 8 章　使用定时器	【案例】国产高精度时钟芯片加持"北斗"	自力更生 技术突破
第 9 章　使用数码管	【科普】从辉光数码管到 LED 数码管	科技发展 制度自信
第 10 章　使用 ADC	【科普】ADC 在消费电子市场的应用	美好生活 科技发展
第 11 章　使用 PWM	【实验】爱国歌曲音乐盒制作	爱国精神
第 12 章　使用串口	【案例】国货之光 CH340	民族自豪感
第 13 章　使用 EEPROM	【科普】EEPROM 的技术原理	科技发展 专业能力
第 14 章　使用比较器	【科普】掉电检测	社会责任感 创新意识
第 15 章　使用低功耗	【科普】低功耗和绿色节能	环保意识 低碳生活
第 16 章　使用看门狗	【案例】单片机看门狗机制的启示	专业能力 科学思想
第 17 章　使用 I²C 总线	【科普】国产 OLED 驱动芯片取得突破	科技发展 技术突破
第 18 章　使用 SPI 总线	【科普】Flash 的存储结构	专业能力 科技发展
第 19 章　使用单总线	【科普】DS18B20 测温工作原理	科学原理 科技创新

续表

章	知识拓展	学思融合元素
第 20 章　使用并行总线	【科普】触摸屏	科技发展 专业能力
第 21 章　使用红外遥控	【人物】黄立：打造红外"中国芯"	自力更生 爱国情怀 工匠精神
第 22 章　综合项目	【科普】软件工程思想	科学理论 专业能力
第 23 章　使用天问 Block 高级技能	【案例】乐鑫科技为物联网打造中国芯	科技发展 制度自信 科技创新

目录

提高篇

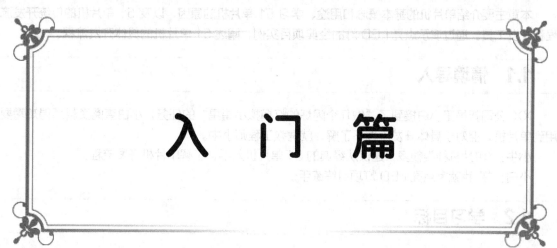

入 门 篇

第1章
了解单片机传统开发

本章主要介绍单片机的基本概念和用途、学习 51 单片机的原因，以及 51 单片机的传统开发流程和开发工具。通过演示点亮 LED 灯的经典项目实例，阐述 51 单片机的具体开发流程。

1.1 情境导入

XX 公司新员工小白接到了"做几个闪烁的灯模拟小星星"的任务。小白查阅资料后得知需要用到单片机，但对于具体开发流程不了解，就请教工程师小牛。

小牛："单片机种类很多，建议从经典的 51 单片机入手，了解单片机开发流程。"

小白："那我就拿点亮 LED 灯项目练练手。"

1.2 学习目标

【知识目标】

1. 了解单片机基本概念。
2. 了解单片机开发流程。

【能力目标】

1. 掌握 Keil 软件的基本使用流程。
2. 掌握 Proteus 软件的 51 单片机仿真流程。

1.3 相关知识

1.3.1 什么是单片机

从专业角度来讲，单片机就是在一块硅片上集成了微处理器、存储器以及各种输入/输出接口的芯片，这样的芯片具有计算机的属性，因而被称为单片计算机，简称单片机。编程的目的就是控制这块芯片的各个引脚在不同的时间输出不同的电平（高电平或者低电平），进而控制与单片机各个引脚相连接的外围电路的电气状态。单片机编程主要采用 C 语言或者底层的汇编语言。

单片机的主要功能是"控制"，因此也常称为 MCU（Microcontroller Unit，微控制单元）。由于 MCU 自身不能单独运用于某项工程或产品上，必须要靠外围数字器件或模拟器件的协调才可以发挥自身的强大功能，因此我们在学习单片机知识时不能仅学习单片机的一种芯片，还要循序渐进地学习其外围的数字及模拟芯片知识，更要学习其常用的外围电路的设计与调试方法等。

1.3.2 单片机能干什么

单片机的应用已经覆盖非常广泛的产品类别，主要有如下几个。

（1）工业自动化产品：如数据采集设备、测控设备等。

（2）智能仪器仪表产品：如数字示波器、数字万用表等。

（3）消费类电子产品：如家用电器、汽车电子设备等。

（4）通信产品：如电话机、手机等。

这些电器内部无一不用到单片机，而且大多数电器内部的主要控制就是由一块单片机来实现的，可以说，与控制或简单计算有关的电子设备的功能都可以用单片机来实现。

1.3.3 单片机的种类

根据目前发展情况，从不同角度可以将单片机按以下 3 种方式分类。

1. 按通用性可分为通用型和专用型

这是按单片机适用范围来分类的。例如，80C51 单片机是通用型单片机，它不是针对某种专门用途设计的。专用型单片机是针对一类产品甚至某一个产品设计生产的，例如为了满足电子体温计的要求，在片内集成具有 ADC（模数转换）等功能的温度测量控制电路。

2. 按总线结构可分为总线型和非总线型

这是按单片机是否提供并行总线来区分的。总线型单片机普遍设置有并行地址总线、数据总线、控制总线，这些总线的引脚扩展的并行外围器件都可通过串口与单片机连接。另外，许多单片机已把所需要的外围器件及外部设备（简称外设）接口集成在片内，因此在许多情况下可以不要并行扩展总线，这样既节省了封装成本，也减小了芯片体积，这类单片机称为非总线型单片机。

3. 按单片机数据总线位数可分为 8 位、16 位和 32 位单片机

目前 8 位单片机应用依然广泛，但 32 位单片机将成为市场主流，正在逐渐占据过去由 8 位和 16 位单片机主导的应用市场。8 位单片机主流是 8051 单片机，也就是所谓的 51 单片机。16 位单片机因为性价比不如 8 位单片机，功能不如 32 位单片机，逐渐被边缘化。主流 32 位单片机是基于 ARM（Advanced Risk Machine）Cortex-M 系列内核的单片机。而最近几年开源的 RISC-V（RISC 表示精简指令集计算机，V 表示第五代）单片机也逐渐流行起来，特别是在新兴的物联网领域。

1.3.4 为什么要学 51 系列单片机

现在市场上流行的单片机有很多型号，比如 51 系列、MSP430 系列和 ARM Cortex-M 系列。从学习角度来说，51 系列单片机是首选，主要原因如下。

1. 影响力大

自 51 系列单片机问世以来，主流厂商都有相关产品，各大高校基本上还是以 51 系列单片机作为单片机开发的入门课程。

2. 资料众多

学生在学习 51 单片机的过程中遇到问题时上网查找基本都能解决，开发软件有很多相关案例，上手比其他型号的单片机容易。

3. 学习成本低

对于单片机这种必须要硬件进行实操技能学习的课程，价格便宜的 51 系列单片机对读者更有吸引力。

4. 与时俱进

51 系列单片机也一直在发展，目前市场中的 8 位单片机都在原来 8051 内核基础上扩展出了更多更强的功能，其部分性能甚至超过了 32 位的 ARM 入门 M0 芯片。但相对 ARM 架构来说，51 系列单片机的寄存器简单许多，适合新手入门。

通过 51 系列单片机学习，读者能够方便地了解单片机架构和寄存器编程知识，对其他类别的单片机也能触类旁通，如果学习冷门的单片机，资料偏少，可能解决一个简单的问题就要花费很长时间，容易打击初学者的信心。

1.3.5 单片机开发流程

想要完成单片机开发项目，需要了解其实际产品开发流程。

1. 单片机实际产品开发通用流程

实际产品开发通用流程主要包含硬件电路板制作和后期的产品设计。主要步骤归纳如下。

（1）明确项目要求。分析和了解项目的总体要求，并综合考虑使用环境、可靠性要求、可维护性及产品的成本等因素，确定可行的性能指标要求。

（2）划分软、硬件功能。单片机系统由软件和硬件两部分组成。在应用系统中，有些功能既可由硬件来实现，也可以由软件来完成。使用硬件可以提高系统的实时性和可靠性，但是会增加制造成本；使用软件可以降低系统成本，简化硬件结构，但是效率和稳定性不如硬件。因此在总体考虑时，必须综合分析以上因素，合理地确定硬件和软件任务的比例。

（3）确定希望使用的单片机及其他关键器件。根据硬件设计任务，选择能够满足系统需求并且性价比高的单片机及其他关键器件，如模数转换器、数模转换器、传感器、放大器等。这些器件需要满足系统精度、速度以及可靠性等方面的要求。

（4）硬件设计。根据总体设计要求，以及选定的单片机和外设设计出应用系统的电路原理图。

（5）软件设计。在系统整体设计和硬件设计的基础上，确定软件系统的程序结构并划分功能模块，然后进行各模块程序设计，目前单片机编程中广泛使用的语言是 C51 语言。

（6）仿真调试

硬件和软件设计结束后，需要进入两者的整合调试阶段。为避免浪费资源，在生成实际电路板之前，需要对单片机程序进行仿真调试。出现问题可以及时修改。

（7）系统调试

完成系统仿真后，将程序烧录写入单片机，接通电源及其他输入、输出设备，进行系统联调，直至调试成功。

（8）后期完善

经测试检验符合要求后，将系统交给用户试用，对于出现的实际问题进行修改完善，完成系统开发。

2. 单片机开发板学习流程

上面描述的是单片机项目开发通用流程，为了方便读者学习，一般建议通过单片机开发板构建的单片机应用系统进行学习。如图 1-1 所示，单片机应用系统由硬件和软件组成。开发板已经集成了常用的接口电路和外设，芯片的控制端口也都通过开发板引出，相当于硬件

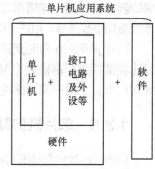

图 1-1　单片机应用系统

设计已经基本完成。读者只需要在熟悉开发板电路连接的基础上，通过软件设计就可以进行单片机应用开发了。也可以不通过开发板，而用面包板和杜邦线来搭建电路，但是这样就需要读者有一定的硬件基础知识和动手能力。

1.3.6　单片机最小系统

单片机最小系统也称为单片机最小应用系统，是指用最少的器件组成可以工作的单片机系统。单片机最小系统的三要素就是电源、时钟电路和复位电路。

1. 电源

作为电子器件，51 单片机当然少不了电源供电，它一般使用 5V 电源，可以使用 USB（ Universal Serial Bus，通用串行总线 ）接口获取 5V 电源。电源中 VCC（ Volt Current Condenser ）表示供电电压；GND（ Ground ）表示接地，可以简单理解为连接到电源负极。我们以 GND 为参考电压，GND 的电压值始终为 0V。

2. 时钟电路

时钟电路由晶体振荡器（ 简称晶振 ）和电容器组成。晶振是一种由石英制造的电子元件，在通电时，其表面会产生特定频率的振荡信号，最后通过电路可以输出一个频率很稳定的时钟信号。一般 51 单片机默认的晶振频率是 12MHz。另外 11.0592MHz 的晶振也很常见，这个频率主要是为了产生标准的波特率，方便单片机通信，我们在第 12 章会讲到。

3. 复位电路

复位电路的作用就是在刚通电的时候给单片机发出一个信号（ 对于 51 单片机，是连续至少两个机器周期的高电平 ），告诉单片机现在可以开始工作了。于是单片机从初始状态开始，不厌其烦地执行特定的程序，直到断电，或者出现特殊情况导致程序终止。一般情况下，单片机正

常工作时是不应该出现程序执行终止情况的，有关这个问题，我们在第 16 章会讲到。

1.3.7　单片机开发软件 Keil μVision

Keil μVision 软件是英国 ARM 公司旗下的单片机开发工具软件，主要分为 C51 版本和 MDK 版本，分别对应 8 位单片机和 32 位 ARM 系列单片机的开发。Keil μVision 软件具有功能强大的编辑器和调试器。编辑器可以像一般的文本编辑器一样对源代码进行编辑，调试器使用户可以快速地检查和修改程序。用户还可以选中程序变量和存储器单元来观察其值，并可以对其进行适当的调整。

Keil μVision 同时支持使用 C 语言和汇编语言编程。Keil μVision 编译器在遵循 ANSI C 标准 [美国国家标准协会（ANSI）对 C 语言发布的标准] 的同时，针对 51 单片机进行了特别的设计和扩展，让用户能够使用在单片机开发中需要的所有资源。

1.3.8　单片机仿真软件 Proteus

Proteus 软件是英国 Labcenter Electronics 公司旗下的 EDA（Electronic Design Automation，电子设计自动化）工具软件，是一种完全用软件手段来对单片机硬件电路和软件进行设计、开发与仿真调试的开发工具。先在软件仿真工具的环境下进行系统设计并调试通过，虽然还不能完全说明实际系统就完全可行，但至少说明系统在逻辑上是行得通的。软件仿真通过后，再进行软硬件设计与实现，可大大减少设计上所走的弯路。相对于开发板来说，软件虚拟实训减少了硬件投入成本，适合教学使用。

但是要培养单片机技能和动手能力，开发板必不可少。毕竟真实的电路出现的问题各种各样，不是一个数字化的虚拟仿真就能模拟的，还是建议有条件的读者使用开发板验证程序。

1.4　项目设计

本章从 AT89C51 单片机入手来演示传统的单片机开发流程。"点亮 LED 灯"电路图如图 1-2 所示。

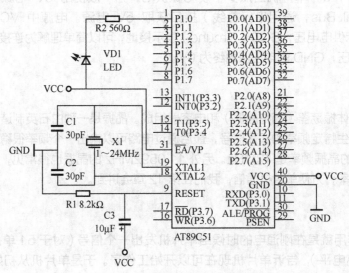

图 1-2　"点亮 LED 灯"电路图

图 1-2 所示就是在单片机最小系统上给 P1.0 端口连接一个 LED 灯的电路图。图中连接在引脚 XTAL1（XTAL 为外接晶振）、XTAL2 和 GND 间的电路是时钟电路。连接到 RESET 引脚的电路就是复位电路。其他有关单片机的内部架构和引脚的内容在第 3 章会详细介绍，从电路图上看，P1.0 端口连接了 LED 灯 VD1 的阴极，只要 P1.0 输出为低电平就可以点亮 LED 灯。

任务　点亮 LED 灯

软件设计不用汇编语言，一律采用 C 语言，便于理解和扩展。程序代码如下。

```
#include"reg51.h"              /* 头文件定义*/
 sbit P1_0 = P1 ^ 0;          //定义引脚
 void main(void)
{
   while(1)
   {
    P1_0 = 0;                 //低电平有效，如果把 LED 反过来接，就是高电平有效
   }
}
```

第 5 章会对 C 语言的语法进行详细说明，本章只对程序进行简要介绍。

1. 头文件

程序的第 1 行表示"文件包含"，是将另一个文件"reg51.h"的内容全部包含进来。文件"reg51.h"包含了 51 单片机全部的特殊功能寄存器的字节地址及可寻址位的位地址定义。程序的第 1 行写为 #include "at89x51.h" 也可以，它们的具体区别在于：后者定义了更多的地址空间。找到相应的头文件，比较一下便知。

本程序包含"reg51.h"文件的目的就是使用"P1"这个符号，即程序中所写的 P1 是指 AT89C51 单片机的 P1 端口，而不是其他变量。

打开"reg51.h"文件可以看到"sfr P1=0x90;"，即定义符号 P1 与地址 0x90 对应，P1 口的地址就是 0x90。虽然这里的"文件包含"只有一行，但编译器在处理的时候却要处理几十行甚至几百行代码。

2. 读写引脚

程序的第 2 行用符号 P1_0 表示 P1.0 引脚（也称管脚）。在 C 语言程序中，如果直接写"P1.0"，则编译器不能识别，而且 P1.0 也不是一个合法的 C 语言程序变量名，所以必须给它起一个另外的名字，这里起的名字是 P1_0，使用 C 语言程序的关键字"sbit"来进行定义。

3. 主循环

"while（1）"判断指令是让单片机工作在主循环状态，目的是一直输出低电平。

此电路中是低电平点亮 LED 灯，当我们把 LED 灯的阳极接至 VCC，就把接在单片机 P1_0 上的 LED 灯点亮了。

1.5 项目实现

1.5.1 Keil μVision 编写代码

开发程序在 Keil μVision 开发环境下进行，这里使用的版本是 Keil μVision 5，其他版本中的操作基本相同。

（1）软件启动。软件启动画面如图 1-3 所示。Keil 软件请自行下载安装，本书只涉及其使用部分。

（2）选择"Project→New μVision Project"命令，新建一个项目，如图 1-4 所示。

（3）在"Create New Project"（新建工程）对话框中，给这个项目取名为"test"后保存，不需要填扩展名，如图 1-5 所示。

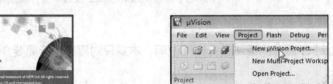

用 Keil 软件编写
代码

图 1-3　启动画面　　　　　　　　　　　　图 1-4　新建项目

（4）弹出图 1-6 所示对话框，在"CPU"选项卡中选择实际单片机型号。本例中我们找到并选中"Atmel"下的"AT89C51"，如图 1-6 所示。

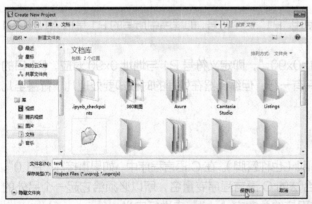

图 1-5　建立"test"项目

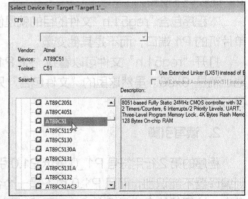

图 1-6　选择单片机型号

（5）完成以上操作后，项目创建完毕，接下来开始建立一个源程序文本，选择"File→New"命令，主页面右边会生成"Text1"空白文档，如图 1-7 所示。

（6）单击"保存"按钮，弹出"Save As"（另存为）对话框，在文件名框里输入源程序文件名称，在这里笔者输入"main.c"，大家可以随便命名，如图 1-8 所示。

📖 **注意**

如果用汇编语言编写程序，扩展名一定是".asm"，如果用 C 语言编写程序，则扩展名是"c"。

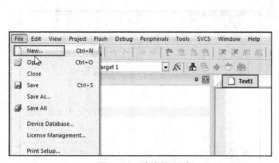

图1-7 建立源程序

图1-8 保存源程序

（7）在源程序编辑页面输入完整的程序，如图1-9所示。这时程序文本字体颜色已发生了变化，表明编译器生效。

（8）接下来需要把刚创建的源程序文件加入工程项目文件中，右击项目管理页面中"Project test"下的"Target 1"下的"Source Group 1"（源程序组1），在弹出的快捷菜单中选择"Add Existing Files to Group'Source Group 1'..."（添加文件到项目1）命令，如图1-10所示。

图1-9 将EX1-1程序写入源程序编辑区

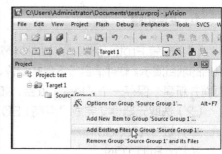

图1-10 添加源程序到项目

（9）单击"Target Options"（目标选项）按钮，选择"Target"（目标）选项卡，设置晶振频率，一般设置成12MHz，因为12MHz方便计算指令时间，如图1-11所示。

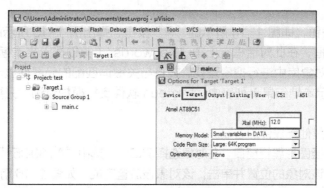

图1-11 设置晶振频率

（10）在"Output"（输出）选项卡中勾选"Create HEX File"（生成HEX文件）复选框，使编译器输出单片机需要的HEX文件，如图1-12所示。

（11）保存文件后单击"Rebuild"（重新建造）按钮进行编译，"Build Output"窗口在程序没有错误情况下提示有 HEX 文件，如图 1-13 所示。

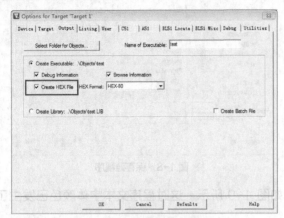

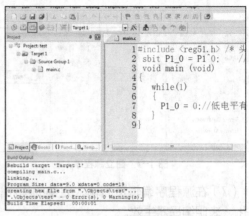

图 1-12　设置 HEX 文件输出　　　　　　　　　图 1-13　编译源程序

1.5.2　Proteus 仿真实例

1.　主要步骤

（1）安装 Proteus8.9 及以上版本软件，因为该版本支持新一代的增强型 51 单片机仿真，便于以后的项目演示。软件请自行下载并安装。打开 Schematic Capture（原理图绘制）页面并新建、保存一个"test"项目，如图 1-14 所示。

（2）选取元器件。完成"点亮 LED 灯"项目实例需要使用如下元器件。

单片机：AT89C51。

按钮：BUTTON。

瓷片电容器：CAP。

晶振：CRYSTAL。

发光二极管：LED-YELLOW。

电阻器：RES。

Proteus 仿真实例
（点亮 LED 灯）

单击对象选择按钮，即图 1-14 所示的"P"按钮，弹出图 1-15 所示的"Pick Devices"（选取元器件）对话框，在此对话框左上角"Keywords"（关键词）文本框中输入元器件名称，如"at89"，系统在对象库中进行搜索查找，并将与关键词匹配的元器件显示在右边"Showing local results"（显示本地结果）列表中。Proteus 软件支持模糊查询，只要输入部分字符就可以查找。

按照此方法完成其他元器件的选取。

（3）放置元器件至图形编辑窗口。在对象选择窗口中，选中"AT89C51"，将鼠标指针置于图形编辑窗口中欲放置该对象的位置并单击，该对象被放置完成，如图 1-16 箭头所示。同样地，将"BUTTON""RES"等放置到图形编辑窗口中。

若元器件方向需要调整，先单击选中该元器件，再单击工具栏上相应的转向按钮，把元器件旋转到合适的方向后再将其放置于图形编辑窗口。

图1-14　新建一个"test"项目

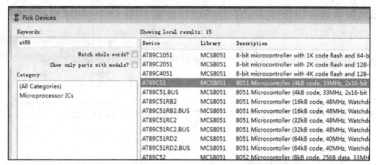

图1-15　"Pick Devices"对话框

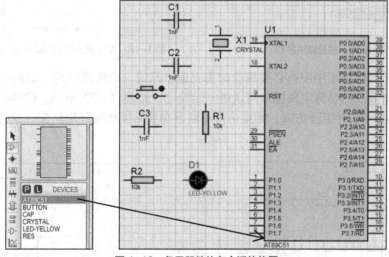

图1-16　各元器件放在合适的位置

若需要移动对象位置，将鼠标指针移到该对象上右击，此时我们可以注意到，该对象的颜色已变为红色，表明该对象已被选中，按住鼠标左键，拖动鼠标，将对象移至新位置后，松开鼠标，完成移动操作。

通过一系列的移动、旋转、放置等操作，将元器件放在图形编辑窗口中合适的位置，如图1-16所示。

（4）放置终端（电源、地）。放置电源操作：单击工具栏中的"终端"按钮，在对象选择窗口中选择"POWER"（电源），如图1-17所示，再在图形编辑窗口中要放置电源的位置单击即可。放置地（GROUND）的操作与此类似。

（5）元器件之间的连线。Proteus软件的导线连接非常智能化。如图1-16所示，当鼠标指针靠近R1右端的连接点时，鼠标指针处就会出现一个电气格点符号，表明找到了R1的连接点，单击并移动鼠标（不用拖动鼠标），将鼠标指针靠近LED的左端的连接点时，鼠标指针处也会出现一个电气格点符号，表明找到了LED显示器的连接点，单击完成电阻R1和LED的连线。

同理，我们可以完成其他连线。在此过程中的任何时刻，都可以按"ESC"键或者右击来放弃连线。

（6）修改、设置元器件的属性。Proteus软件的对象库中的元器件都有相应的属性，要设置、修改元器件的属性，只需要双击该元器件。例如，双击限流电阻器R2，弹出图1-18所示的"Edit Component"（编辑组件）对话框，在该对话框中已经将电阻器的阻值修改为300Ω。其他的电容和晶振等器件也按照类似的方法进行设置。图 1-19 所示是完整的"点亮 LED 灯"的电路图。

图 1-17　放置终端符号

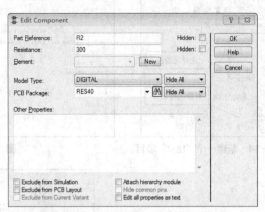

图 1-18　设置限流电阻阻值为 300Ω

此外，在仿真电路图中没有必要每次都画上最小系统，也就是电源、时钟电路和复位电路可以省略，这样我们的仿真电路图就可以进一步简化，如图 1-20 所示。这样的简化电路图一样也能在 Proteus 软件里面仿真。如果仿真电路图需要转换成实际电路图，这几个电路是必须要加上的。

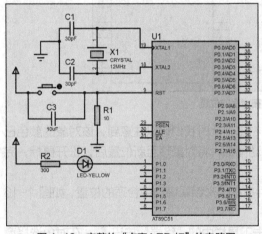

图 1-19　完整的"点亮 LED 灯"的电路图

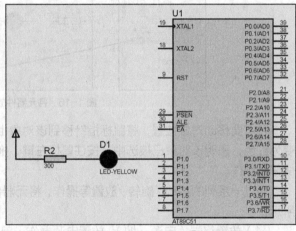

图 1-20　简化的"点亮 LED 灯"的电路图

（7）加载目标代码文件。修改好各器件属性以后就要将程序（HEX 文件）载入单片机了。首先双击单片机图标，同样会弹出"Edit Component"对话框，如图 1-21 所示。在这个对话框中单击"Program File"（程序文件）文本框右侧的"打开"按钮，来打开选择程序代码窗口，选中相应的 HEX 文件后返回，这时，"Program File"文本框中就填入了相应的 HEX 文件名，单击该对话框中的"OK"按钮，程序文件就添加完毕了。

（8）仿真。装载好程序后，就可以进行仿真了，单击"启动"按钮 ▶ 启动仿真，仿真运行片段如图 1-22 所示。图中红色方块代表高电平，蓝色方块代表低电平，灰色方块代表不确定电平。

2. 难点剖析

对比图 1-19 所示的 Proteus 软件的仿真电路图和图 1-2 所示的实际电路图，我们发现其取值有些差异。这也能够理解，仿真器件相当于理想值，是通过模型计算出来的，而实际电路是测量值，是根据电路和器件测试出来的，两者有偏差很正常。但是在复位电路中，实际电路图中的复位电路的电阻器 R1 的值是 8.2kΩ，而仿真电路图中复位电路的电阻器 R1 的值是 10Ω，前者约为后者的 1 000 倍，和实际结果完全不符。这是怎么回事呢？

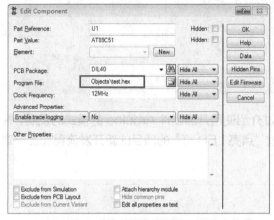

图 1-21　选择单片机对应的 HEX 文件

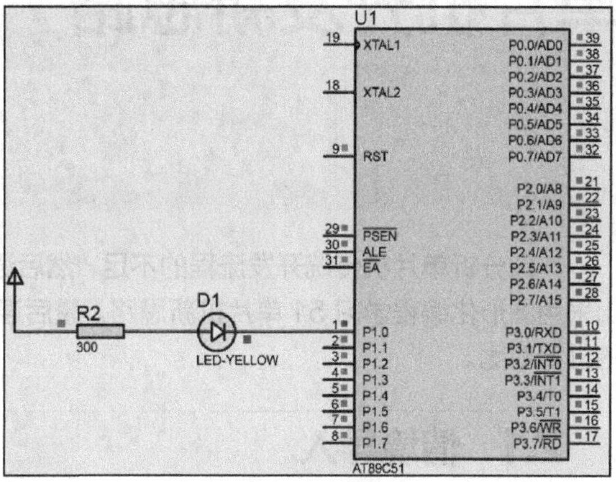

图 1-22　仿真运行片段

原来 Proteus 软件仿真的单片机模型端口是有微弱电流的，当这个微弱电流通过一个电阻接地时，按照欧姆定律就会产生一定的分压。如果电阻非常大，会造成分压超过系统默认的高电平值，而被系统误认为是高电平。而实际电路中，这种微弱电流直接作为 0 处理，连接阻值大的电阻也不会改变其电平状态。

彩图 1-22

为了实现仿真复位。只能将 Proteus 接地电阻值改小，当然这不符合实际情况，因为只有阻值大一些的电阻器和复位电容器构成的 RC 电路才能提供足够的电平复位时间。这里不展开解释具体原理，但为了不影响仿真，我们给复位电路增加了一个手动的按键开关来保证复位电路有效。毕竟人的手速再快，也比电路控制慢多了。

1.6　知识拓展——【案例】国产单片机机遇

中国经济多年高速发展和科技创新密不可分。目前国产单片机的市场份额和技术先进性，和国外厂商相比还有一些差距。国产单片机应用领域相对集中在低端电子产品，中高端电子产品市场暂时多被国外厂商占据。随着国家对芯片产业的重视和资金投入的增加，大批本土单片机厂商加速成长，其产品和方案已经具备一定的竞争力。此外，本土的单片机厂商有着更高效、便捷的服务。随着国家政策的支持和中国芯片技术人员的不断奋发图强，国产单片机替代大部分国外产品指日可待。

【思考与启示】

1. 本土单片机厂商如何迎来更好的发展机遇？
2. 我们能为单片机的本土化发展做些什么？

1.7　强化练习

1. 运行 Keil 软件中的 sample 范例程序，体会 Keil 软件的使用流程。
2. 运行 Proteus 软件中有关 51 单片机的 sample 范例程序，运行仿真体会其使用效果。

第2章
单片机开发新思路

本章分析单片机传统开发流程的不足，然后通过介绍使用开源硬件 Arduino 的模式的发展，提出采用图形化编程学习 51 单片机新思路。最后通过"点亮 LED 灯"的项目的新开发流程和上一章的进行对比。

2.1 情境导入

小白："点亮 LED 灯任务很简单，用 Keil µVision 软件写几行 C 语言代码就实现了。"

小牛："学得不错！注意 Keil µVision 软件对初学者不太友好，没有代码自动补全和纠错功能，代码一多就增加很多工作量。我建议你试试国产的单片机编程软件天问 Block。软件安装方便，使用简单，没有 C 语言基础也可以编程。"

小白："我马上试试这个天问 Block。"

2.2 学习目标

【知识目标】

1. 了解图形化编程基本概念。
2. 了解单片机开发新思路。
3. 了解新开发流程的特点。

【能力目标】

1. 掌握天问 Block 软件的安装和基本使用流程。
2. 熟悉天问 Block 工具界面和图形模块。

2.3 相关知识

2.3.1 Keil µVision 开发的特点

Keil µVision 软件是现在单片机编程的必备软件，占据了市场份额的 80% 以上。虽然该软件功能强大，但 Keil µVision 软件对基础不好的同学来说是有一定难度的，简单来说有以下问题。

1. 编辑功能弱

Keil μVision 软件的编辑器没有代码自动补全和纠错功能，芯片寄存器设置复杂，对使用者的编程水平要求高。

2. 只支持基础 C 语言库函数

Keil μVision 软件支持很多单片机类型，但多而不精，只有基础 C 语言库函数，没有针对各芯片或常用外设的定制化库函数；使用者需要自建库函数或者将芯片厂家库函数导入 Keil μVision 软件中，这需要有较好的 C 语言功底。

3. 学习成本高

Keil μVision 软件属于国外软件，不管是使用语言，还是支持芯片类型，对国产芯片来说都不是很到位。目前读者学习 51 单片机基本知识都是以国产 STC 系列单片机为例。一般通过 Keil μVision 软件的兼容 51 内核来编写代码，或者导入自己的库函数解决编程问题，然后使用 STC-ISP 软件来进行芯片烧录。这些都增加了额外的学习成本。

4. 版权问题

Keil μVision 软件不是开源软件，其正版软件的费用比单片机高得多。虽然有免费的评估版，但是它有严格的存储限制，不能用于正式项目。以后可能会出现用得起单片机，但用不起 Keil μVision 软件的情况。

有没有更快速学习单片机的方法呢？下面我们借鉴一下 Arduino 和图形化编程的发展，开启 51 单片机学习的新思路。

2.3.2 Arduino 对 51 单片机的影响

从某种程度上说，Arduino 也是单片机，但是入门比经典 51 单片机要简单很多。Arduino 对单片机和外设进行了封装，写程序的时候，完全不需要知道单片机是什么，只需要根据官方提供的各种函数写代码，就像编写计算机程序一样，做到了底层无关，底层硬件对用户是透明的，用户只需要将精力集中在软件应用编程方面。

而 Arduino 的软件平台 Arduino IDE 比 Keil μVision 软件也简单得多。Arduino IDE 软件属于开源软件，支持众多 Arduino 类型开发板，编译好了程序就可以直接下载烧录。另外，开源软件资料齐全，各类技术社区活跃，初学者入门方便。而 Keil μVision 软件是付费软件，主要是针对开发板里面的单片机编程；程序下载烧录都要配置，专业性强。

如图 2-1 所示，Arduino IDE 软件的编程界面非常简洁，编译的代码可以直接烧录到相关开发板硬件里。Arduino 的出现降低了单片机学习门槛，让没有多少电子专业知识的学习者能很方便地实现自己的想法。由于是开源的，网上有大量示例程序和器件库文件，这些程序基本通用而且简单、容易上手。

图 2-1 Arduino IDE 软件的编程界面

简单来说，会用 C 语言编程，加上简单的接线和调用器件库文件，就能开发 Arduino 了。但是 Arduino 适合创客教育和搭建原型，不适合做实际产品，理由如下。

1. 成本高

如果做产品，则需要向 Arduino 官方支付授权费用。

2. 门槛低

Arduino 属于开源硬件，代码是公开的，没有技术壁垒，产品难有竞争力。

不过这些事实也让我们有了进一步的思考，为什么不能借鉴 Arduino IDE 软件来开发 51 单片机呢？

2.3.3 图形化编程对单片机的影响

前面讲到的 Arduino IDE 软件虽然已经封装了硬件，但使用 Arduino IDE 软件前还是要学习 C/C++语言。那么，能不能在不懂编程语言的情况下学习编程呢？

图形化编程使用的是一种可视化的、简化的编程工具，对于不懂编程语言语法的初学者来说，图形化编程操作简单易懂，适合入门学习。例如，常见的图形化编程工具有麻省理工学院（MIT）的 Scratch、微软（Microsoft）公司的 MakeCode 等。Mixly 软件就是一款图形化的 Arduino 编程软件，在不需要学习编程语言的情况下，初学者也可以完成对 Arduino 等开源硬件的编程。

图形化编程对单片机初学者来说有如下诸多优势。

1. 培养兴趣

几分钟就能完成一次单片机项目开发，是不是很有成就感？项目开发的作品多了，是不是对单片机和传感器的兴趣也大了？

2. 快速入门

图形化编程只需拖动图形块，不用分析语法，中小学生都能很快掌握。

3. 提高效率

对于专业开发人员来说，图形化编程可以快速配置模块和寄存器，然后自动转换成专业的编程语言以进行进一步编程，极大地提高了效率。

4. 不易出错

采用高级语言编程如同写作文，难免有错字和病句，虽然编译器能检查错误，但有些逻辑错误需要调试才能找出来。而图形化编程对主要功能进行了封装，其输入、输出都有类型限制，不匹配的代码则无法被输入等，降低了出错概率。

实际上单片机专业领域也不乏使用图形化编程的例子。目前，单片机厂商意法半导体（ST）公司就专门推出了图形化编程工具 STM32CubeMX，将内部模块的功能和输入、输出端口配置图形化，降低新用户学习入门门槛的同时，也为老用户编程提高效率提供可能。

另外，一个典型例子就是工业上常用的可编程逻辑控制器（PLC），它属于单片机在工业上的拓展应用，其编程也是图形化编程（梯形图方式），编程直观，不易出错。

2.3.4　单片机学习新思路

基于 2.3.3 小节中的分析，本书提出了用图形化编程软件学习单片机的新思路。

1. 图形化编程模式方便快速入门

天问 Block 系统通过拖动图形块进行编程，大大降低了学习门槛，而且系统会自动生成对应的 C 语言代码，关键代码都带有注释说明，方便理解。生成的代码都是工程师优化过的，运行效率和直接编写 C 语言程序是一致的，没有 C 语言基础的新手也能快速入门。学过 C 语言的学习者，只需要对照图形化生成的 C 语言代码，就能快速掌握图形化编程。

2. "互联网+"教育模式方便在线学习

天问 Block 系统不光是智能编程的集成开发环境，还是可以学习和交流的社区。内置大量例程、学习视频、开发手册和答疑论坛，构建单片机学习和开发全新生态。除了离线编程模式外，还支持在线编程和下载，避免了 Keil μVision 软件等的烦琐安装。

按照以上模式，读者可以结合自身定位选择学习方式。

没有基础的初学者：通过拖动图形化指令搭建程序，快速验证程序结果；在进行图形化编程的同时学习 C 语言，方便后续切换到 C 语言编程。

有开发经验的学习者：只需快速了解软件怎么操作；通过图形化指令来初始化外设，再切换到代码模式用 C 语言编写应用层程序，节省查阅手册、设置寄存器的操作时间。

2.3.5　天问 Block 的特点

天问 Block 特点总结如下。

（1）进行图形化在线编程无须记忆指令，拖动图形化指令即可自动生成 C 语言代码完成编程。

（2）图形化编程模块中可以嵌入自定义 C 语言代码和汇编语言代码，几乎可以完成所有程序编写。

（3）图形化驱动模块集成了常用的显示模块（LED、RGB 彩灯、数码管、LCD 1602、LCD 12864、TFT 彩屏、OLED 显示屏、8×8 点阵模块等）、传感器模块（DS18B20、DHT11、NTC、三轴加速度等模块）。

天问 Block 特点

（4）除了官网内置的模块，支持个人开发个性化的模块库，以适应开发的需要。

（5）字符编程界面支持内置关键字的自动补全功能，如模糊记忆"1602"这个关键字，输入"1602"后，软件会自动列出所有与"1602"有关的函数，减少记忆关键字量和出错。

（6）在线版支持云编译，只要打开浏览器，就能直接编译出 bin 文件，无须安装软件。在线版还支持云保存，文件、项目"跟着网络走"，也可以分享项目，方便远程交流。

（7）在线版提供完备的教学功能，支持在线教学和作业批改，编程系统和教学系统融为一体。

（8）在线版支持一键导出 Keil μVision 工程文件。

对应的底层驱动库被托管在码云上，以方便进一步学习和研究。

2.3.6 天问 Block 的安装

1. 下载软件

用户可以在浏览器中直接搜索天问 Block 软件，或者在好好搭搭官网搜索天问 Block 软件进行下载，如图 2-2 所示。

2. 安装天问 Block 软件

以管理员方式运行安装文件，注意关闭所有杀毒软件。如图 2-3 所示，默认选择附加任务（生成软件快捷方式和关联文件）。单击"下一步"按钮后，根据提示软件默认安装到 C 盘，如图 2-4 所示，然后单击"下一步"按钮。

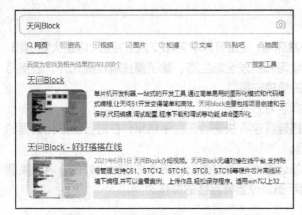

图 2-2 在浏览器中搜索"天问 Block"　　　　图 2-3 默认选择附加任务

此过程中会自动安装 STC-LINK 下载器的 CP210x 驱动，如图 2-5 所示，单击"下一步"按钮。根据提示进行操作，直到完成安装。

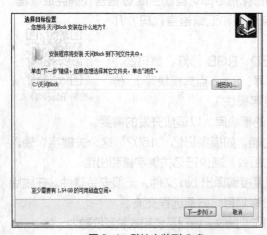
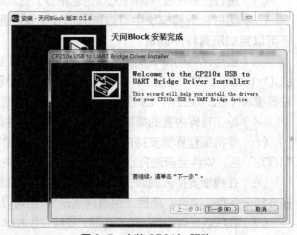

图 2-4 默认安装到 C 盘　　　　　　　　图 2-5 安装 CP210x 驱动

此时，桌面会生成几个快捷方式，如表 2-1 所示。

表 2-1　生成快捷方式和对应程序

桌面快捷方式	对应程序
天问Block	天问 Block 主程序
stc-isp-v6	STC-ISP 软件
TWENdow	好好搭搭在线编程链接

　　STC-ISP 软件和好好搭搭在线编程链接的使用在第 3 章的天问开发板相关内容中会详细说明，这里主要先演示天问 Block 软件主程序的功能。需要指出天问 Block 软件属于互联网模式软件，更新迭代的周期非常短，升级版本的软件安装过程和示例图会有部分差异，一般选择默认安装即可。

2.3.7　天问 Block 主界面

　　天问 Block 主界面分成工具栏、指令区、图形化编程区、字符编程区这 4 个区，如图 2-6 所示。

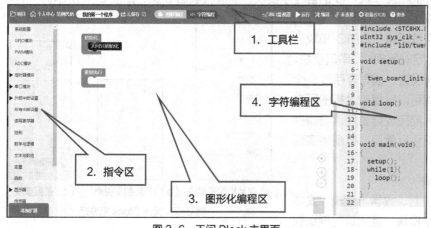

彩图 2-6

图 2-6　天问 Block 主界面

1. 工具栏

　　主界面最上面一栏就是工具栏，工具栏对应图标和功能如表 2-2 所示，工具栏功能将在 2.3.9 小节具体介绍。

表 2-2　工具栏图标简介

工具栏	对应图标	功能简介
项目	项目	用于新建、打开、保存项目等
个人中心	个人中心	登录系统和管理云端项目
范例代码	范例代码	系统自带范例，其中的代码可以直接编辑和应用
文件名	我的第一个程序	显示程序默认的文件名，单击文本框可以直接更改
云保存	云保存	将程序保存在云端
截图		单击该按钮后，可以在图形化编程区截图
图形编程	图形编程	将编程区设置为图形化编程方式

续表

工具栏	对应图标	功能简介
字符编程	⟨/⟩ 字符编程	将编程区设置为 C 语言编程方式
串口监视器	⊿ 串口监视器	用于打开串口监视器
运行	▶ 运行	程序编译后直接下载到开发板运行（需要连接开发板）
编译	⚒ 编译	将程序编译并保存在桌面上
串口连接	⚡ 未连接	自动检测串口连接
芯片	⚙ 设备(STC8)	用于设置单片机芯片类型
帮助	❓ 更多	包含各类手册和帮助文档

工具栏下面有指令区、图形化编程区、字符编程区这 3 个并列区。

2. 指令区

指令区是程序指令仓库，需要编程时把指令拖动到图形化编程区，实现编程的目的。指令区根据指令功能可以分成单片机配置模块、C 语言程序模块、扩展模块这 3 类，如图 2-7 所示。

（1）单片机配置模块

单片机配置模块有系统配置、GPIO 模块、PWM 模块、ADC 模块、定时器模块、串口模块、外部中断设置、所有中断设置、读写寄存器 9 个模块，运用这 9 个模块就可以设置单片机的所有功能，无须单片机手册就能完成配置和读写寄存器，只要读懂指令模块就可以简单、方便地实现单片机的各种功能。

（2）C 语言程序模块

C 语言程序模块有控制、数学与逻辑、文本与数组、变量、函数 5 个模块，运用这些模块就能实现程序结构设计、数据类型设置、变量设置、函数调用等功能，无须记忆 C 语言语句就能完成基本程序编写。

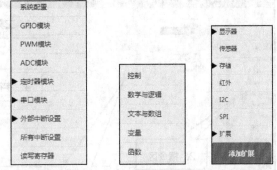

（a）单片机配置模块 （b）C 语言程序模块 （c）扩展模块
图 2-7 天问 Block 指令区

（3）扩展模块

扩展模块有显示器、传感器、存储、红外、I²C、SPI 和扩展 7 个模块，这些模块是单片机基础模块的扩展，可以实现各类设备器件的图形化编程。扩展模块还包含"添加扩展"功能，支持用户自定义扩展。

3. 图形化编程区

图形化编程区是指令模块通过积木式编程实现程序功能的区域。在初次打开状态下，图形化编程区中有"初始化"和"重复执行"两个模块，如图 2-8 所示。单片机上电后，先运行"初始化"模块中的程序，"初始化"模块中的程序只运行一次，一般是进行单片机模块初始化、配置使用。"重复执行"模块是单片机主程序运行区，单片机工作时重复执行该模块中的各个指令，周而复始。

图 2-8 "初始化"和"重复执行"两个模块

4. 字符编程区

字符编程区显示 C 语言代码。注意天问 Block 编程有以下两种模式。

（1）图形化编程模式

使用图形化编程模式时，字符编程区不可编辑，代码由图形化模块编程自动生成。

（2）字符编程模式

字符编程区由用户输入编程字符，注意手动输入的字符不能自动生成图形模块，保存时只能保存字符模式。

2.3.8 图形块类型

天问 Block 的图形块类型是基于 Google 的 Blockly 开源框架开发的，具体介绍如下。

1. 基本图形块

基本图形块有 4 种，如表 2-3 所示。

表 2-3　基本图形块类型

类型	对应图形块
连接下一个块。 特征：块下边有凸起	
连接上一个块。 特征：块上边有凹槽	
输出块。 特征：块左侧有凸起	
输入块。 特征：块右侧有凹槽，常常配合输出块使用	

2. 复合块

将上述基本图形块进行组合，可以组合出多种类型的复合块。常用复合块类型如表 2-4 所示。注意，同一类别的模块颜色一样，可以根据颜色快速查找分类。

彩图表 2-4

表 2-4　常用复合块类型

复合块类型	基本块	复合示例
函数块。 特征：在模块里面可以放入需要执行的模块	初始化	初始化 天问51初始化
执行块。 特征：多个代码块的凸起和凹槽靠近会自动吸附合并，执行某一具体功能	天问51初始化 代码块1 UART1 设置 TI 值为 1	天问51初始化 代码块1 UART1 设置 TI 值为 1

续表

复合块类型	基本块	复合示例
输入/输出块。 特征：输入块和输出块可以复合		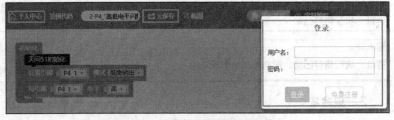

2.3.9 天问 Block 基本操作

1. 文件操作

此类功能主要在主界面的工具栏中操作，如图 2-9 所示，单击"项目"按钮，弹出子菜单。

（1）单击"新建项目"命令，新建一个空模板。如果当前有未保存的程序，系统会提示是否需要保存。

（2）单击"打开项目"命令，打开资源管理器，选择需要打开的项目。

（3）在"文件名"文本框里可以修改文件名，单击"保存"命令，会保存当前程序文件，程序文件扩展名为".hd"。

（4）单击"项目另存为"命令，可以另存为程序文件。

也可单击工具栏的"云保存"按钮，将程序保存到云端。需要单击"个人中心"登录系统，如果没有个人账号需要注册，如图 2-10 和图 2-11 所示。个人用户登录成功后，个人中心会出现用户名，这时候就可以进行云保存了，如图 2-12 所示。

图 2-9　文件操作　　　　　　　　　　图 2-10　云保存项目需要登录系统

图 2-11　没有个人账号需要注册

图 2-12　个人用户登录

（5）查看云端文件。单击"个人中心"按钮可以查看保存在云端的文件。

2. 范例代码

如图 2-13 所示，单击"范例代码"按钮，选择相应的范例程序，可以查看、修改、运行范例程序。后面章节会有进一步演示。

3. 图形化编程模式和字符编程模式切换

单击"图形编程"按钮切换到图形化编程模式，单击"字符编程"按钮切换到代码编程模式，"字符编程"按钮变为黄色，如图 2-14 所示。

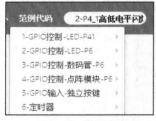

图 2-13　范例代码

彩图 2-14

图 2-14　图形化编程模式和字符编程模式切换

4. 图形编程基本操作

（1）拖动块。以 GPIO 模块为例，在指令区中单击"GPIO 模块"按钮，会弹出模块所包含的图形块。拖动所需图形块到图形化编程区对应位置，两个图形块靠近的时候会自动吸附，如图 2-15 所示。

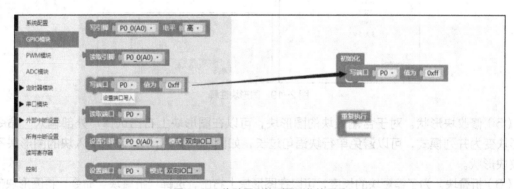

图 2-15　拖动图形块到图形化编程区

如图 2-16 所示，图形化编程区默认由初始化、重复执行模块和中断函数这 3 种图形块作为第一层。其他图形块都只能放到这些块内部，不能放到其他空白区域，不然会导致生成的代码在编译时报错。

（2）复制图形块。单击要复制的图形块，按"Ctrl+C"组合键即可复制；也可以在要复制的图形块上右击并选择"复制"命令，如图 2-17 所示。

（3）复制复合块。选中复合块的第一个块（拖动复合块移动的时候），按"Ctrl+C"组合键，松开鼠标左键，按"Ctrl+V"组合键粘贴，如图 2-18 所示。

（4）添加注释。可以在图形块上右击并选择"添加注释"命令，单击图形块上的问号，在文本框里输入注释，如图 2-19 所示。

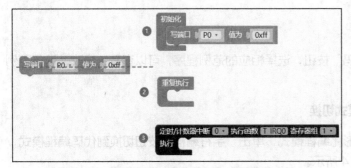

图 2-16　其他图形块必须放置在第一层图形块内部　　　　　　图 2-17　复制图形块

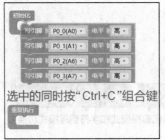

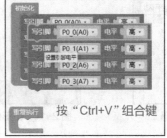

图 2-18　复合块复制与粘贴

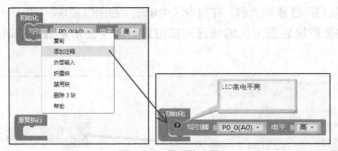

图 2-19　图形块注释

（5）修改块形状。对于含输入块的图形块，可以在图形块上右击选择"外部输入"命令，图形块变为并列模式，可以避免单行块语句过长，如图 2-20 所示。没有输入块的图形块不能修改块形状。

（6）折叠块。为了缩短块的长度，可以在图形块上右击，选择"折叠块"命令，将图形块部分隐藏，如图 2-21 所示。

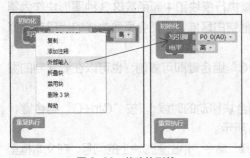

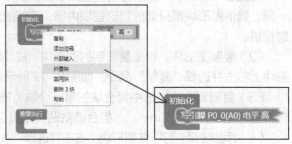

图 2-20　修改块形状　　　　　　　　　　　　　　　　图 2-21　折叠块

（7）禁用块。当模块暂时不需要时，可以在图形块上右击，选择"禁用块"命令。如图 2-22 所示，图形块会变成灰色，不再具有实际作用，类似代码里面的注释。后期如果需要使用该图形块，再在该图形块上右击选择"恢复"命令即可。

彩图 2-22

（8）删除块。可以拖动图形块到界面右下角的垃圾桶，也可以选中图形块后直接按"Delete"键，还可以在图形块上右击并选择"删除块"命令，如图 2-23 所示。

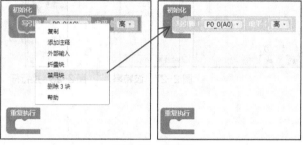

图 2-22　禁用块

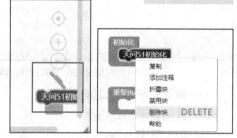

图 2-23　删除块

除了以上常用操作外，图形块操作还支持组合键：撤销操作组合键为"Ctrl+Z"；恢复操作组合键为"Ctrl+Shift+Z"；剪切操作组合键为"Ctrl+X"。

5. 字符编程基本操作

字符编程模式支持鼠标操作和常用的文本编辑器快捷键操作，详见天问 Block 编程手册。

6. 运行和编译

程序编辑完成后，单击工具栏中的"运行"按钮，软件会自动执行编译并下载程序到单片机。如果程序有错误，程序会提示错误信息，如图 2-24 所示。

如果只需要编译程序获取 hex 文件，单击"编译"按钮后，软件会把"main.hex"文件生成在桌面上，如图 2-25 所示。

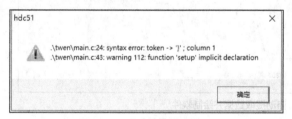

图 2-24　程序编译错误提示

图 2-25　编译成功，生成"main.hex"文件

7. 串口监视器

串口监视器是用计算机来查看单片机的串口的工具。在工具栏中单击"串口监视器"按钮，软件下方会弹出串口监视器界面，如图 2-26 所示。

串口监视器界面各按钮的含义如下。

① 启动监视器。

② 波特率选择，其下拉列表中包含常用波特率数据，如图 2-27 所示。

③ 选择发送数据时是否自动添加换行符。其下拉列表如图 2-28 所示。其中，"no"为无"回

车"换行；"\n"为换行；"\r"为回车；"\r\n"为回车换行。

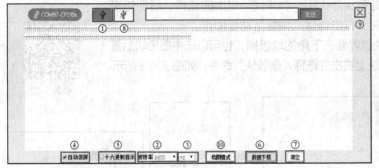  

图 2-26　串口监视器界面　　　　图 2-27　波特率　　图 2-28　换行符

④ 数据显示自动滚屏功能开关。

⑤ 数据显示格式切换。

⑥ 数据导出为 txt 文件。

⑦ 清空显示数据。

⑧ 停止串口监视器。

⑨ 关闭串口监视器。

⑩ 绘图模式。

绘图模式下，软件根据数据中包含的回车换行符自动提取数据并绘制曲线，如图 2-29 所示，所以绘图模式下发送的数据必须添加回车换行符。

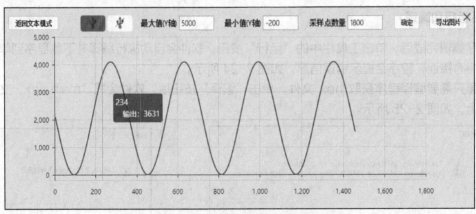

图 2-29　自动提取数据并绘制软件

纵坐标和采样点数量可以根据需要调整，单击"确定"按钮可以清空数据重新开始绘图。鼠标指针悬停在曲线上会显示当前数据的坐标。单击"导出图片"按钮可以导出图片。

8. 截图

在图形化编程模式下，单击工具栏中的"截图"按钮，会自动把图形化编程区中的所有图形化程序保存为图片。

9. 更多功能

单击工具栏中的"更多"按钮，可以查看更多相关资料和设置。其中，"视频学习"栏目会自动更新配套视频教程，如图 2-30 所示。

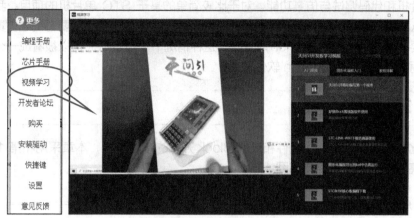

图 2-30 "视频学习"栏目

本节介绍的天问 Block 基本操作比较多，读者不用花太多时间去记忆，只要按照本书顺序完成几个项目后，就很容易掌握了。

2.3.10 Keil μVision 和天问 Block 的功能对比

为了分析使用 Keil μVision 软件和天问 Block 的开发方式的区别，特将两者功能指标进行简单对比，如表 2-5 所示。

表 2-5 Keil μVision 和天问 Block 功能对比

功能指标	Keil μVision	天问 Block
制造商	ARM 公司（英国）	杭州好好搭搭科技有限公司（中国）
应用范围	ST、NXP、ATMEL 等国外主流单片机系列	针对国产单片机（目前主要是 STC 系列）
软件历史	超过 20 年	不到 5 年
开发语言	汇编语言、C 语言	汇编语言、C 语言、图形化编程
安装情况	必须本地安装	本地安装离线使用，也可免安装在线使用
项目存储	本地存储	本地存储，也可云存储
编辑器功能	英文菜单，无代码提示和补全	代码提示和自动补全
编译器	Keil μVision（私有）	SDCC（开源）
调试与仿真	支持各类常用调试接口和硬件仿真	不支持，但可以导入 Keil μVision 等第三方工具
下载工具	无，另外安装驱动和下载工具	包含了串口驱动软件和下载工具，硬件即插即连
开发库	只有简单芯片库，需自建外设库	包含 STC 芯片库和常用外设库，也可云端导入第三方库
学习资源	历史悠久，网上资源很多	一站式资源，包含中文教程、学习视频、芯片手册和大量案例。站外资源少，属于起步阶段
开发入门	需要本地安装，具备一定的 C 语言和硬件基础，专业知识要求高	图形化编程零基础入门、各类硬件只需设置调用、内含大量案例随时在线学习和使用
市场份额	超过 80%	未有统计
商业模式	传统模式：付费软件	互联网模式：免费软件，通过用户流量和第三方服务变现

由表 2-5 可以看出，天问 Block 虽然在图形化编程和云平台支持方面有一定优势，但是不支持其他主流单片机和代码调试与仿真功能。对于比较简单的基于 STC 单片机的项目，我们可以全程用天问 Block 取代 Keil μVision 软件生成执行代码。对于相对复杂而且需要调试与仿真的单片机项目，还是需要将代码导入 Keil μVision 软件中，这种情况下天问 Block 可以被看成一个提高开发效率的工具，而不能取代 Keil μVision 软件。

2.4 项目设计

为了对比使用 Keil μVision 软件和天问 Block 开发的难易程度，本章采用和第 1 章相同的项目——"点亮 LED 灯"。电路图同图 1-2。

任务 点亮 LED 灯（天问 Block 编程）

图形化程序代码如图 2-31 所示。
对应生成的 C 语言代码如下。

图 2-31 图形化程序代码

```c
#include <reg52.h>
void setup()
{
}
void loop()
{
  P1_0 = 0;
}
int main(void)
{
  setup();
  while(1){
    loop();
  }
  return 1;
}
```

和第 1 章的 C 语言代码相比，天问 Block 生成的 C 语言代码结构化更好，并且这些代码不是用键盘输入的，而是图形化编程模块自动生成的。这个 C 语言代码框架我们在第 4 章介绍 C 语言时会结合具体任务分析。

有 Arduino 基础的读者，会发现除了头文件接口外，天问 Block 和 Arduino 框架完全一致。这样很多支持 Arduino 的器件库就可以直接被调用了，编程也相对更容易入门。

2.5 项目实现

2.5.1 用天问 Block 编写代码

用天问 Block 编写
代码

（1）运行天问 Block 主程序。单击工具栏的"设备"按钮选择主板，如图 2-32 所示。这里选择"C51"。

（2）如图 2-33 所示，在指令区单击"IO 读写函数"按钮，在出现的图形化指令列表中将写引脚指令拖入图形化编程区，再单击设置端口和电平，最后生成图 2-31 所示的代码。

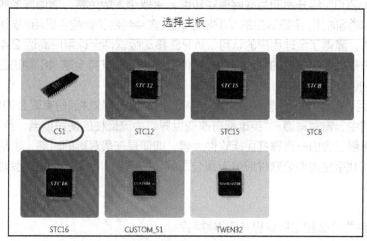

图 2-32　选择"C51"主板

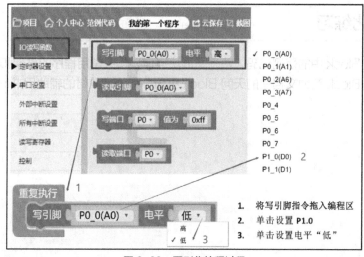

图 2-33　图形化编程过程

（3）单击工具栏的"编译"按钮，软件自动在桌面上生成 hex 文件。

2.5.2　Proteus 仿真实例

将桌面上的"main.hex"文件烧录到单片机中，演示效果和第 1 章完全一致，具体过程省略。

对比第 1 章编程的过程，这次我们没有用键盘输入程序代码，只是拖动图形化指令并单击设置了端口 P1.0 的状态。

2.6　知识拓展——【案例】国产软件 WPS 的启示

WPS 软件是北京金山办公软件股份有限公司推出的国产中文办公软件，从诞生之日起就直面激烈的市场竞争。在以 PC 端软件为主流的市场竞争中，微软 Office 软件占据 80% 以上市场份额，WPS 软件多次濒临消失。

WPS 软件从 2005 年开始向互联网模式转型，采取个人版免费、增值服务收费的模式，迎来市场转机。移动互联网时代，全新诞生的 WPS 移动版软件契合了智能手机用户对移动办公应用"简单而强大"的需求，赢得了全球用户的认可。WPS 移动版软件全球用户高达 2.4 亿人，成为国内市场中月活跃用户数排名第一位的移动端办公软件产品，同时支持全球 46 种语言，成功覆盖全球 220 多个国家和地区。

2019 年 11 月 18 日，WPS 软件开发商——北京金山办公软件股份有限公司成功登陆科创板！在上市全员公开信中，雷军写道："英雄都有改变世界、中流砥柱的使命担当；英雄向往历经磨难、浴火重生的史诗历程。金山一直肩扛民族软件大旗，即便是在最艰难的时刻，也从未放弃。"

WPS 软件和北京金山办公软件股份有限公司崛起的历程，就是一个坚持梦想并最终取得胜利的励志故事。

【思考与启示】

1. WPS 软件为什么能坚持梦想并取得胜利？
2. 国产天问 Block 如何把握时代机遇参与国际竞争？

2.7 强化练习

1. 运行天问 Block 中的范例代码，熟悉图形块操作，体会常用程序的框架和流程。
2. 下载天问 Block 帮助文档里的天问 Block 手册，作为本教材的辅助用书。

第3章
了解开发板

03

本章主要介绍天问 51 全功能开发板和相关 STC8 内核功能，并通过天问 51 开发板演示程序介绍开发板功能和程序下载过程。

3.1 情境导入

小白："Proteus 软件的仿真属于虚拟仿真，用实体硬件来运行单片机程序应该更符合实际吧？"

小牛："是的，但初学者没有必要从零开始搭建硬件电路，可以选择合适的开发板来运行程序。经典的 51 单片机基本不能满足实际工程需要，建议你从主流的增强型 51 STC8 系列单片机开始学习。天问 Block 本身就有对应的 51 开发板，方便学习。"

小白："我马上去试试天问 51 开发板。"

3.2 学习目标

【知识目标】

1. 了解 51 单片机的架构和原理。
2. 了解 STC 单片机不同型号的区别。
3. 了解 STC 单片机时钟周期和存储器。
4. 了解天问 51 开发板主要模块。

【能力目标】

1. 能区分 STC 单片机不同型号。
2. 能识记单片机常用模块功能。
3. 能使用开发板的演示程序。
4. 能使用开发板的几种程序下载方式。

3.3 相关知识

3.3.1 51 单片机标准架构

51 单片机中最经典的型号是 8051 单片机，属于英特尔公司（Intel）的 MCS-51 系列单片机。虽然距离 8051 单片机首次被制造出来已经过去了 40 多年，它在实际工程中已基本淘汰，但是国内各大高校的单片机原理课程还是基于经典 8051 架构。这部分不展开叙述。简单归纳来说，它由 8 个模块组成，通过总线连接，并被集成在一块半导体芯片上，如表 3-1 所示。

表 3-1　经典 8051 单片机组成模块及功能参数

单片机组成模块	功能参数
中央处理器（CPU）	8051 内核
时钟电路	主频 12MHz/11.0592MHz，12 分频
程序存储器（ROM）	4KB
数据存储器（RAM）	256B，其中包含 128B 特殊功能寄存器（SFR）
并行 I/O 口	准双向口（P0~P3）
串口	1 个全双工串口（UART）
定时器/计数器	2 个（T0 和 T1）
中断系统	5 个中断源，两级优先级别

3.3.2　STC 增强型 51 单片机

1. 直接学习增强型 51 单片机

目前市场上使用的增强型 51 单片机都是基于经典 8051 内核的扩展，体现在硬件性能的增强和内部资源的增加上。如何学习 51 单片机？本书强烈建议在了解经典 8051 架构的基础上，从增强型 51 单片机开始学习，不要从经典 8051 单片机入手，理由如下。

（1）经典 8051 单片机案例陈旧。经典 8051 单片机虽然资料众多，但很多案例代码落后，没有太多工程应用价值。增强型 51 单片机经过国内外 40 多年的发展一直与时俱进，其程序更具有先进性，更满足市场需求。

（2）增强型 51 单片机方便进阶。目前学习 51 单片机只是入门，方便以后向更主流的 32 位 ARM Cortex-M 系列单片机过渡。增强型 51 单片机的开发方式和 ARM Cortex-M 系列单片机开发方式更加接近。

（3）增强型 51 单片机性价比更高。增强型 51 单片机是市场主流，产量大，性价比相对于经典 8051 单片机更高。经典 8051 单片机基本只适用于教育市场，大部分厂商都已经停产。

2. 增强型 51 单片机选型

增强型 51 单片机的首选是国产 STC 单片机。深耕 51 单片机几十年，STC 公司在 51 单片机教育领域做出了很大贡献。STC 单片机型号众多，包括 STC8/12/15/89 各类经典型号。目前主流型号是 STC8。

选择开发板的 STC 单片机的型号时，可以考虑以下原则。

（1）市场主流。短期内不会停产，应用广泛。一般选择新出的主流型号。

（2）配置和功能全。尽量选择引脚、配置、性能和功能最多的型号，这样对每个功能都能进行学习。

依照以上原则，本书选择了采用 STC8H8K64U 芯片的天问 51 开发板。

3.3.3　开发板硬件资源说明

天问 51 系列共有天问 51 全功能开发板、天问 51-Lite 开发板、天问 51 实验箱、天问 51-Mini、天问 51-Nano、天问 51-Core 等针对不同应用场合的开发板。本书采用天问 51 全功能开发板（简称天问 51 开发板）。天问 51 开发板是一款带 USB 的 STC 51 全功能开发板，采用 STC8H8K64U 芯片，支持 USB、ADC、PWM（脉冲编码调制）、SPI（串行外设接口）总线、I²C（也称 IIC，集成电路）总线等，流水灯、8 位数码管、LED 点阵模块、OLED 显示屏、SPI Flash、红外发射头、红外接收头、无源蜂鸣器、4 个独立按键、4×4 矩阵按键、可调电位器、振动电机、RTC、三轴加速度传感器、NTC 温度传感器、光敏传感器、6 个 RGB 彩灯等，如图 3-1 所示。

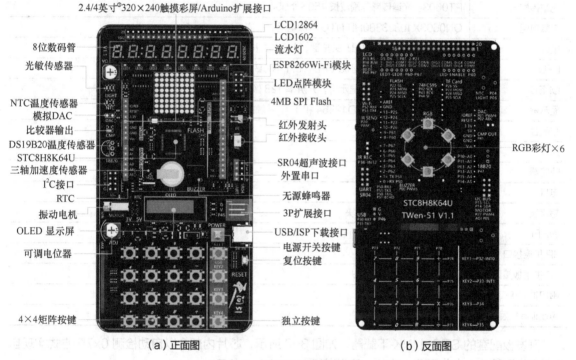

（a）正面图　　　　　　　　（b）反面图

图 3-1　天问 51 开发板实物图

注：①1 英寸≈25.4mm。

天问 51 开发板详细参数如表 3-2 所示。

表 3-2　天问 51 开发板详细参数

项目	参数
尺寸	74 mm×145mm
PCB 工艺	A 级 PCB，黑色油墨，沉金工艺
CPU	STC8H8K64U 64KB Flash、256B DATA RAM、8KB SRAM、UART×4、USB×1、SPI×1、I²C×1、16 位 TIM×5、2 组高级 PWM、硬件 16 位乘除法器、12 位 15 通道 ADC、比较器×1
Flash	4MB SPI Flash（W25Q32）
RTC	1 个 BM8563 芯片、1 个 CR1220 电池

续表

项目	参数
移位寄存器	2 个 74HC595
电源输入	USB 5V 输入
电源输出	1117-3.3、系统电源可以通过跳线帽选择 3.3V 或者 5V
熔丝	1 个 500mA 自恢复熔丝
电位器	2 个 10kΩ 可调电位器
三轴加速度传感器	QMA7891：I^2C 接口，14 位的 ADC
红外发射管	DY-IR333C-A：发射光波长 940nm，辐射强度 15mW/sr（20mA）
红外接收管	VS1838：一体化接收，载波频率 38kHz
光敏传感器	PT0603：光谱传感范围波长 450～1 050nm
热敏电阻	QN0603X103J3380HB NTC 热敏电阻
按键	1 个复位按键、1 个电源开关按键、4 个独立按键、16 个矩阵按键
LED	1 个电源 LED、8 个流水灯 LED、6 个 RGB LED、输出比较 LED
OLED	1 个 0.91 英寸 OLED 显示屏，分辨率 128 像素×32 像素
显示屏	可外接 LCD1602、LCD12864 和 TFT 带触摸彩屏
数码管	2 个 4 位共阳极数码管
点阵	1 个 8×8 点阵
蜂鸣器	1 个无源蜂鸣器
电机	1 个振动电机
超声波	可外接 SR04 超声波模块
Wi-Fi	可外接 ESP8266 Wi-Fi 模块
3P 扩展接口	可外接通用模块
I^2C 扩展板接口	可外接 2 个通用 I^2C 模块
串口扩展接口	可外接通用串口模块
Arduino 扩展接口	可外接 Arduino 扩展板

开发板配套的 STC-LINK 下载器，如图 3-2 所示，芯片内部会以自动检测 0x7F 方式实现自动断电烧写程序，非常可靠、方便，支持仿真。

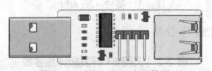

图 3-2　STC-LINK 下载器

3.3.4　快速理解硬件概念

一般来说，学习单片机需要有数字电路知识。但硬件和电路基本功能是固定的，只要能理解基础硬件功能，会连接电路图，有初中电路知识就可以入门，入门后再慢慢加深硬件知识的学习。

3.3.3 小节中介绍的天问 51 开发板参数众多，相关概念对初学者来说有些难以理解。我们用类比方式，将单片机看成一个人，那么一些基本的硬件概念就容易理解了。在把握整体的概念的基础上，后续章节的学习就能融会贯通。

（1）单片机：第 1 章已经提到了单片机的基本概念，此处不再赘述。如果将单片机看成一个人，CPU 就是其大脑，存储器就是大脑中的记忆部分，输入、输出端口就是人和客观世界的交互器官，比如嘴巴、耳朵、鼻子等。大脑里面有很多神经模块都是在大脑里面登记（register）了的，所以叫寄存器。单片机的有些功能和大脑的相似，属于核心功能，有些和外界交互相似，比如视神经、听神经等，数量减少会影响与外界交互，但不影响大脑核心功能。有时候我们也把大脑核心功能称为"内核"。

（2）最小系统：第 1 章已经提到了保证单片机能运行的最小系统。"单片机"最小系统就相当于植物人，要注射营养液（VCC 供电），抽排出废料（GND 接地），有心跳（晶振电路），在休眠（复位电路）。虽然目前什么都不能做，但是必须维护这个最小系统，如果哪天醒来（复位）就可以开始行动了（程序运行）。

（3）单片机内部资源：GPIO、中断、定时器/计数器、PWM、UART、I²C 总线、SPI 总线、ADC。

（4）GPIO：其功能是经典 8051 单片机的 P0～P3 端口升级，通过寄存器控制工作模式，STC8 单片机的 GPIO 包含 4 种工作模式，即准双向口、推挽输出、高阻输入、开漏输出。

① 准双向口：兼容 8051 单片机输出端口模式，可用作输出和输入端口。当端口输出为高电平时驱动能力很弱，允许外部装置将其拉低。当端口输出为低电平时，它的驱动能力很强。准双向口的工作原理可以这样理解：口张开，舌头顶住上颚（上拉），可以双向呼吸，但呼气时舌头阻塞口上部分的气流呼出（高电平对外驱动能力弱）。

② 推挽输出：推挽输出的下拉结构与准双向口的下拉结构类似，输出高电平时也能保持持续的强上拉。推挽输出在输出高电平和低电平时都具有强驱动能力，属于最常见的输出方式。推挽输出的工作原理可以这样理解，口张开呼气，舌头可以向上（输出 1）或者向下（输出 0）。舌头上下的气流都能方便地呼出。

③ 高阻输入：在高阻状态下，内部电流既不能流入也不能流出，即该门电路放弃对输出端电路的控制，其电平完全随外部高低电平而定，可以理解为用耳朵听声音，只能进行输入。

④ 开漏输出：其工作原理可以这样理解，口闭着，向外呼气，此时基本没有多少气流呼出（无法输出）。用手上提嘴唇（外接上拉），气流从口上部输出（高电平或者输出 1）。

（5）中断：CPU 暂时中止其正在执行的程序，转去执行请求中断的那个外设或事件的服务程序，等处理完毕后再返回执行原来中止的程序。中断包含外部中断、定时中断、串口中断等，根据中断编号和优先级设定中断处理先后顺序。

如果将单片机看作一个人，则其一天要处理很多事情，有的需要定闹钟提醒（定时中断），有的需要别人提醒（外部中断），有的需要别人在远处喊话才想起（串口中断）。处理这些事情，就需要中断原来正在处理的事情，并做好中断保护，等当前的事情处理完再继续处理原来暂停的事情（中断返回），而有时同时被提醒几件事情，就需要按照事情的轻重缓急安排顺序（中断优先级）。

（6）定时器/计数器：这个概念从字面上容易理解，相当于人带了一个钟，这个钟的间隔时间相对于标准时间单位秒来说是可以调整的。知道钟的间隔时间，我们可以用其定时和计数。使用定时功能时我们需要不断观察钟，看看有没有到时间（查询方式），这样效率低。也可以设置闹钟提醒（中断方式），不用一直盯着看，闹钟响了就处理相关事件。

（7）PWM：通过对一系列脉冲的宽度进行调制，等效出所需要的波形（包含形状及幅值）。比如正常人可以控制声音的大小，单片机不可以，只能张嘴（最大声）和闭嘴（无声），这时候可以用手捂住嘴（相当于闭嘴），然后露出一点缝隙，就能听到声音；手和嘴的缝隙（占空比）越大，声音就越大。通过占空比控制声音大小的模式就属于 PWM。

（8）ADC：将连续变化的模拟信号转换为离散的数字信号。ADC 的能力相当于人听音乐的水平。一段音乐传过来（模拟信号），如果听音乐的人欣赏水平不高，就只能判断传来的是高音还是低音（转换为 2 位数字信号）；如果水平高一些，就能听出音调"哆来咪发索拉西多"（转换为 8 位数字信号）。

（9）串口通信：串口通信是指将数据字节分成一位一位的形式在一条传输线上逐个地传送。串口类型有很多，单片机中主要有 UART，I²C、SPI 和单总线等几类。

① UART：通信双方只要采用相同的帧格式和波特率，就能在未共享时钟信号的情况下，仅用两根信号线（RX 和 TX）完成通信过程，因此也称为异步通信。

② I²C 总线：只需要两根线即可在连接于总线上的器件之间传送信息。I²C 总线包含 SCL 时钟线和 SDA 数据线。由于只有一根数据线，因此 I²C 总线只能进行半双工通信。

③ SPI 总线：一般使用 4 条线，有两根数据线，因此可以进行全双工通信。

④ 单总线：将地址线、数据线、控制线合为一根信号线。具有节省输入/输出资源、结构简单、成本低廉、便于扩展维护等优点。

串口通信相当于两个人说话，口说（发送数据 TX）、耳听（接收数据 RX），TX 和 RX 属于独立的两个通道，可以分别通信（全双工）。单片机的串口是 UART，计算机的串口是 RS232，可以将单片机看作"同学"，计算机看作"老师"，"他们"说话的声音大小不同（电平不一致），需要互相理解（协议转换）。另外"他们"的语速（波特率）如果太快导致对方听不明白时，就需要降低语速。UART 还有个功能就是接收"老师"（计算机）布置的作业（下载程序）。"老师"高喊"做作业"（高电平发送提示），单片机的 UART 应答"是"，然后串口开始接收作业而不能再和其他"同学"说话（串口通信停止）。"老师"用 RS232 传达信息，语速慢，RS232 逐渐被"能说会道"的USB 替代。而为了沟通方便，单片机的 UART 对外工具（USB 串口转换芯片）也转换成了 USB。USB 还有一个好处就是可以给单片机"同学"带吃的（供电）。

UART 还有个问题就是说话只能一对一，如果想和多个"同学"（外设）一起聊天，可以给其中的"某同学"发信息（发送地址码），收到信号的"同学"就会反馈并开始对话（I²C 总线或 SPI总线），如果没有"某同学"的联系方式就只能用"面对面"交流这一种方式（单总线通信）。

单片机"同学"可以根据需要调配这些内部资源（设置寄存器），和外界（外设）建立联系并商量事情（运行程序）。对于某个具体的器件"朋友"，我们需要通过他的"个人主页"（器件手册）了解联系方式（接线方式），有时候为了沟通方便，我们还需要一些工具，比如翻译机（译码电路）、扩音器（放大电路）、录音机（锁存电路）、降噪机（滤波电路）等，一般器件手册都会包含这些内容，需要的时候查询一下即可。

3.3.5　STC8 内核概述

我们购买手机的时候，最关心的指标就是 CPU 频率和存储容量大小。类似地，学习 STC8 单片机内核时我们必须掌握两个知识点：时钟周期和存储器。

1. 时钟周期

我们需要区别以下几个概念。

（1）时钟周期：时钟每产生一次振荡的时间，定义为时钟频率的倒数。在一个时钟周期内，

CPU 仅完成一个最基本的动作。由于时钟脉冲是 CPU 的基本工作脉冲，它控制着 CPU 的工作节奏。对于同一种单片机，时钟频率越高，单片机的工作速度就越快。

（2）机器周期：单片机的基本操作周期，在一个操作周期内，单片机完成一项基本操作，如取指令、存储器读写等。对于经典 8051 单片机，每 12 个时钟周期，单片机执行一步操作，因此它也叫 12T 单片机。STC8 系列属于 1T 单片机，即每 1 个时钟周期，单片机就执行一步操作。

（3）指令周期：CPU 执行一条指令所需要的时间。一般一个指令周期含有 1~4 个机器周期。

理解以上概念就可明白为什么说 1T 单片机中程序运行的速度并不是 12T 单片机的严格的 12 倍，因为很多指令不是一个机器周期可以完成的。当然随着单片机从 STC12 系列到 STC15 系列，再到 STC8 系列，指令也在不断优化，很多的指令可以在一个机器周期中完成。

2. 存储器

STC8H 系列单片机的 ROM 和 RAM 是各自独立编址的。由于没有提供访问外部 ROM 的总线，单片机的所有 ROM 都是片上 Flash 存储器，不能访问外部 ROM。

STC8H 系列单片机内部集成了大容量的 RAM。内部 RAM 共 256 字节，可分为两个部分：低 128 字节 RAM 和高 128 字节 RAM。低 128 字节的数据存储器与传统 8051 单片机兼容，既可直接寻址也可间接寻址。高 128 字节 RAM 与特殊功能寄存器区（SFRs）共用相同的逻辑地址，都使用 80H~FFH，但在物理上是分别独立的，使用时通过不同的寻址方式加以区分——高 128 字节 RAM 只能间接寻址，特殊功能寄存器区（SFRs）只能直接寻址。STC8 单片机内部 RAM 结构如图 3-3 所示。

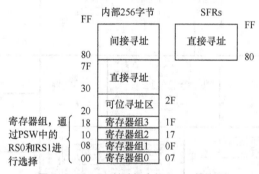

图 3-3　STC8 单片机内部 RAM 结构图

一般变量数据默认存储在内部 RAM 中，用"data"声明存储类型，默认状态可以省略不写。STC8H 系列单片机片内除了集成 256 字节的内部 RAM 外，还集成内部的扩展 RAM，在 C 语言中，使用"xdata"/"pdata"声明存储类型即可。单片机内部扩展 RAM 是否可以访问，受辅助寄存器 AUXR 中的 EXTRAM 位控制。

有部分变量数据只需要查询和读取，一般考虑放在程序存储器 ROM 中，此时存储类型需要声明为"code"。

3.3.6　兼容 STC8 内核的 STC32

为了减少从 8 位单片机到 32 位单片机的学习成本，STC 推出了 32 位 8051 单片机 STC32G12K128，同频比普通 8051 快 70 倍，引脚直接兼容 8 位 8051 单片机 STC8H8K64U。

这样原来 STC8H 的程序只需要更换头文件就可以在 STC32 系统下使用了，保持了学习者从 8 位机到 32 位机的延续性。

STC32 简单来说就是新增了一个 edata 区域，可实现单时钟进行 32-BIT/16-BIT/8-BIT 的数据读写访问，edata 区域的 SRAM 目前的最大存储深度已设计为 64KB；原有的 xdata 区域可进行 16-BIT/8-BIT 的数据读写访问。xdata 区域的 SRAM 最大存储深度为 8MB。

新增的特殊功能寄存器 32-BIT SFR32 (如 ADC_ DATA32)，如果将 SFR32 的逻辑地址映射在 edata 区域，就可以支持对新增特殊功能寄存器的 32-BIT/16-BIT/8-BIT 访问；新增的特殊功能寄存器 16-BIT SFR16 (如 ADC_ DATA16)，如果将 SFR16 的逻辑地址映射在 xdata 区域，就可以支持对新增特殊功能寄存器的 16-BIT/8-BIT 访问。

3.4 项目设计

天问 51 开发板电路图布置如图 3-4 所示。本章对开发板电路图进行整体性介绍，不展开叙述。后续章节将会具体讲解主要电路器件。

彩图 3-4

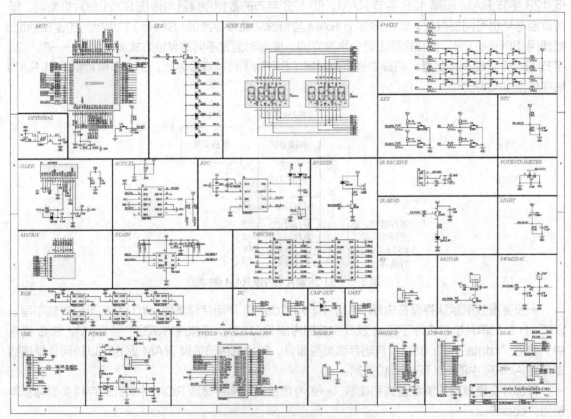

图 3-4　天问 51 开发板电路图布置

任务　开发板演示

下面我们运行天问 51 开发板演示测试程序，功能如下。

单片机上电后蜂鸣器响、电机振动、背光 RGB 彩灯亮、OLED 显示屏显示"天问",按"7"键测试加速度,按"8"键测试 SPI Flash,按"9"键测试红外收发头,按"5"键测试电位器转动时 ADJ 数值的变化,按"6"键测试 RTC 读写时间、数码管显示时间,按"1"键轮动测试 8 个数码管,按"2"键测试 8 个流水灯是否正常,按"3"键显示亮度和温度,按"0"键测试点阵。

相关代码参见天问 Block－范例代码－天问 51 开发板演示程序。本章只演示功能,不讲解代码。等读者将各部分模块都弄清楚了,再利用软件工程的思想来分析代码(见第 22 章)。

3.5 项目实现

3.5.1 开发板功能演示

(1)软件启动。运行天问 Block。

(2)通过 STC-LINK 将开发板连接到计算机上,如图 3-5 所示,并打开电源开关。

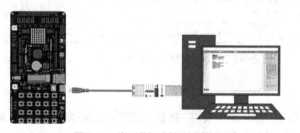

图 3-5 将开发板连接到计算机上

天问 STC8 开发板功能演示

(3)此时软件会自动识别串口号,如图 3-6 所示。如果没有识别到,请检查驱动和连接是否牢固。

(4)查看并打开演示程序,如图 3-7 所示。

(5)单击运行按钮,软件会自动编译并下载程序到单片机里。

(6)下载完成后,查看运行效果。

一般程序都可以直接用天问 Block 下载运行。当使用的下载方式需要特别设置参数时,要用到 STC-ISP 下载软件。安装天问 Block 时默认安装了该软件。

3.5.2 使用 STC-ISP 软件下载

1. STC-ISP 下载设置

上面的自动下载过程采用的是系统默认参数,对于有些程序,需要对下载参数进行一些调整,这时就需要使用 STC 官方的下载软件 STC-ISP 进行程序烧录。天问 Block 已经默认打包安装了此软件。打开此软件,其主界面如图 3-8 所示,"单片机

图 3-6 天问 51 开发板自动检测

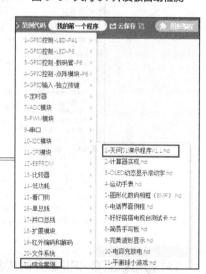

图 3-7 打开演示程序

型号"选择对应型号，"串口号"按图 3-6 所示选择，"输入用户程序运行时的 IRC 频率"选择 24.000MHz，平台程序默认以这个频率为准，勾选该窗口最下面的两个复选框，以保证文件有更新时会自动下载程序。

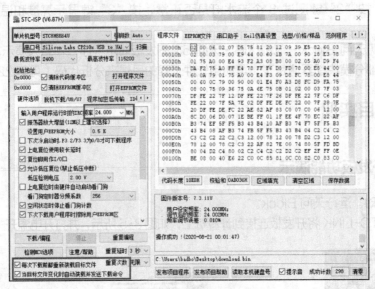

图 3-8　STC-ISP 软件主界面

2. 选择下载程序

在 STC-ISP 软件主界面里单击"打开程序文件"按钮，打开平台编译保存的 bin 或者 hex 文件，单击"下载/编程"按钮，如图 3-9 所示，等待程序下载完成。

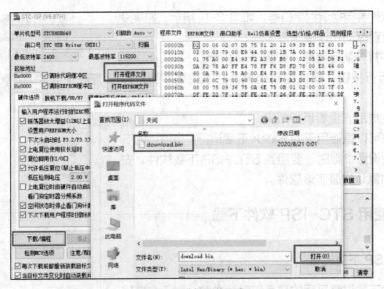

图 3-9　选择下载程序

对于用过 STC-ISP 软件的读者，这里可能有个疑惑。一般使用 STC-ISP 软件下载程序需要重启一次单片机，为什么这里不需要了呢？原因在于 STC-LINK 下载器具备自动下载功能，如果使用其他的下载器，或者采用 USB 直连方式下载程序（本单片机支持），就需要重新启动一次单片机。

3.5.3 使用 USB 下载方式

STC8H8K64U 芯片的一大特点就是支持 USB 下载方式，将串口直接映射成 USB 写入器硬件设备（USB Writer HID）。这样就不需要串口转换芯片（如常用的 CH340x，CP210x 等）了。

1. 硬件连接

用 USB Type C 数据线直接将天问开发板连接到计算机上，如图 3-10 所示。

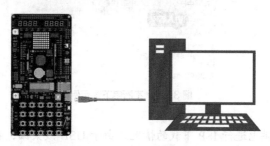

图 3-10 用 USB Type C 数据线连接开发板和计算机

2. 识别 USB Writer 硬件设备 HID

关闭电源按键，按住"KEY1/USB"按键，再打开电源按键，计算机会出现 HID 设备，如图 3-11 所示，会看到 STC USB Writer（HID1），其他设置同 3.5.2 小节的 STC-ISP 下载方式，单击下载软件中的"下载/编程"按钮即可下载程序。

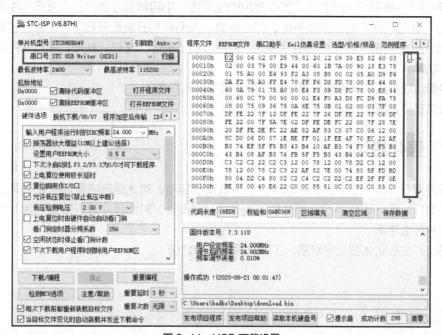

图 3-11 USB 下载设置

3. 不断电下载方式配置

如果不想断电，可以在程序里设置，把"KEY1/USB"按键配置中断后进入 ISP。这样后续只需要按一下"KEY1/USB"按键就能进入下载模式，不再需要开、关电源按键。示例程序如图 3-12 所示。

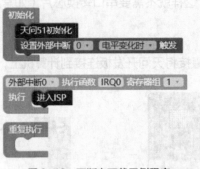

图 3-12 不断电下载示例程序

📖 **注意**

目前有使用 USB 线供电进行 ISP 下载的情况，由于 USB 线太细，在 USB 线上的压降过大，导致 ISP 下载时供电不足，所以在使用 USB 线供电进行 ISP 下载时，务必使用 USB 加强线。

3.6 知识拓展——【案例】天问开发板命名由来

著名的爱国诗人屈原被放逐后创作了《天问》，他心中忧愁憔悴之时，愤怒、彷徨而努力呼唤，天文三十问、地理四十二问、历史九十五问，凸显了我们中华民族追求真理、求知探索的欲望和决心。

天问系列开发板采用国产芯片，其中使用的电阻器、电容器都是国产的，展示出中华民族敢问苍天之决心，在芯片国产化上孜孜不倦、努力求真。天问系列开发板开启了一个单片机教学和单片机开发新时代，采用国产在线编程编译模式，真正做到了设计、材料、制作、编程软件全国产。

【思考与启示】

1. 你遇到挫折后，能否像屈原一样，在逆境中求知探索？
2. 如何支持我国单片机产业？

3.7 强化练习

1. 用天问 Block 和 STC-ISP 软件分别下载演示程序，对比运行结果有什么不同。
2. 在 STC-ISP 软件中改变单片机的主频为 12MHz，对比程序运行效果与单片机的主频为 24MHz 时有什么不同。
3. 对比开发板实体图和电路图，了解常用器件的封装。

第4章
入门C语言

04

本章通过"点亮 LED 灯"项目，让读者在硬件方面学习 STC8 单片机的 GPIO 的设置和 LED 灯的发光原理，在软件方面学习 C 语言编程框架和基本控制指令。通过图形化编程和 C 语言的编程方式对比，可以使 C 语言入门更容易。

4.1 情境导入

小白："用图形化编程单片机很方便，我准备用天问 Block 来编写 STC8 程序了。"

小牛："还是通过'点亮 LED 灯'项目来学习吧！注意 STC8 单片机的端口通过 GPIO 设置。C 语言是单片机的标准编程语言，图形化编程是对 C 语言的封装。要想进一步深入学习单片机知识，C 语言必不可少。天问 Block 图形化编程可以直接生成 C 语言程序，比用 Keil 软件编写 C 语言程序方便。"

小白："好的，我体会一下。"

4.2 学习目标

【知识目标】

1. 了解 C 语言的程序框架。
2. 了解 C 语言代码对应的图形化指令。
3. 了解 GPIO 的设置。
4. 了解 LED 发光原理。

【能力目标】

1. 能快速搭建 C 语言的程序框架。
2. 能使用 GPIO 的设置。
3. 能用 Proteus 软件仿真 STC8 单片机进行实验。

4.3 相关知识

4.3.1 C 语言编程框架分析

当打开天问 Block 后，系统就默认生成了图形化指令和对应的 C 语言代码，相当于给读者一个编程向导。其中的完整 C 语言代码如下。

```
#include <STC8HX.h>
uint32 sys_clk = 24000000;   //设置 PWM、定时器、串口、EEPROM 频率参数
#include "lib/twen_board.h"

void setup()
{
  twen_board_init()    //天问 51 开发板初始化
}
void loop()
{

}

void main(void)
{
  setup();
  while(1){
    loop();
  }
}
```

　　在第 1 章和第 2 章中使用 Keil 软件编程时对代码进行了简单介绍，这里结合本章内容，对 C 语言的程序框架做一个整体分析。

1. 主函数

　　"main()"在 C 语言中被称为"主函数"，一个 C 语言程序有且仅有一个 main()函数，任何一个 C 语言程序几乎总是从 main()函数开始执行，main()函数后面的一对圆括号不能省略。

2. 函数类型

　　"void main（void）"中"void"代表无类型，常用在程序中对函数定义的参数类型、返回值、函数中指针类型进行声明。其他的数据类型包括：整型、浮点型、指针型、聚合类型（数组和结构体）。整型数据中有 9 种类型：字符型（char）、有符号字符型（signed char）、无符号字符型（unsigned char）、短整型（short）、无符号短整型（unsigned short）、整型（int）、无符号整型（unsigned int）、长整型（long）、无符号长整型（unsigned long）。

3. 语句和语句结构

　　被大括号"{}"括起来的内容称为 main()函数的函数体，这部分内容就是单片机要运行的程序。在"{}"里面每一句话后面都有一个分号";"，在 C 语言中，我们把以一个分号结尾的一行代码叫作一个 C 语言的语句，分号是语句结束的标志。语句一般包含 3 种基本结构：顺序结构、选择结构和循环结构。"setup()"到"while(1)"是顺序结构。以下代码中的"while(1)"内部是循环结构，while 是循环关键词，类似的循环关键词还有 for、do-while。

```
while(1){
    loop();
  }
```

4. 自定义类型和头文件

分析完"main()"函数我们再分析代码的开头。

```
#include <STC8HX.h>
uint32 sys_clk = 24000000;//设置 PWM、定时器、串口、EEPROM 频率参数
```

语句中的"uint32"不是 C 语言标准定义类型。该类型的定义包含在"STC8HX.h"头文件里。头文件是扩展名为".h"的文件，包含了 C 语言函数声明和宏定义，可以在多个源文件中引用共享。在程序中要使用头文件，需要使用 C 语言预处理指令"#include"来引用它。

"#include"以"#"开头，不以分号结尾。这一行没有分号，所以不是语句，在 C 语言中被称为命令行，或者叫"预编译处理命令"。比较常用的还有"#define"，可以将一个变量的值赋成我们所定义的值。

在天问 Block 中右击"#include <STC8HX.h>"后选择"跳转头文件"命令可以打开"STC8HX.h"头文件，这个文件很大，包含了对 STC8H 系列单片机内部寄存器的定义，我们后面会详细分析，现在只需找到"uint32"的类型定义。

```
......
typedef unsigned char   uint8;   //  8 bit
typedef unsigned int    uint16;  // 16 bit
typedef unsigned long   uint32;  // 32 bit
......
```

"typedef"用于将自定义的类型用已经有的类型来代替，单片机编程中经常用到，代码可以更简洁。

5. 函数定义

```
void setup()
{
  twen_board_init();//天问 51 开发板初始化
}
```

"void setup()"属于函数定义，不属于语句，所以没有分号";"。而函数"twen_board_init()"可以执行却没有定义，是因为"lib/twen_board.h"文件包含了该函数定义。这个函数内容我们后面还要详细说明。

6. 程序注释

程序中以"//"引出程序注释，但是只能注释一行，还可用以"/*"开头并且以"*/"结尾的部分表示程序的注释部分，可以注释多行。注释可以添加在程序的任何位置，为了提高程序的可读性而添加，但单片机在执行主函数内容时完全忽略注释部分，换言之就是单片机当作注释部分不存在于主函数中。

从这个入门程序框架我们可以看出，图形化编程中仅用两个函数块，就包含了完整的 C 语言程序框架代码。借助图形化指令可以快速学习 C 语言。事实上，大部分 C 语言都可以用图形化指令直观、简单地表现出来，主要包括控制指令、数学与逻辑指令、文本与数组指令、变量指令和函数指令 5 类。这些图形化指令主要和 C 语言本身相关，不涉及寄存器配置。本章主要介绍控制指令。

4.3.2　控制指令

常用控制指令和对应 C 语言代码如表 4-1 所示。

表 4-1　控制指令和对应 C 语言代码

常用指令	图形化指令实例	对应 C 语言代码

初始化指令：其中的代码只在单片机上电后执行一次，因此我们通常把一些变量的声明或引脚初始化等放在初始化指令里	 初始化	`void setup()`
		`{`
		
		`}`

重复执行指令：其中的代码一直循环往复地执行。最后一行代码执行完再返回执行第一行代码	 重复执行	`void loop()`
		`{`
		
		`}`

延时 1/5/10/50/100μs 指令：图形化指令提供了常用几种微秒级的延时函数，通过下拉列表可以选择时间值。每个函数都是在 24MHz 的单片机的主频下，利用 STC-ISP 软件延时计算器工具计算出来的精确延时函数，如图 4-1 所示。若需要其他微秒级的延时函数，请自己使用工具计算	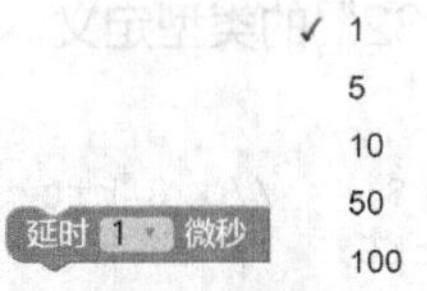 ✓ 1
	5
	10
	50
	100
	延时 1 微秒
		`delay1us();`
		`delay5us();`
		`delay10us();`
		`delay50us();`
		`delay100us();`

毫秒级延迟指令：在 24MHz 频率下以 1ms 为最小单位的延时函数	 延时 1000 毫秒	`delay(1000);`
空指令：用来计算执行一个指令需要的时间，由单片机的主频确定，用在需要精确时间的场合，比如前面的微秒级的延时函数内部，就是由空指令组成	 空指令	`_nop_();`
如果判断分支指令：如果条件判断成立，则执行"如果"里面的代码，否则不执行。流程图如图 4-2 所示	 如果 执行	`if(…){` `　}`

如果否则判断分支指令：如果条件判断成立，则执行"如果"里面的代码，否则执行"否则"里的代码。流程图如图 4-3 所示。还可以通过单击小齿轮图标，添加多个判断语句，如图 4-4 所示	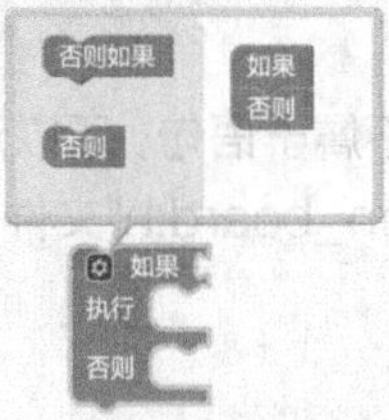 否则如果　如果
	否则　否则
	如果
	执行
	否则
		`if(…)`
		`{`
		`　/* code */`
		`}`
		`else`
		`{`
		`　/* code */`
		`}`

重复循环指令：指令中"i"默认为 8 位无符号整型数，最大值为 255，如果循环次数大于 255，请自己添加变量声明语句，修改变量类型。指令对应的 for 循环结构，含义如下。
for（表达式 1；表达式 2；表达式 3）
{
　循环语句
}
表达式 1 给循环变量赋初值，表达式 2 为循环条件，表达式 3 用来修改循环变量的值，称为循环步长。其流程图如图 4-5 所示
	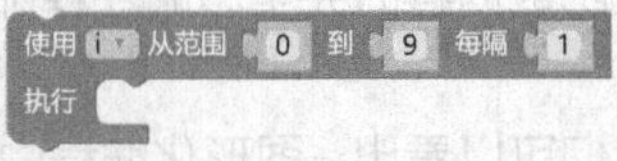 使用 i 从范围 0 到 9 每隔 1
	执行
		`uint8 i;`
		`　for (i = 0; i < 9;`
		`i = i + 1) {`
		
		`}`

续表

常用指令	图形化指令实例	对应 C 语言代码
中断循环指令：如果在循环中需要中断循环，可以用中断循环指令	警告：此块仅可用于在一个循环内。 ⚠ 中断循环 ▾	`break;`
多个条件判断指令：功能和如果否则判断分支指令一样，有一些微小区别，我们一般用 switch case 来判断多个常量，语法简洁明了，执行效率比较高。如图 4-6 所示，可以通过单击小齿轮图标，添加多个判断分支	⚙ switch case case default	```switch (NULL) {` ` case NULL:` ` break;` ` case NULL:` ` break;` ` default:` ` break;` `}```

图 4-1 利用 STC-ISP 软件工具计算延时函数

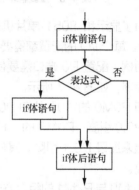

图 4-2 如果判断分支指令流程图

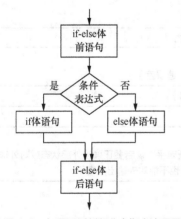

图 4-3 如果否则判断分支指令流程图

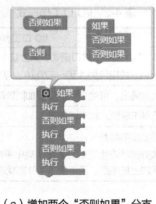

（a）增加两个"否则如果"分支

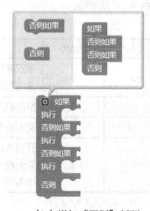

（b）增加"否则"判断

图 4-4 为如果否则判断语句增加分支

4.3.3 I/O 口配置

STC8H 单片机有 P0~P7 共 8 个 8 位并行 I/O 口，比 8051 单片机多了 4 个 8 位并行 I/O 口。其中所有的 I/O 口均有 4 种工作模式：准双向口/弱上拉（8051 单片机输出端口模式）、推挽输出/强上拉、高阻输入（电流既不能流入也不能流出）、开漏输出（Open-Drain）。可使用软件对 I/O 口的工作模式进行配置。

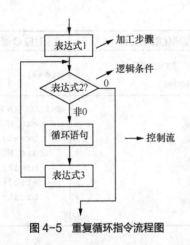

图 4-5 重复循环指令流程图

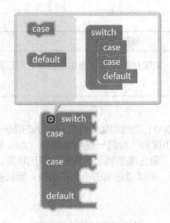

图 4-6 增加判断分支

为了显示和 8051 单片机的 I/O 口的区别，我们把这种能进行输入、输出配置的 I/O 口称为 GPIO。每个 I/O 的配置都需要使用两个寄存器。以 P0 端口为例，配置 P0 端口需要使用 P0M0 和 P0M1 两个寄存器，如图 4-7 所示。

即 P0M0 的"0"位和 P0M1 的"0"位组合起来配置 P0.0 引脚，P0M0 的"1"位和 P0M1 的"1"位组合起来配置 P0.1 引脚，其他所有 I/O 口的配置都与此类似。

$PnM0$ 与 $PnM1$ 的组合方式对应的 I/O 口工作模式如表 4-2 所示。

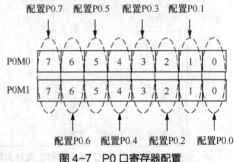

图 4-7 P0 口寄存器配置

表 4-2 I/O 口工作模式

PnM1	PnM0	I/O 口工作模式
0	0	准双向口（8051 单片机输出端口模式，弱上拉）。 灌电流可达 20mA，拉电流为 150～270μA（存在制造误差）
0	1	推挽输出（强上拉输出，可达 20mA，要加限流电阻）
1	0	高阻输入（电流既不能流入也不能流出）
1	1	开漏输出，内部上拉电阻断开。 开漏模式既可读外部状态也可对外输出（高电平或低电平）。若要正确读外部状态或对外输出高电平，需外加上拉电阻，否则读不到外部状态，也不能对外输出高电平

注：$n = 0,1,2,3,4,5,6,7$。

4.3.4 LED 发光原理

第 1 章和第 2 章中已经用过 LED 灯来展示经典 51 单片机的使用方法，本章学习相关背景知识。发光二极管（Light Emitting Diode，LED）是一种能将电能转化为光能的半导体元件（为便于理解，本书也称 LED 灯）。

发光二极管是由 P 型半导体与 N 型半导体结合组成的 PN 结，电流只能从一个方向流动。

为什么发光二极管会发光？电流本质上就是电子的流动。电子在原子的周围沿"轨道"移动，在不同的轨道有着不同等级的能量。当电子从更高能级的轨道跃迁到更低能级的轨道时就会释放能量。能量是以光子形式释放出来的（即人们看到的光）。光子是组成光的基本粒子。

LED 灯的发光波长及颜色由组成 PN 结的半导体物质的禁带能量所决定，不同颜色的 LED 灯所需要的电压也不同。红色 LED 灯的压降为 2.0~2.2V，黄色 LED 灯的压降为 1.8~2.0V，蓝色 LED 灯的压降为 3.0~3.4V，绿色 LED 灯的压降为 3.0~3.2V。如果用单片机来点亮 LED 灯，则一般需要使用分压电阻器。

4.4 项目设计

我们用天问 51 开发板 P4_1 引脚来点亮 LED 灯并增加闪烁功能。"点亮 LED 灯"电路图如图 4-8 所示，需要给 P4.1 引脚输出高电平才能点亮 LED 灯。一般采用推挽输出点亮 LED 灯。

任务 1　P4_1 输出高电平控制 LED

打开天问 Block 中示例程序"P4_1 输出高电平控制 LED"，图形化编程如图 4-9 所示。

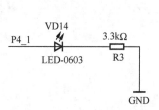

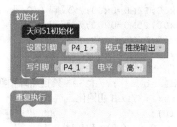

图 4-8　"点亮 LED 灯"电路图　　　　图 4-9　"P4_1 输出高电平控制 LED"图形化编程

"P4_1 输出高电平控制 LED"的图形化指令分析如表 4-3 所示。

表 4-3　"P4_1 输出高电平控制 LED"的图形化指令分析

图形化指令	分析说明
设置引脚 P4_1 模式 推挽输出	用于设置引脚模式。第一个参数用于设置引脚；第二个参数用于选择模式，共 4 种模式，分别为双向 I/O 口、高阻输入、推挽输出和开漏输出
写引脚 P4_1 电平 高	用于写引脚电平，第一个参数用于设置引脚；第二个用于设置电平高或电平低

P4_1 输出高电平控制 LED 的 C 语言代码如下。

```
#include <STC8HX.h>
uint32 sys_clk = 24000000;              //设置 PWM、定时器、串口、EEPROM 频率参数
#include "lib/twen_board.h"

void setup()
{
  twen_board_init();                    //天问 51 开发板初始化
  P4M1&=~0x02;P4M0|=0x02;               //推挽输出
  P4_1 = 1;
}

void loop()
{
```

```
}

void main(void)
{
  setup();
  while(1){
    loop();
  }
}
```

C 语言程序框架已经分析得很清楚了，我们再进一步了解 void twen_board_init()函数的定义。在天问 Block 字符编程模式下右击该函数可以打开其声明。函数体主要代码如下。

```
void twen_board_init()
{
  P0M1=0x00;P0M0=0x00;//双向 I/O 口
  P1M1=0x00;P1M0=0x00;//双向 I/O 口
  P2M1=0x00;P2M0=0x00;//双向 I/O 口
  P3M1=0x00;P3M0=0x00;//双向 I/O 口
  P4M1=0x00;P4M0=0x00;//双向 I/O 口
  P5M1=0x00;P5M0=0x00;//双向 I/O 口
  P6M1=0x00;P6M0=0x00;//双向 I/O 口
  P7M1=0x00;P7M0=0x00;//双向 I/O 口
  hc595_init();//HC595 初始化
  hc595_disable();//HC595 禁止点阵和数码管输出
  rgb_init();//RGB 初始化
  delay(10);
  rgb_show(0,0,0,0);//关闭 RGB
  delay(10);
```

可以看出该函数主要对开发板进行初始化，将端口设置成双向 I/O 口，和以前的单片机型号兼容。由于 STC8H 系列单片机的 I/O 口中，除了 ISP 下载端口 P3.0/P3.1 为准双向口模式外，其余的所有 I/O 口在上电后默认都是高阻输入模式，所以当用户需要使用 STC8H 系列单片机的 I/O 口向外输出信号前，必须先使用 P*n*M0 和 P*n*M1 两个寄存器对 I/O 口的工作模式进行设置。

按照 4.3.3 小节中的寄存器设置说明，需要设置 P4.0～P4.7 引脚为推挽输出模式。

```
P4M0 = 0xff; P4M1 = 0x00;
```

由于现在我们只需要让 P4.1 进行推挽输出，其他位不改变，因此需要用位运算。

```
P4M1&=~0x02;P4M0|=0x02;//推挽输出
```

通过表 4-4 我们可以更直观地看到结果。

表 4-4　P4M0 和 P4M1 的位设置

位运算	B7	B6	B5	B4	B3	B2	B1	B0
P4IM0	P47IM0	P46IM0	P45IM0	P44IM0	P43IM0	P42IM0	P41IM0	P40IM0
P4IM1	P47IM1	P46IM1	P45IM1	P44IM1	P43IM1	P42IM1	P41IM1	P40IM1
0x02	0	0	0	0	0	0	1	0
~0x02	1	1	1	1	1	1	0	1
P4M0|=0x02	P47IM0	P46IM0	P45IM0	P44IM0	P43IM0	P42IM0	1	P40IM0
P4M1&=~0x02	P47IM1	P46IM1	P45IM1	P44IM1	P43IM1	P42IM1	0	P40IM1

相比之下可以看出图形化编程指令要比C语言代码简单，不用考虑寄存器的底层设置。

任务2 P4_1输出高低电平控制LED灯闪烁

打开天问Block中示例程序"P4_1输出高低电平闪烁控制LED"，图形化编程如图4-10所示。

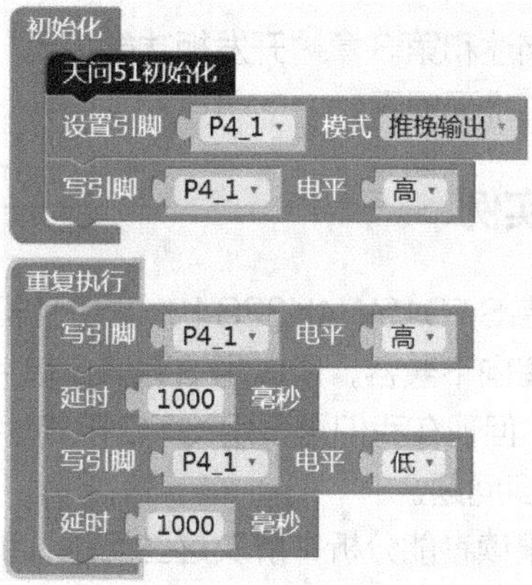

图4-10 "P4_1输出高低电平闪烁控制LED"图形化编程

P4_1输出高低电平控制LED闪烁的C语言代码如下。

```c
#include <STC8HX.h>
uint32 sys_clk = 24000000;              //设置PWM、定时器、串口、EEPROM频率参数
#include "lib/twen_board.h"
#include "lib/delay.h"

void setup()
{
  twen_board_init();                    //天问51开发板初始化
  P4M1&=~0x02;P4M0|=0x02;               //推挽输出
  P4_1 = 1;
}

void loop()
{
  P4_1 = 1;
  delay(1000);
  P4_1 = 0;
  delay(1000);
}

void main(void)
{
  setup();
  while(1){
    loop();
  }
}
```

和任务1相比，在loop()函数里面，不断变化的高低电平让LED灯达到闪烁效果。其中用到了delay（1000）延迟函数，方便人眼观察。

4.5 项目实现

4.5.1 开发板演示

开发板任务演示步骤的文字描述和第 3 章"开发板功能演示"基本相同，此处不进行赘述。具体操作请扫描二维码观看。

开发板演示（控制单个 LED 灯）

4.5.2 Proteus 仿真实例

目前 Proteus8.9 软件仅支持 STC15W4K32S4 一款单片机。由于 STC15 单片机是 STC8 单片机的上一代产品，并且指令集向下兼容，所以用 STC15 单片机仿真以前的 8051 单片机程序是没有问题的，但现在我们需要用 STC15 单片机来仿真新一代 STC8 单片机程序显然会有很多问题。

Proteus 仿真实例（控制单个 LED 灯）

但这并非完全是坏消息。如果读者能分析并解决这些问题，那么这些问题对读者的单片机技能提升将是一个极大的帮助。只要 STC8 单片机还是运行 STC15 单片机原有指令集和寄存器的内容，除了部分设置需要更改程序外，理论上都是可以仿真的。后面我们还会根据具体情况给出说明。

"点亮 LED 灯"仿真步骤如下。

（1）选择设备。打开"Schematic Capture"（原理图仿真）界面，选择设备（单击图中的"P"按钮），在"Pick Devices"对话框中的"Keywords"文本框里输入"stc"，就可以搜索出器件，如图 4-11 所示。

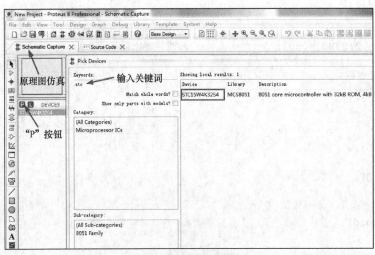

图 4-11　选择设备

（2）完成仿真电路图。这个简单的实例需要如下元器件。

单片机：STC15W4K32S4。

发光二极管：LED-YELLOW。

电阻：RES。

为了方便元器件连接，可以给每个引脚连线生成标签（Label），相同的标签代表同一导线。这样就大大简化了电路连接。如图 4-12 所示，在右上方的单片机局部放大图中，双击单片机 P6.0 端口连线，会出现如图标 1 所示的连线引脚，然后右击此连线引脚，在弹出的快捷菜单中选择如图标 2 所示的"Place Wire Label"（放置连线标签）命令，输入"P6.0"即可生成标签。对其他引脚都进行相同设置。最后在右下部分的 LED 灯连接中，只需在标识为"D14"[①]的 LED 灯左端连线引脚加上"P4.1"的标签，就表示此端点已经和单片机的 P4.1 引脚连接了。

（3）烧录程序。在 Proteus 软件中双击 STC15 单片机，弹出图 4-13 所示的"Edit Component"对话框。在"Program File"（程序文件）文本框中选择本章任务 1 中生成的"main.hex"文件，然后单击"OK"按钮，如图 4-13 所示。

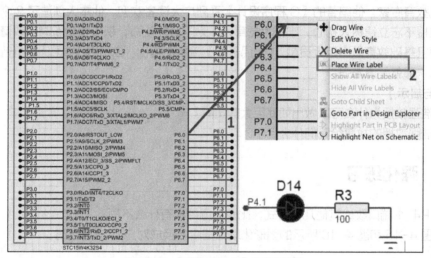

图 4-12 "点亮 LED 灯"仿真电路图

（4）开始仿真，结果如图 4-14 所示。仿真成功。

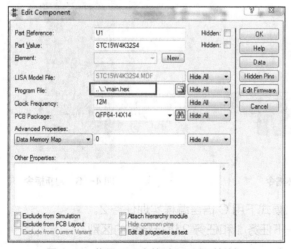

图 4-13 烧录 hex 文件到 STC15 单片机

彩图 4-14

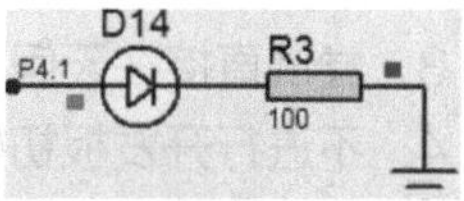

图 4-14 "点亮 LED 灯"仿真结果

（5）将单片机程序更新为任务 2 的程序，开始仿真，LED 灯开始闪烁。

注①：国标中二极管用"VD"表示，本书中讲述 Proteus 仿真软件相关内容时，二级管用"D"符号，与仿真软件一致。

注意，这个闪烁时间肯定是不准的，原因在于仿真速度本来就落后于真实硬件速度，而且延时函数基于 STC8 单片机，但是仿真平台是 STC15 单片机的，单片机的主频采用 STC15 单片机的默认的 12MHz，另外和 LED 相连的电阻器也不能按照开发板的值来选取，因为仿真的 LED 是理想器件，分压电阻太大影响仿真效果。电阻器的属性请设置为数字属性而不是模拟属性，否则会影响仿真速度。

4.6 知识拓展——【人物】中国 C 语言教育专家——谭浩强

谭浩强教授是我国计算机普及和高校计算机基础教育的开拓者之一，是在我国有巨大影响力的著名计算机教育专家。他编著的《C 程序设计》受到广大读者欢迎，他本人创造了 3 个吉尼斯世界纪录。谭教授不忘立德树人初心，牢记为党育人、为国育才使命，积极探索新时代教育教学方法，为中国计算机基础教育做出巨大贡献。《人民日报》曾撰文指出：20 世纪中国计算机普及永远绕不开一面旗帜，那就是谭浩强。

【思考与启示】

1. 谭浩强教授为什么可以做出如此巨大的贡献？
2. 谭浩强教授的故事给我们什么启示？

4.7 强化练习

1. 将 P4_1 端口改成其他几种方式，比较运行结果有什么不同。
2. 将图 4-15 和图 4-16 所示的图形化编程指令转换成对应 C 语言代码。

图 4-15 中断循环指令

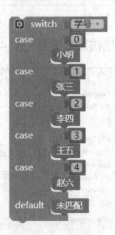

图 4-16 判断指令

3. 尝试直接在天问 Block 的字符模式下用 C 语言编程实现任务 2。
4. 不进行开发板初始化，对比一下任务 1 和任务 2 运行结果的区别。

基 础 篇

第5章
GPIO控制流水灯

05

本章通过 GPIO 控制流水灯项目，介绍三极管开关设置和 C 语言相关指令。

5.1 情境导入

小白："我想在原来点亮一个 LED 灯基础上，增加到对 8 个 LED 灯的控制，实现流水灯功能。"

小牛："要实现流水灯功能，你需要进一步学习 C 语言其他常见指令，包括数学与逻辑指令、文本与数组指令、变量指令和函数指令几类。"

小白："好的，我还准备给流水灯加个控制开关。"

5.2 学习目标

【知识目标】

1. 了解 C 语言数学与逻辑指令。
2. 了解 C 语言文本与数组指令。
3. 了解 C 语言变量指令和函数指令。
4. 了解三极管在单片机中的应用。

【能力目标】

1. 能使用 C 语言对应的图形化指令实现流水灯功能。
2. 会使用 C 语言的位操作编程。
3. 会使用三极管开关。

5.3 相关知识

5.3.1 数学与逻辑指令

常用数学与逻辑指令，和对应的 C 语言代码如表 5-1 所示。

表 5-1　数学与逻辑指令和对应 C 语言代码

常用指令	图形化指令实例	对应 C 语言代码
数字指令：可以自定义数值太小	0	0
常用数学运算指令：包含加、减、乘、除、幂，在两个输入块中放入变量输出块或者直接修改数字，运算结果会返回给该输入块	✓ + - × ÷ ^ (幂) 1 + 1	1+1
位操作指令：包含与、或、异或、右移、左移。	✓ & | ^ >> << 1 & 1	1&1
位取反指令	~	~
数值比较指令：包含等于、不等于、小于、小于等于、大于、大于等于	✓ = ≠ < ≤ > ≥ =	=
逻辑比较指令：包含逻辑与、或	且	&& ||
逻辑非指令	非	!

获取指定区间内的随机数指令：不包含区间最大值	从 1 到 100 之间的随机整数	#include "lib/wmath.h"
		//引用头文件
		random(1, 100+1); //返回 1~100 中的随机整数

取余数指令	64 ÷ 10 的余数	64%10; //余数 =4

取舍取整指令：包含四舍五入、向上取整、向下取整	四舍五入 3.1
	
	向上取整 3.1
	
	向下取整 3.1
		#include "lib/wmath.h"
		round(3.1);
		//四舍五入为 3
		
		ceilf(3.1);
		//向上取整为 4
		
		floorf(3.1);
		//向下取整为 3

复杂数学运算指令：包含平方根、绝对值、负数、对数、幂、三角函数	✓ 平方根
	绝对
	-
	ln
	log10
	e^
	10^
	sin
	cos
	tan
	asin
	acos
	平方根 9　　atan
		#include <math.h>
		sqrtf(float a);//平方根
		fabsf(float x);//绝对值
		- // 负数
		logf(float x);//ln
		log10f(float x);//log10
		expf(float x);//e^
		powf(float x, float y);//10^
		sinf(float x);//sin
		cosf(float x);//cos
		tanf(float x);//tan
		asinf(float x);//asin
		acosf(float x);//acos
		atanf(float x);//atan

常用指令	图形化指令实例	对应 C 语言代码

映射指令：返回指定比例系数和范围的数据。常用于给数据的等比例放大或者缩小	映射 a 从 1 , 100 到 1 , 1000	```#include "lib/wmath.h"//引用头文件```
		```map(a, 1, 100, 1,1000);```
		```/*变量 a 的初始范围为 1 到 100，等比例```
		```放大 10 倍。即 a=1，返回 1；```
		```a=50，返回 500；a=100，返回 1000*/```

注意，在表 5-1 中，指令 8、10、12 对应的 C 语言代码需要调用"lib/wmath.h"头文件，指令 11 对应的 C 语言代码需要调用<math.h>头文件，其他指令对应 C 语言代码不需要头文件。另外，指令 12 出于排版原因将 C 语言代码移到了图形化指令下面。后面如果图形化指令太长超出表格，都将排版成此方式，以方便阅读。

5.3.2 进制和位运算

表 5-1 中的指令 3 和指令 4 都属于位运算。由于单片机使用的 C 语言涉及底层电路和寄存器知识，需要大量的位运算，因此本章中专门列出一节来强调说明。

先介绍和位运算有关的进制概念。进制是一种计数的方式，常用的有二进制、八进制、十进制、十六进制。任何数据在计算机内存中都是以如下进制的形式存放的。

```
int number1 = 0b10010;          //二进制类型数字前加"0b"
int number2 = 022;              //八进制类型数字前加"0"
int number3 = 0x12;             //十六进制类型数字前加"0x"
```

每 3 个二进制数位可以转换成 1 个八进制数位，每 4 个二进制数位可以转换成 1 个十六进制数位。

位运算指的是 1 个二进制数的每一位都参与运算。

位与：任何数（1 或者 0）与 1 进行位与运算无变化，与 0 进行位与运算变成 0。

位或：任何数（1 或者 0）与 1 进行位或运算变成 1，与 0 进行位或运算无变化。

位异或：任何数（1 或者 0）与 1 进行位异或运算会取反，与 0 进行位异或运算无变化。

移位：单片机中进行移位的都是无符号数。左移时右侧补 0，右移时左侧补 0。

取反：取任何数（1 或者 0）的反面，也就是使 1 变成 0、0 变成 1。

位运算展开来说很复杂，因此建议刚开始学习的初学者掌握以下几类单片机编程主要语句。

```
a>>k&1;                         //获取变量 a 的第 k 位
a=a&~(1<<k);                    //将变量 a 的第 k 位清 0
a=a|(1<<k);                     //将变量 a 的第 k 位置 1
```

在寄存器设置中存在大量类似语句。即使在图形化指令中，也会用到这些例子。

5.3.3 变量指令

变量指令和对应 C 语言代码如表 5-2 所示。

表 5-2 变量指令和对应的 C 语言代码

常用指令	图形化指令实例	对应 C 语言代码
创建变量指令	 创建变量…	见表后说明
变量声明指令： ① 第一个下拉列表框里，可以再次重命名或者删除变量； ② 第二个下拉列表框里，可以设置变量存放的 RAM 区，默认为 data，code 表示程序存储区，xdata 表示扩展 RAM 区； ③ 第三个下拉列表框里，可以选择变量的类型	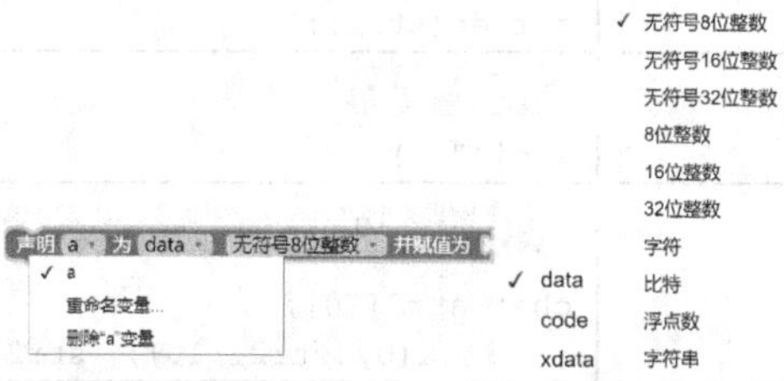 	data uint8 a = 0;
变量赋值指令	 赋值 a 为	a=0;
获取变量值指令	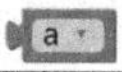 a	a

📖 **说明**

天问 Block 默认没有变量，需要单击表 5-2 中指令 1 中的 "创建变量" 按钮创建，弹出图 5-1 所示变量创建界面。

在 "新变量的名称" 文本框中输入变量名，单击 "确定" 按钮。注意图形化指令支持变量名为中文，系统会自动转译为英文，但是可读性差，一般不建议用中文。

再次打开变量栏目出现图 5-2 所示的变量指令集合，其中包含了表 5-2 所示的全部指令。

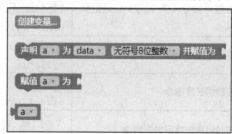

显示
新变量的名称：
a
确定　取消

图 5-1　变量创建界面

图 5-2　变量指令集合

5.3.4　文本与数组指令

常用文本与数组指令如表 5-3 所示。这些指令很多封装了不少变量和底层函数，结合后面的实例很容易理解。

表 5-3　常用文本与数组指令

常用指令	图形化指令实例和对应 C 语言代码
字符串指令	 " Hello Shenzhen " "Hello Shenzhen" //双引号代表字符串
字符指令	 ' A ' 'A' //定义 'A' 字符，单引号代表字符
连接文本指令	 连接文本 char dest[50] = " "; strcat(dest, " ");

续表

常用指令	图形化指令实例和对应 C 语言代码

获取字符串长度指令	`" abc " 的长度`
	`char str2[] = "abc";`
	`strlen(str2);`

文本转整数指令	`文本转整数` `atoi(" ")`

转文本指令	`转文本 0`
	`char str2[10];`
	`  _itoa(0, str2, 10);  str2;`

创建数组指令（方式 1）：
数组存储位置可以选择，默认为 data；
数组类型根据情况选择，默认为无符号 8 位整数；数组初始数据可以通过单击小齿轮图标增加，通过空数组初始化创建
	`data 无符号8位整数 mylist []`
	`初始化数组 0 1 2`
	（无符号8位整数 / 无符号8位整数 mylist / 无符号16位整数 / 无符号32位整数 / 8位整数 / 16位整数 / 32位整数 / 字符 / 比特 / 浮点数）
	（data / ✓data / code / xdata）
	`uint8 mylist[]={0, 1, 2};`
	`//定义一个无符号 8 位整数数组，数组名为 mylist，数组初始内容为 0, 1, 2`

创建数组指令（方式 2）：指定数组长度和内容创建	`data 无符号8位整数 mylist [ 3 ] 从 {0,0,0} 创建数组` `uint8 mylist[3]={0,0,0};`
创建数组指令（方式 3）：只定义长度	`data 无符号8位整数 mylist [ 3 ]` `uint8 mylist[3];`
获取数组地址指令	`mylist` `mylist;`
获取数组长度指令	`mylist 的长度` `sizeof(mylist)/sizeof(mylist[0]);`
获取数组指定项目数据指令	`mylist 的第 0 项` `mylist[0];`
给数组指定项目赋值指令	`mylist 的第 0 项赋值为 0` `mylist[0] = 0;`

创建二维数组指令（方式 1）	`初始化二维数组`
	`data 无符号8位整数 mylist [][]`
	`{ 0 , 1 , 2 }`
	`{ 1 , 2 , 3 }`
	`{ 2 , 3 , 4 }`
	`uint8 mylist[3][3] = {`
	`  {0, 1, 2},`
	`  {1, 2, 3},`
	`  {2, 3, 4}`
	`};`

创建二维数组指令（方式 2）	`data 无符号8位整数 二维数组 mylist 行数 2 列数 2 从 { {0,0},{0,0} } 创建` `uint8 mylist[2][2]={ {0,0}, {0,0} };`
给二维数组的指定行、列赋值指令	`二维数组赋值 mylist 行 0 列 0 赋值为 0` `mylist[0][0]=0;`

续表

常用指令	图形化指令实例和对应 C 语言代码
获取二维数组的指定行、列数据指令	获取二维数组 mylist 行 0 列 0 `mylist[0][0];`
获取行、列数指令	二维数组 mylist 获取 行数 `(sizeof(mylist) / sizeof(mylist[0]));`

5.3.5 函数指令

其实读者对函数指令已经不陌生了，天问 Block 默认生成的初始化和重复执行模块都是函数指令。这里对函数指令再做一些说明。

1. 定义无返回值函数

定义无返回值函数指令如图 5-3 所示。

单击小齿轮图标，可以添加输入参数，如图 5-4 所示。函数名可以自定义，建议不用中文。

无返回值函数指令定义好后，在函数栏目里会自动出现对应的执行函数块，如图 5-5 所示。

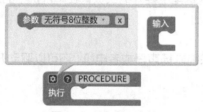

图 5-3　定义无返回值函数指令　　　图 5-4　添加输入参数　　　图 5-5　无返回值函数指令

例如，把多个 GPIO 操作归纳到 led()函数里，让主程序可读性更强，如图 5-6 所示。

2. 定义有返回值函数

有返回值函数指令比无返回值函数指令多了一行返回值设置，如图 5-7 的标注 1 所示。添加输入参数的操作和无返回值函数的一致。

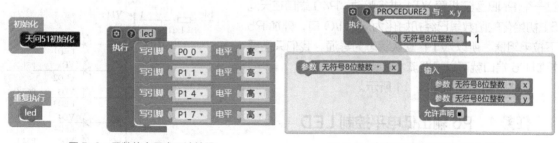

图 5-6　函数使主程序可读性强　　　图 5-7　为有返回值函数添加输入指令

例如，定义数学函数返回 x+y 的运算结果值，有返回值函数指令如图 5-8 所示。

3. 如果返回指令

如果需要在函数执行过程中间返回，可以添加如果

图 5-8　定义有返回值函数指令

返回指令，如图 5-9 所示。

例如，在函数内部执行过程中判断，条件成立直接返回，不用等该函数全部执行完再返回。条件返回函数示例如图 5-10 所示。

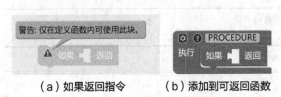

（a）如果返回指令　　（b）添加到可返回函数

图 5-9　如果返回指令

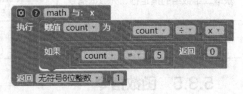

图 5-10　条件返回函数示例

5.3.6　三极管在单片机的应用

第 4 章专门提到 LED 发光原理是为了引出 P 型和 N 型两种半导体的概念。如果在 PN 半导体上再增加一个 P 型或者 N 型半导体，就产生了改变整个半导体历史进程的传奇器件——三极管。

三极管有 3 个"极"，分别是集电极 C、基极 B、发射极 E。三极管分 NPN 型和 PNP 型两种。三极管的原理和重要性无须赘述。这里主要介绍三极管在单片机中的应用。

1. 开关电路

三极管常用作开关，可以用来控制扬声器或者电机，还可以驱动开关继电器来控制大电流设备。

2. 放大电路

三极管放大电路有放大信号的作用。因为单片机的 I/O 口输出电流有限，一般也就是 10mA 左右。如果需要驱动功率稍大的器件，就需要增加三极管放大电路。

5.4　项目设计

天问 51 开发板中的 8 个 LED 灯接在 P6 端口，通过一个 PNP 型三极管 VT1 进行驱动。P40 端口在天问 51 初始化的函数里已经初始化为双向 I/O 口，外加 R5 下拉电阻器，所以 VT1 默认状态为导通，我们只需要控制 P6 端口就可以设置流水灯亮灭。

流水灯电路图如图 5-11 所示。

任务 1　P6 输出低电平控制 LED

P6 输出低电平控制 LED 的图形化编程如图 5-12 所示。

P6 输出低电平控制 LED 的 C 语言代码如下。

```
#include <STC8HX.h>
uint32 sys_clk = 24000000;          //设置 PWM、定
时器、串口、EEPROM 频率参数
```

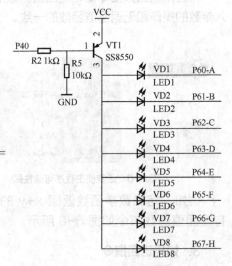

图 5-11　流水灯电路图

```
#include "lib/twen_board.h"

void setup()
{
  twen_board_init();                    //天问 51 开发板初始化
  P6M1=0x00;P6M0=0xff;                  //推挽输出
  P6 = 0;
}

void loop()
{

}

void main(void)
{
  setup();
  while(1){
    loop();
  }
}
```

和第 4 章任务 1 的程序对比可以看出，除了函数 setup() 有变化外，其他代码完全相同。为了节省篇幅，本章中后续任务只分析有变化的关键代码，其他代码省略。

本任务将点亮连接到 P6 端口所有的 LED 灯，和第 4 章点亮一个 LED 灯相比，二者的区别就是前面的点亮一个 LED 灯需要对寄存器进行位操作，而这里需要对寄存器进行字节操作。

这里需要注意一个知识点，GPIO 对应端口的寄存器都是可以进行位操作的，也就是可以接受位寻址指令。但是实际上单片机很多寄存器不能进行位寻址，只能接收整体指令（字节

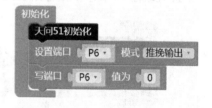

图 5-12　P6 输出低电平控制 LED 的
图形化编程

操作）。如果读者能理解哪些寄存器不能位寻址，对于单片机原理就会有更深入的认识。初学者只需记住结论会应用即可，不要刚开始就纠结于理论问题，因为等学习逐渐深入就慢慢理解了。前面几章之所以没有讲太多理论知识，而是进行一些科普性的类比和解释，就是希望读者不要有太大压力，能够轻松入门单片机。

任务 2　高低电平控制 LED 闪烁

高低电平控制 LED 闪烁的图形化编程如图 5-13 所示。
高低电平控制 LED 闪烁的 C 语言关键代码如下。

```
void loop()
{
  P6 = 0;
  delay(1000);
  P6 = 0xff;
  delay(1000);
}
```

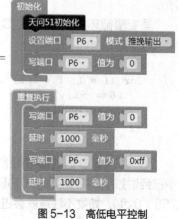

图 5-13　高低电平控制
LED 闪烁的图形化编程

只要亮和灭交替显示即可实现闪烁。本任务和第 4 章任务 2 的代码也是类似的，只是进行位操作和字节操作的区别。

任务 3　三极管开关控制 LED 闪烁

三极管开关控制 LED 闪烁的图形化编程如图 5-14 所示。

本任务和本章任务 2 都能实现控制 LED 闪烁，区别在于本任务利用了三极管的开关效应，将 P4_0 端口向晶体管的基极输入进行控制，从而引起 LED 灯的变化，对照图 5-11 所示的电路图就一目了然了。

任务 4　写数值控制 LED

写数值控制 LED 的图形化编程如图 5-15 所示。

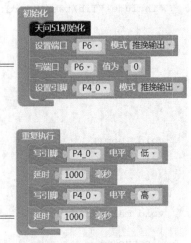

图 5-14　三极管开关控制 LED
闪烁的图形化编程

这里就是给 P6 端口写一个十六进制数值 0x01，相当于二进制数 00000001，也就是最低位（P6_0）是高电平（灭灯），其他位都是低电平（亮灯）。如图 5-16 所示，在图形化编程中，除了变量需要由键盘输入，端口和设置都是可以选择的，不用记忆寄存器设置状态。

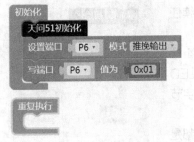

图 5-15　写数值控制 LED 的图形化编程

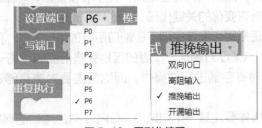

图 5-16　图形化编程

任务 5　写变量循环控制 LED

写变量循环控制 LED 的图形化编程如图 5-17 所示。

写变量循环控制 LED 的 C 语言关键代码如下。

```
loop()
{
  for (i = 1; i < 255; i = i + 1) {
    P6 = ~i;
    delay(1000);
  }
}
```

图 5-17　写变量循环控制 LED 的图形化编程

for 循环是 C 语言最常用的循环结构，在第 4 章中已经讲过了。需要强调一下循环次数用 "i" 控制，这里的 "i" 是无符号 8 位整数，其最大值就是 255（0xff），如果不注意就会进入死循环。代码如下。

```
for (i = 0; i < 300; i = i + 1)     //计算循环次数从 0 到 299，一共 300 次
```

该语句中如果将"i"定义为 8 位整数（uint8，char 等），就会陷入死循环，因为"i"的最大值只有 255，然后又从 0 开始计数。解决方法就是将"i"定义为 16 位整数。

```
for (int i = 0; i < 300; i ++)     //int 默认为 16 位整数，循环 300 次跳出，i++相当于 i=i+1
```

本任务还相当于得到了一个累加器，通过灯的亮灭代表对应的二进制数，演示整数累加效果。该累加器能表示的最大数就是二进制数 11111111，也就是 255。

任务 6   移位控制 LED 流水灯

移位控制 LED 流水灯的图形化编程如图 5-18 所示。

移位控制 LED 流水灯的 C 语言关键代码如下。

```
void loop()
{
  for (i = 0; i < 8; i = i + 1) {
    P6 = ~(1<<i);
    delay(1000);
  }
}
```

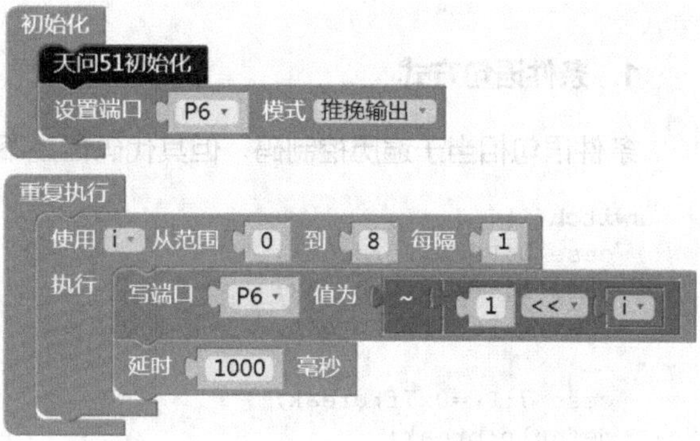

图 5-18   移位控制 LED 流水灯的图形化编程

这里的语句"P6 = ~(1<<i);"表示通过将"1"左移"i"位再取反，依次点亮流水灯。该语句体现了 C 语言良好的位操作技巧。

任务 7   数组控制 LED 流水灯

数组控制 LED 流水灯的图形化编程如图 5-19 所示。

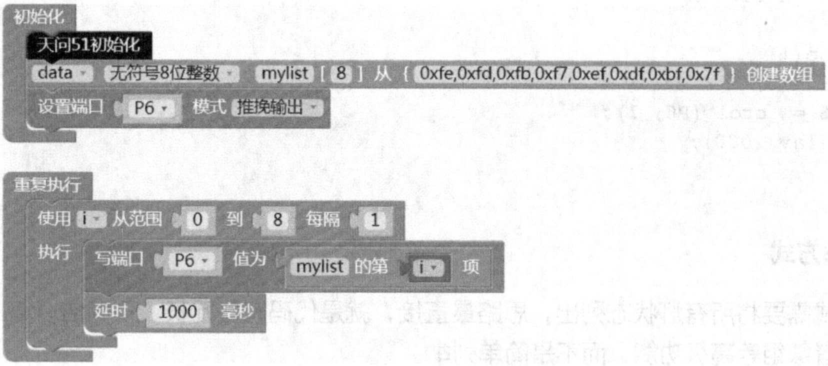

图 5-19   数组控制 LED 流水灯的图形化编程

数组控制 LED 流水灯的 C 语言关键代码如下。

```
uint8 i;
uint8 mylist[8]={0xfe,0xfd,0xfb,0xf7,0xef,0xdf,0xbf,0x7f};
void loop()
{
  for (i = 0; i < 8; i = i + 1) {
    P6 = mylist[(int)(i)];
```

```
      delay(1000);
   }
}
```

数组在单片机中有着重要的应用。单片机的控制程序通常由各种控制码实现。将各种控制码放入数组，通过遍历数组，可以实现各类控制功能，而在变更程序功能的时候，通常只需要修改数组控制码的内容。一般的简单数组可以放在 RAM 中，但如果是比较大的数组，并且只是起到读取或者查询作用时，也可以放入 ROM 中，此时需要在存储类型声明中加入"code"声明。

任务 8　其他方式实现 LED 流水灯

1. 条件语句方式

条件语句相当于遍历控制码，但其代码但是不如任务 7 的数组操作简洁。

```
switch(i)  {
  case 0:P6=0xfe;break;
  case 1:P6=0xfd;break;
  case 2:P6=0xfb;break;
  ……
  case 7:P6=0x7f;break;
  default:break;
     }
  Delay(1000);
```

2. 库函数方式

C 语言本身有很多方便编程的库函数，比如"intrins.h"就提供了循环左移位函数"_crol_()"，配合 for 循环实现流水灯非常方便。

```
#include<intrins.h>
……
void loop(){
   for(i = 0; i < 8; i++) {
      P6 = _crol_(P6, 1);
      Delay(1000);
  }
}
```

3. 穷举方式

这种方式需要将所有灯状态列出，思路最直接，就是代码有些冗长、不简洁。编程还是要充分利用函数或者数组等高级功能，而不是简单列举。

```
void loop()
{
  P6_0 = 0;
  delay(1000);
  P6_0= 1;
  P6_1 = 0;
  delay(1000);
  P6_1 = 1;
     ……
```

```
  P6_7 = 0;
  delay(1000);
  P6_7= 1;
  delay(1000);
}
```

就本质而言，移位位操作和数组遍历方式是最重要的流水灯编程技巧。前者在 16 位或者 32 位单片机中可以精确高效地进行位操作，后者不但可以实现任何形式的流水灯效果，而且在数码管、音乐编码、点阵图等码表控制类程序中被广泛应用。

5.5 项目实现

5.5.1 开发板演示

开发板任务演示步骤的文字描述和第 3 章的基本相同，此处略去。具体操作请扫描二维码观看。

开发板演示
（控制流水灯）

5.5.2 Proteus 仿真实例

1. 主要步骤

仿真电路需要如下元器件。
单片机：STC15W4K32S4。
发光二极管：LED-YELLOW。
电阻器：RES。
三极管：PNP 型。
本项目仿真电路如图 5-20 所示。

Proteus 仿真实例
（控制流水灯）

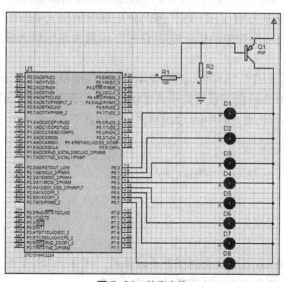

图 5-20 仿真电路

为了简化电路连接，我们更改为和第 4 章相同的标签连接，如图 5-21 所示。

还可以给仿真电路增加电压探针，实时了解电路状况，如图 5-22 所示，在左边的侧边工具栏中选择 PROBES（探针），然后在列表中选择 VOLTAGE（电压探针），最后在操作区中需要检测电压的地方（一般是导线）单击即可放置探针。本项目中我们在三极管的基极（和 P4.0 端口连接）和集电极（只测一个灯即可，如图 5-22 所示测 D1 灯）放置电压探针。当仿真开始后，电压探针会实时显示读数。还是要提醒一下，仿真中使用的只是模型，结果仅供学习参考。

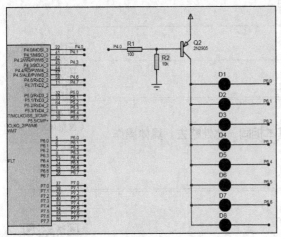

图 5-21 仿真电路（标签连接）

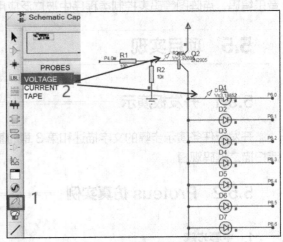

图 5-22 为仿真电路增加电压探针

2. 难点剖析

直接仿真任务 1 和任务 2，仿真没有结果，我们增加电压探针后发现三极管开关电路没有导通。

原因也很简单，这就是 STC15 单片机和 STC8 单片机的 GPIO 设置的区别。默认状态下 STC15 单片机和 8051 单片机上电后 GPIO 设置即为准双向口模式并输出高电平，经常有用户在系统中使用 I/O 驱动电机或者 LED 灯，因此会出现单片机上电的瞬间电机动一下或者 LED 灯闪一下的现象。STC8H 系列单片机上电后 GPIO 设置为高阻输入模式，可避免电机和 LED 灯的这种误动作。

现在程序相当于移植到 STC15 平台运行。使用相同端口指令，STC15 单片机默认输出的高电平使得连接到 P4_0 端口的 PNP 型三极管处于截止状态，从而无法点亮 LED 灯。在 setup 函数中将 P4_0 端口设为低电平即可仿真，其中的 C 语言关键代码如下。

```
void setup()
{
  twen_board_init();//天问 51 开发板初始化
  P4_0 = 0;
  ......
}
```

📖 **注意**

任务 3 的操作是对 P4_0 端口输出高低电平转换的，相当于三极管开关，所以初始化后不亮灯的影响不大，其他任务必须要保证三极管导通才可以仿真。

5.6 知识拓展——【案例】黄光 LED 获得新突破

2021 年 1 月，高光效黄光 LED 材料与芯片制造技术入选 2020 年"科创中国"先导技术榜单。南昌大学国家硅基 LED 工程技术研究中心通过装备与工艺的协同创新，创新发展了具有自主产权的科学装置——MOCVD 高端装备，并在硅衬底上生长第三代半导体 InGaN 黄光 LED 材料，取得了历史性突破，将黄光 LED 的光效提升到了 27.9%。该技术结束了国际市场上长期缺乏高光效黄光 LED 的局面，其技术指标远超过荧光型技术路线实现的同色温光源，解决了 LED 荧光技术实现的超低色温光源存在的光效不高、光衰较大、显色不足的难题，开拓了健康照明的新方向，具有广泛的应用价值，市场前景广阔。

中国科学技术协会是国家推动科学技术事业发展的重要力量，设立"科创中国"系列榜单，目的在于激发创新引领跨界的合作活力，加快突破关键核心技术，努力抢占科技制高点，在打通科技创新价值链的道路上积极探索，逐步形成具有自身特色的科技成果转化机制和模式。

【思考与启示】
如何理解 LED 科技创新的重要意义？

5.7 强化练习

1. 写出 5 种以上流水灯的实现方法。
2. 修改任务 6 的代码以实现反向移位。
3. 写出 LED 灯低 4 位正向流水点亮、高 4 位反向流水点亮的实现方法。

第6章

使用独立按键

06

本章通过独立按键控制流水灯项目，让读者在硬件方面学习 GPIO 的高阻输入设置和按键开关，在软件方面学习按键查询方式编程。本章最后介绍项目的开发板演示和 Proteus 仿真。

6.1 情境导入

小白："使用三极管开关来控制 LED 非常方便。"

小牛："三极管开关有很多限制，你改用实体按键试试，可以先从独立按键入手。"

小白："好的，我来学习一下独立按键的使用。"

6.2 学习目标

【知识目标】

1. 了解独立按键的使用。
2. 理解按键消抖功能。
3. 理解按键查询方式编程。

【能力目标】

1. 能掌握按键的输入配置。
2. 能进行独立按键的图形化编程。
3. 能进行独立按键的 C 语言编程。

6.3 相关知识

6.3.1 独立按键

其实，在前面介绍的电路中，我们已经涉及独立按键了。在单片机最小系统中，其复位电路一般带有一个复位开关，这就是独立按键。使用时轻轻按下按键就可使开关接通，松开按键则开关断开。有的独立按键还带有自锁功能。常用的按键开关如图 6-1 所示。

严格来说独立按键是键盘的一种。键盘分编码键盘和非编码键盘。闭合键的识别由专用的硬件编码器实现，并产生键编码号的键盘称为编码键盘，如计算器键盘。靠软件编程来识别闭合键的键盘称为非编码键盘。在单片机组成的各种系统中，用得最多的是非编码键盘。非编码键盘又分为独立按键和行列式键盘（又称矩阵键盘）。本章只介绍独立按键。

随着计算机技术的发展，传统的实体按键和键盘逐渐被大量的虚拟按键和键盘程序取代，但实体按键不会消亡，毕竟虚拟按键没有实体按键的手感。

大家在生活中还会经常碰到一种触控按键，其本质是实体按键，只是按键的操作方式变成触摸，通过内置的电子元器件（一般是电容器或者电阻器）来检测按键状态。对于触控按键，用户不用每次都去用力按压，这样可以提高按键的寿命；但其缺点是容易误碰，而且很耗电。

图 6-1 常用的按键开关

6.3.2 按键消抖

按键一般是利用机械触点的闭合、断开工作的，由于机械触点的弹性作用，其在闭合、断开时均有抖动过程，抖动时间一般在 5~10ms，稳定闭合时间由操作人员的按键动作决定，一般为零点几秒到几秒。为了保证单片机对一次闭合仅作一次键输入而进行的操作，称为按键消抖或者按键防抖。

按键消抖可以通过软件或硬件的方式处理。软件消抖是指在编程时编写必要的程序代码来消除抖动的影响，硬件消抖则利用电容器的充放电延时等方式进行。硬件消抖会增加成本，所以一般推荐采用软件消抖。

6.3.3 按键端口设置

STC8 单片机的按键端口一般采用高阻输入设置。在高阻输入模式下，若没有外部信号输入，则无法确定端口的状态（也就是不能确定端口现在处于高电平或低电平）。换句话说，高阻输入模式下的端口电平状态完全是由外部信号决定的，如果没有外部信号驱动，端口就会呈现高阻抗状态。

而经典 51 单片机采用准双向口模式，所以接入按键时，可以通过端口自身电平判断，不必接入外部信号。这也是经典 51 单片机的独立按键一般都采用低电平检测的原因。

6.3.4 按键检测方式

单片机检测按键状态的方式有两种。

查询方式：单片机不断地查询是否有按键被按下，如果有按键被按下，就执行相应的程序，否则继续查询。

中断方式：单片机处理自己的工作，如果有按键被按下，则产生中断请求。单片机停下现在正在处理的工作，转而执行中断程序，执行完之后回来继续处理刚才的工作。

本章只学习查询方式，关于中断方式将在第 7 章详细讲述。

6.3.5 三极管开关和独立按键开关的区别

三极管开关和独立按键开关相比，具有下列区别。

（1）三极管开关不具有活动接点部分，因此不必担心有磨损，理论上可以使用无限次，而一般的机械式实体独立按键开关，由于机械触点磨损，最多能使用数百万次。

（2）三极管开关的动作速度较一般的开关更快，一般的开关的启闭时间是以毫秒（ms）来计算的，三极管开关的启闭时间则以微秒（μs）计算。

（3）三极管开关没有抖动现象，不需要考虑按键消抖。

（4）三极管开关有功率限制，要考虑电压、电流和工作状态等参数设置，按键开关没有这方面顾虑。

（5）开关只是三极管的诸多功能之一，但按键只有开关这一个功能。

6.4 项目设计

独立按键开关电路图如图 6-2 所示，按键 KEY1～KEY4 分别和 P32、P33、P34、P35 端口相连，另一端接地，这样端口为低电平时按键导通。

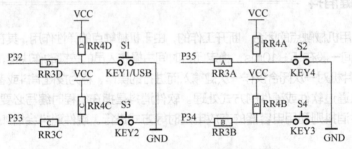

图 6-2 独立按键开关电路图

任务 1 KEY1 按键控制 P4_1-LED

KEY1 按键控制 P4_1-LED 的图形化编程如图 6-3 所示。

KEY1 按键控制 P4_1-LED 的 C 语言关键代码如下。

```
void setup()
{
    P3M1|=0x04;P3M0&=~0x04;//高阻输入
    P4M1&=~0x02;P4M0|=0x02;//推挽输出
}
void loop()
{
    P4_1 = (P3_2);
}
```

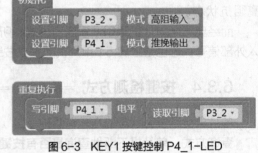

图 6-3 KEY1 按键控制 P4_1-LED
的图形化编程

按键 KEY1 输入采用高阻输入模式，这是 STC8 单片机最主要的输入模式。语句"P4_1 = (P3_2);"中的括号是图形化编程转换成 C 语言时留下的，主要是强调先后顺序，说明是 P3_2 端口控制 P4_1 端口，这对于直接用 C 语言编程来说是多余的。

P4_1 端口为低电平时点亮 LED 灯，按键 KEY1 按下时 P3_2 端口为低电平，刚好点亮了连接到 P4_1 端口的 LED 灯。

任务 2　KEY1 按键变量自锁控制 LED

KEY1 按键变量自锁控制 LED 的图形化编程如图 6-4 所示。

KEY1 按键变量自锁控制 LED 的 C 语言关键代码如下。

```
bit temp = 0;
......
void loop()
{
  if(!P3_2){
     delay(200);
     temp = !temp;
  }
  P4_1 = temp;
}
......
```

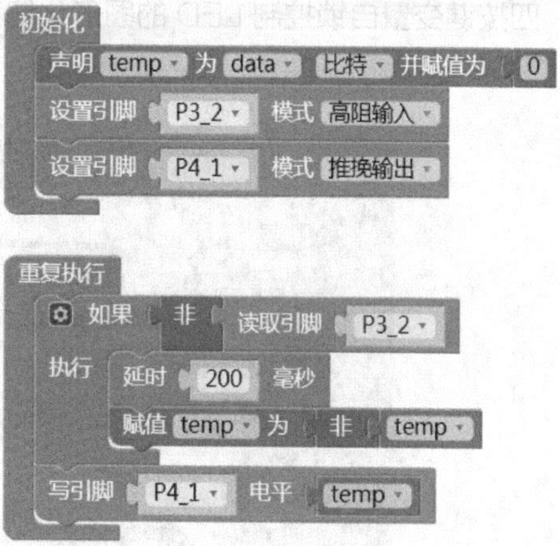

图 6-4　KEY1 按键变量自锁控制 LED 的图形化编程

判断指令"if(!P3_2)"用于判断按键是否被按下，如果按键被按下就进行自锁操作。为了让按键实现自锁，特地增加一个 temp 变量来保存按键状态。通过 LED 灯的亮、灭可以验证按键的自锁控制。

本任务代码中，在 loop 函数中判断按键是否被按下的方法就是典型的按键检测查询方式。

任务 3　KEY1 按键等待弹起变量自锁控制 LED

KEY1 按键等待弹起变量自锁控制 LED 的图形化编程如图 6-5 所示。

KEY1 按键等待弹起变量自锁控制 LED 的 C 语言关键代码如下。

```
void loop()
{
  if(!P3_2){
     delay(100);
     temp = !temp;
     while (!P3_2) {
     }
  }
  P4_1 = temp;
}
```

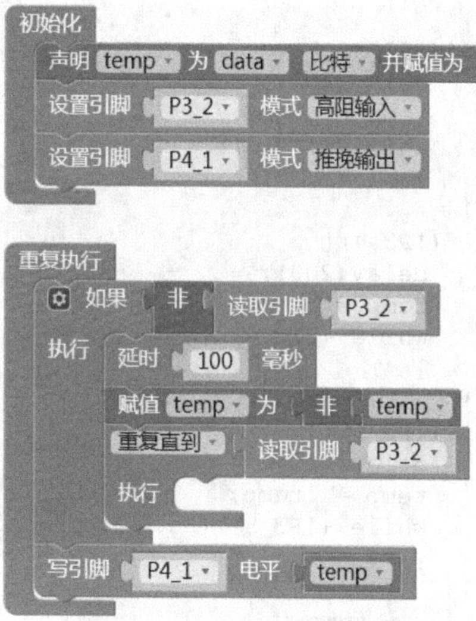

本章的任务 2 中没有考虑按键是否弹起，加上一个"while (!P3_2)"的循环判断指令即可实现按键等待弹起变量自锁控制 LED。

图 6-5　KEY1 按键等待弹起变量
自锁控制 LED 的图形化编程

任务4　四按键变量自锁控制 LED

四按键变量自锁控制 LED 的图形化编程如图 6-6 所示。

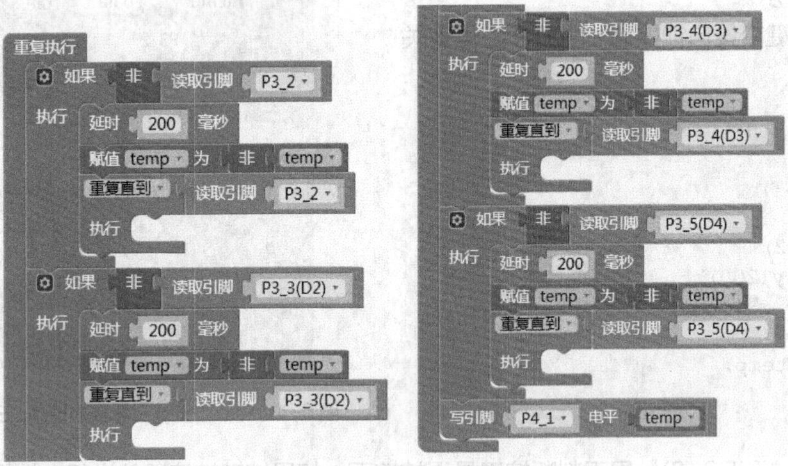

图 6-6　四按键变量自锁控制 LED 的图形化编程

四按键变量自锁控制 LED 的 C 语言关键代码如下。

```
void loop()
{
  if(!P3_2){
    delay(200);
    temp = !temp;
    while (!P3_2) {
    }
  }
  if(!P3_3){
    delay(200);
    temp = !temp;
    while (!P3_3) {
    }
  }
  if(!P3_4){
    delay(200);
    temp = !temp;
    while (!P3_4) {
    }
  }
  if(!P3_5){
    delay(200);
    temp = !temp;
    while (!P3_5) {
    }
  }
  P4_1 = temp;
}
```

本任务的程序很直观，在 loop()函数中通过判断指令"if(!P3_2)"不断查询按键 KEY1 是否被按下，然后进行判断。其他按键 KEY2、KEY3 和 KEY4 也使用同样的按键查询方式。显然，这种查询方式会极大地占用主循环的处理时间，效率很低。

任务 5　四按键控制 P6 端口 LED

四按键控制 P6 端口 LED 的图形化编程如图 6-7 所示。

四按键控制 P6 端口 LED 的 C 语言关键代码如下。

```
void setup()
{
  twen_board_init();//天问51初始化
  P6M1=0x00;P6M0=0xff;//推挽输出
  P3M1|=0x04;P3M0&=~0x04;//高阻输入
  P3M1|=0x08;P3M0&=~0x08;//高阻输入
  P3M1|=0x10;P3M0&=~0x10;//高阻输入
  P3M1|=0x20;P3M0&=~0x20;//高阻输入
}

void loop()
{
  P6 = ~((P3)&0x3c); //0x3c就是00111100
}
```

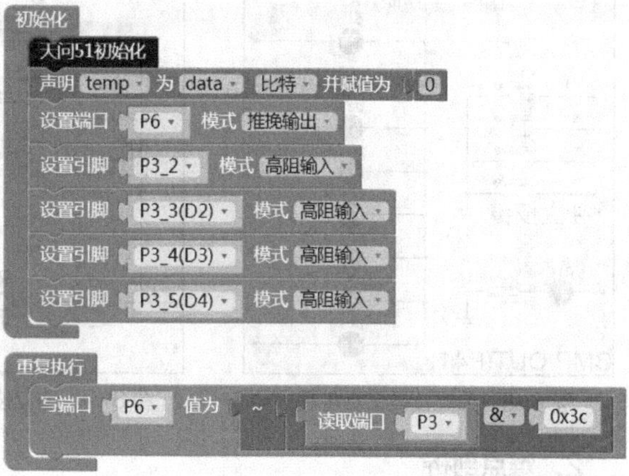

图 6-7　四按键控制 P6 端口 LED 的图形化编程

这里需要理解通过 P3 端口和 0x3C 进行位与运算获得 P3_2、P3_3、P3_4、P3_5 端口的状态，然后进行取反操作点亮 P6 端口对应的 LED 灯。本任务的程序再一次说明了位操作对于单片机 C 语言编程的重要性，一个语句全部搞定。

6.5　项目实现

6.5.1　开发板演示

开发板任务演示步骤和第 3 章基本类似，此处略去。具体操作请扫描二维码观看。

开发板演示（独立按键：查询方式）

6.5.2　Proteus 仿真实例

1. 主要步骤

本次需要的主要器件如下。

单片机：STC15W4K32S4。

独立按键：BUTTON。

独立按键仿真电路如图 6-8 所示，它在图 5-21 的基础上增加了独立按键。

任务 1～任务 4 独立按键仿真验证通过，如图 6-9 所示。

任务 5 仿真结果如图 6-10 所示。和第 5 章对于 STC15 单片机和 STC8 单片机的初始化区别所描述的解决方式相同，注意需要增加一句"P4_0=0;"才能启动仿真。

Proteus 仿真实例（独立按键：查询方式）

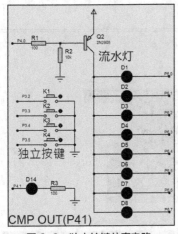

图 6-8　独立按键仿真电路

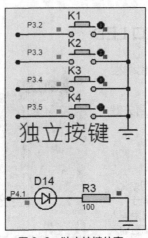

图 6-9　独立按键仿真

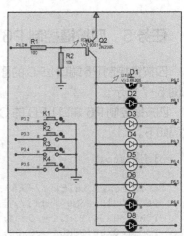

图 6-10　任务 5 仿真结果

2．难点剖析

读者可以注意到仿真电路图的按键并没有严格按照图 6-2 所示的电路图接线，没有给端口加上外接上拉电阻器。其原因是 STC8 单片机和 STC15 单片机的区别。STC8 单片机端口默认设置为高阻输入模式，没有电平输出，必须外接电源并外加上拉电阻器。Proteus 软件使用的 STC15 单片机的端口即使设置了高阻模式，实际还是类似经典 51 单片机的准双向口状态，而且是弱高电平（WHI）状态，不用加外部上拉电阻器也可以仿真，当然加上了上拉电阻器也没有问题。

还有读者会发现点亮的 LED 灯停止仿真后还是亮的。这是正常现象，因为仿真软件的 LED 灯点亮实际上就是显示 LED 灯不同状态的图标，图标默认是不刷新的，而开发板的 LED 灯点亮是需要电能的。

6.6　知识拓展——【案例】从实体按键到虚拟按键

手机已经成为现代文明的标志，在早期功能手机时代，受技术限制，用户操作手机都需要用实体按键，几乎所有手机设计时都采用"上方功能键，下方数字键"的布局。随着以 iPhone 和 Android 手机为代表的智能手机的兴起，智能手机从全触摸屏发展为高清大屏幕。曾经设计形式百花齐放的实体按键在手机上几乎已经没有了用武之地，仅有电源键、音量键和主屏幕键等有限的实体按键还留在机身上。

不管是实体按键还是虚拟按键，不管是功能手机还是智能手机，很多手机都是"中国制造"。中国手机产量约占全球的一半以上，是全球第一的手机制造国。"中国制造"推动了手机的发展和普及，让手机从当初价格昂贵的奢侈品变为老百姓买得起、用得起的普通商品，既满足了人民对美好生活的向往，也为全世界贡献了物美价廉的"中国制造"产品。

【思考与启示】

1．"中国制造"在手机更新换代中发挥了哪些作用？

2．为什么中国能持续保持市场经济的繁荣？

6.7　强化练习

1．如果采用高电平方式检测按键，电路图需要如何修改？

2．给仿真电路图中的按键加上图 6-2 所示的上拉电阻器，对比程序运行效果。

第7章
使用中断

中断系统是单片机中非常重要的组成部分，它是为了使 CPU 能够对外部或内部随机发生的事件进行实时处理而设置的。本章主要介绍中断的概念和分类，并以按键外部中断为例，和第 6 章的按键查询方式对比阐述中断的优势，最后介绍项目的开发板演示和 Proteus 仿真。

7.1 情境导入

小白：“使用独立按键控制 LED 灯的项目已完成，你看看我写的代码。”

小牛：“你是采用按键查询方式来控制 LED 灯的，这种方式会极大地占用主循环的处理时间，效率不高，可以采用中断方式实现。中断是单片机最重要的功能之一，能大幅提高单片机编程效率。”

小白：“好的，我好好学习一下中断。”

7.2 学习目标

【知识目标】
1. 了解中断的理论知识。
2. 了解中断的常用寄存器设置。
3. 理解中断编程特点。

【能力目标】
1. 掌握中断的基本编程流程。
2. 能使用中断的图形化指令。
3. 能进行独立按键的外部中断编程。

7.3 相关知识

7.3.1 中断概述

中断是为使 CPU 具有实时处理外部紧急事件的能力而设置的。当高速 CPU 和低速外设连接时，效率极低，低速外设工作时会占用 CPU 大量时间。为了解决这个问题，CPU 暂时中止其正在执行的程序，转去执行请求中断的外设或事件的服务程序，等处理完毕后再返回执行原来中止的程序，这个过程叫作中断。中断执行过程如图 7-1 所示。

向 CPU 请求中断的请求源称为中断源。单片机的中断系统一般允许有多个中断源，当几个中断源同时向 CPU 请求中断，要求为它服务的时候，就存在 CPU 优先响应哪一个中断请求的问题。通常根据中断源的轻重缓急排队，优先处理最紧急事件的中断请求，即规定每一个中断源有一个优先级，CPU 总是先响应优先级最高的中断请求。

当 CPU 正在处理一个中断请求的时候（执行相应的中断服务程序），产生了另外一个优先级比它还高的中断请求，CPU 暂停执行对原来中断

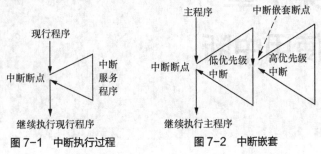

图 7-1 中断执行过程　　图 7-2 中断嵌套

源的服务程序，转而去处理优先级更高的中断源，处理完，再返回执行原低级中断服务程序，这样的过程称为中断嵌套，如图 7-2 所示。

7.3.2 中断的优点

早期的计算机系统是不包含中断系统的，后来为了解决高速 CPU 与低速外设的数据传送问题才引入了中断系统，它的优点如下。

（1）分时操作。CPU 可以分时为多个外设服务，提高了 CPU 的利用率。

（2）实时响应。CPU 能够及时处理应用系统的随机事件，系统的实时性大大增强。

（3）可靠性高。CPU 具有处理设备故障及掉电等突发性事件的能力，从而使系统可靠性提高。

7.3.3 STC8H 中断列表

STC8H 中断列表如表 7-1 所示，其中的中断源、中断请求位和中断允许位是编程的要点，需要熟记。而图形化编程的最大优势之一就是可以直接通过下拉列表选择，不用机械记忆这些参数。

表 7-1 STC8H 中断列表

中断源	中断向量	中断编号	优先级	中断请求位	中断允许位
INT0	0003H	0	0/1/2/3	IE0	EX0
Timer0	000BH	1	0/1/2/3	TF0	ET0
INT1	0013H	2	0/1/2/3	IE1	EX1
Timer1	001BH	3	0/1/2/3	TF1	ET1
UART1	0023H	4	0/1/2/3	RI || TI	ES
ADC	002BH	5	0/1/2/3	ADC_FLAG	EADC
LVD	0033H	6	0/1/2/3	LVDF	ELVD
PCA	003BH	7	0/1/2/3	CF	ECF
				CCF0	ECCF0
				CCF1	ECCF1
				CCF2	ECCF2
				CCF3	ECCF3
UART2	0043H	8	0/1/2/3	S2RI || S2TI	ES2
SPI	004BH	9	0/1/2/3	SPIF	ESPI

续表

中断源	中断向量	中断编号	优先级	中断请求位	中断允许位
INT2	0053H	10	0	INT2IF	EX2
INT3	005BH	11	0	INT3IF	EX3
Timer2	0063H	12	0	T2IF	ET2
INT4	0083H	16	0/1/2/3	INT4IF	EX4
UART3	008BH	17	0/1/2/3	S3RI || S3TI	ES3
UART4	0093H	18	0/1/2/3	S4RI || S4TI	ES4
Timer3	009BH	19	0	T3IF	ET3
Timer4	00A3H	20	0	T4IF	ET4
CMP	00ABH	21	0/1/2/3	CMPIF	PIE|NIE
I2C	00C3H	24	0/1/2/3	MSIF	EMSI
				STAIF	ESTAI
				RXIF	ERXI
				TXIF	ETXI
				STOIF	ESTOI
USB	00CBH	25	0/1/2/3	USB Events	EUSB
PWMA	00D3H	26	0/1/2/3	PWMA_SR	PWMA_IER
PWMB	00DDH	27	0/1/2/3	PWMB_SR	PWMB_IER
TKSU	011BH	35	0/1/2/3	TKIF	ETKSUI
RTC	0123H	36	0/1/2/3	ALAIF	EALAI
				DAYIF	EDAYI
				HOURIF	EHOURI
				MINIF	EMINI
				SECIF	ESECI
				SEC2IF	ESEC2I
				SEC8IF	ESEC8I
				SEC32IF	ESEC32I
P0 中断	012BH	37	0	P0INTF	P0INTE
P1 中断	0133H	38	0	P1INTF	P1INTE
P2 中断	013BH	39	0	P2INTF	P2INTE
P3 中断	0143H	40	0	P3INTF	P3INTE
P4 中断	014BH	41	0	P4INTF	P4INTE
P5 中断	0153H	42	0	P5INTF	P5INTE
P6 中断	015BH	43	0	P6INTF	P6INTE
P7 中断	0163H	44	0	P7INTF	P7INTE

　　表 7-1 中前 5 个中断（中断编号 0~4）就是经典 51 单片机的中断。STC8 单片机已经扩充到了支持最多 44 个中断源。本章主要只介绍外部中断，其他的中断源，如定时器、串口、ADC、PWM 等会在后面章节中介绍。

7.3.4 外部中断

触发外部中断的方式有两种：边沿触发（包括上升沿和下降沿）、电平触发（高低电平变化），如图 7-3 所示。基于 STC8H8K64U 的天问 51 开发板只支持下降沿和电平变化 2 种触发方式。下降沿触发方式中，产生中断请求时由硬件置位（置 1）中断请求标记，当 CPU 响应中断请求时由硬件清除（清 0）中断请求标记。电平触发方式中，中断请求标记由外部中断源控制，具体是：当 CPU 检测到 INT 引脚上出现低电平时，中断请求标记由硬件置位；INT 引脚上出现高电平时，中断请求标记由硬件清除。

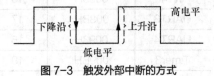

图 7-3　触发外部中断的方式

边沿触发时间一般都是微秒级的，响应快。而电平触发只需是高电平或低电平就可以了，没有时间要求，电平触发一般用于对时间要求不高的场合。

外部中断的图形化指令如表 7-2 所示。

表 7-2　外部中断图形化指令

常用指令	图形化指令
设置外部中断：只有外部中断 INT0、INT1 有"电平变化时"和"下降沿"两种触发方式，INT2、INT3、INT4 只有"下降沿"一种触发方式	设置外部中断 0 ▾ 电平变化时 ▾ 触发　　✓ 电平变化时　　下降沿　　　设置外部中断 2 ▾ 下降沿 ▾ 触发　　✓ 下降沿
外部中断函数	外部中断 0 ▾ 执行函数 INT0 寄存器组 1 ▾ 执行

7.3.5 中断函数 C 语言调用

表 7-2 中的外部中断指令对应 C 语言代码如下。

```
void INT0(void) interrupt 0 using 1{
}
void INT1(void) interrupt 2 using 1{
}
void INT2(void) interrupt 10 using 1{
}
void INT3(void) interrupt 11 using 1{
}
void INT4(void) interrupt 16 using 1{
}
```

这里的 interrupt 和 using 是为编写中断服务程序而引入的关键字，interrupt 表示该函数是一个中断函数，interrupt 后的整数表示中断源指定的中断编号，在表 7-1 已经详细列出。using 指定该中断程序要使用的工作寄存器组号 m，m 为 0~3。

关键字 interrupt 和 using 只能用于中断函数的说明，而不能用于其他函数。若不使用关键字 using，则编译系统会将当前工作寄存器组的 8 个寄存器都压入堆栈。

程序中的任何函数都不能调用中断函数，中断函数是由系统调用的，中断函数中的函数名其实并没有什么作用。

7.3.6　外部中断寄存器设置

外部中断需要用到的寄存器包括中断使能（IE）寄存器和外部中断与时钟输出控制（INTCLKO）寄存器，其描述分别如表 7-3 和表 7-4 所示。

表 7-3　IE 寄存器

符号	地址	B7	B6	B5	B4	B3	B2	B1	B0
IE	A8H	EA	ELVD	EADC	ES	ET1	EX1	ET0	EX0

表 7-4　INTCLKO 寄存器

符号	地址	B7	B6	B5	B4	B3	B2	B1	B0
INTCLKO	8FH	—	EX4	EX3	EX2	—	T2CLKO	T1CLKO	T0CLKO

（1）EA：总中断允许位。EA 的作用是使中断允许形成多级控制，即各中断源首先受 EA 控制，其次受各中断源自己的中断允许位控制。

0：CPU 屏蔽所有的中断请求。

1：CPU 开放中断请求。

（2）ELVD：低压检测中断允许位。低压检测（LVD）的系统中断编号为 6，在使用电池供电的场合需要考虑设置此中断。

0：禁止低压检测中断。

1：允许低压检测中断。

（3）EADC：模数转换中断允许位。其系统中断编号为 5，在第 10 章有更详细的介绍。

0：禁止模数转换中断。

1：允许模数转换中断。

（4）ES：串口 1 中断允许位。其系统中断编号为 4，为经典 51 单片机的 5 种中断之一，在第 12 章有更详细的介绍。

0：禁止串口 1 中断。

1：允许串口 1 中断。

（5）ET1：定时器/计数器 T1 的溢出中断允许位。其系统中断编号为 3，为经典 51 单片机的 5 种中断之一，在第 8 章有更详细的介绍。

0：禁止 T1 溢出中断。

1：允许 T1 溢出中断。

（6）EX1：外部中断 1（INT1）中断允许位。其系统中断编号为 2，为经典 51 单片机的 5 种中断之一，使用方式和 EX0 类似。

0：禁止 INT1 中断。

1：允许 INT1 中断。

（7）ET0：定时器/计数器 T0 的溢出中断允许位。其系统中断编号为 1，为经典 51 单片机的 5 种中断之一，使用方法和 ET1 类似。

0：禁止 T0 溢出中断。

1：允许 T0 溢出中断。

（8）EX0：外部中断 0（INT0）中断允许位。其系统中断编号为 0，为经典 51 单片机的 5 种中断之一，在本章有相关任务介绍其使用方式。

0：禁止 INT0 中断。

1：允许 INT0 中断。

从表 7-1 可以看出，系统中断编号和中断允许位在表中的位编号是一致的，这是为了方便记忆。

（9）EX4：外部中断 4（INT4）中断允许位。

0：禁止 INT4 中断。

1：允许 INT4 中断。

（10）EX3：外部中断 3（INT3）中断允许位。

0：禁止 INT3 中断。

1：允许 INT3 中断。

（11）EX2：外部中断 2（INT2）中断允许位。

0：禁止 INT2 中断。

1：允许 INT2 中断。

其他的中断允许位 T2CLKO、T1CLKO、T0CLKO 和 STC8 单片机的编程时钟输出功能相关，本章仅涉及外部中断，没有涉及外部中断的中断允许位不展开叙述。

7.4 项目设计

基于 STC8H8K64U 的天问 51 开发板上有 5 个外部中断：INT0~INT4。具体设置如下。

INT0：P3.2 引脚连接独立按键 KEY1。

INT1：P3.3 引脚连接独立按键 KEY2。

INT2：P3.6 引脚连接红外接收头引脚。

INT3：P3.7 引脚连接加速度传感器的中断引脚。

INT4：P3.0 引脚连接 USB 接口的"D-"引脚。

外部中断设置基本相同，本章仅以 INT0 为例进行项目演示，其电路图同第 6 章独立按键开关电路（见图 6-2）。

任务　KEY1 按键中断控制 LED

KEY1 按键中断控制 LED 的图形化编程如图 7-4 所示。

KEY1 按键中断控制 LED 的 C 语言关键代码如下。

```c
void INT0(void) interrupt 0 using 1{
  P4_1 = !P4_1;
}
void setup()
{
  P3M1|=0x04;P3M0&=~0x04;  //高阻输入
  P4M1&=~0x02;P4M0|=0x02;  //推挽输出
  IT0 = 1;
  EX0 = 1;
  EA = 1;
}
```

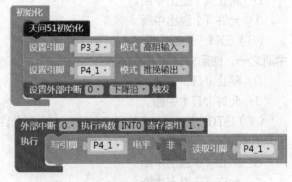

图 7-4　KEY1 按键中断控制 LED 的图形化编程

第 6 章的任务 1 中，需要 CPU 不断查询按键是否被按下，效率低下。使用中断完全不占用 CPU 主循环，CPU 可以在 loop 函数中执行其他语句，这种中断方式才是单片机业界的主流编程方式。

这里的"IT0 = 1;"语句表示下降沿触发中断，对于独立按键来说此方式更优。图形化编程不用记忆"IT0"，直接选择"下降沿"选项。更重要的是，如果选择 INT2 以上中断，就只有下降沿触发一个选项，系统自动识别中断许可范围。而直接用 C 语言编程，可能会设置错误，花费大量的调试时间。

另外，"IT0"所在寄存器是时间控制（TCON）寄存器，我们会在第 8 章中介绍。

7.5 项目实现

7.5.1 开发板演示

开发板任务演示步骤的和第 3 章基本类似，此处略去。具体操作请扫描二维码观看。

开发板演示（独立按键：中断方式）　Proteus 仿真实例（独立按键：中断方式）

7.5.2 Proteus 仿真实例

本项目的仿真电路图和第 6 章图 6-8 相同，此处不再重复。本项目的程序中没有加入按键消抖代码，仿真实验效果较准，按键被按下一次 LED 灯亮、灭切换一次，而开发板演示的效果就不一定了，经常会有误判。所以在实际开发中，必须考虑按键消抖设计。

7.6 知识拓展——【案例】中断的延迟处理

中断是一种电信号，由硬件设备生成，在处理一个中断的时候，其他中断都是被屏蔽的，除非有更高优先级的中断产生，所以中断本身只适合用于处理少量的工作。如果工作内容比较多，我们需要在编程中采用一种中断的延迟处理策略，让中断事件中的工作在主任务中完成。也就是说，在中断函数中，我们的指令和代码都必须简洁，计算量大的代码要转移到主循环里完成。

在生活中，中断的延迟处理是一种重要的时间管理技巧。我们可以把生活中的中断事件按照重要和紧急两个不同的程度进行划分，可以分为四个"象限"：既紧急又重要、重要但不紧急、紧急但不重要、既不紧急也不重要。利用此原则可以更直观地安排事件的优先级，避免浪费时间。

【思考与启示】

1. 你在现实生活里是如何利用中断的延迟处理策略来处理事务的？
2. 单片机的中断机制还给了你哪些启示？

7.7 强化练习

1. 在项目中采用电平触发方式检测按键开关，对比一下效果。
2. 给本章的程序中加入按键消抖代码，感受开发板演示中按键效果的变化。
3. 模拟双控开关，采用 KEY1 和 KEY2 按键控制 P6_0 引脚的 LED 灯的亮与灭。

第8章
使用定时器

08

定时器是单片机最常用的中断源之一。本章以控制 LED 为例，和使用延迟函数的方式控制 LED 进行对比来学习定时器的使用，最后介绍项目的开发板演示和 Proteus 仿真。

8.1 情境导入

小白："我对控制 LED 已经熟悉了，你看看我写的代码。"

小牛："你的实现方式属于软件延时，效率不高，定时也不是很精确。建议用定时器设置延时，再通过天问 Block 的图形化指令编程，不需要死记硬背寄存器参数设置。"

小白："好的，我来体会一下天问 Block 这种创新开发模式的优势。"

8.2 学习目标

【知识目标】

1. 了解软件延时和定时器的区别。
2. 了解定时器 T0 和 T1 的相关寄存器。
3. 了解定时器编程的步骤。
4. 体会单片机创新开发模式的优势。

【能力目标】

1. 会设置定时器工作方式。
2. 会使用定时器的长定时编程。
3. 掌握多个定时器同时使用的方法。
4. 能用虚拟示波器仿真。

8.3 相关知识

8.3.1 软件延时和定时器

单片机在很多情况下需要软件延时，比如第 5 章项目中的 delay()函数，或者直接编写几个空指令实现延时。软件延时过程中，主循环被占用，无法进行其他任务，导致系统效率降低。延时时间越长，该缺点便越明显，因此软件延时只适用于短暂延时的场合，或简单项目。

在第 7 章我们提到了中断的好处就是不占用主循环。定时器就是中断的典型应用之一。简单理解，单片机中有多个"小闹钟"，可以实现多个延时，并且互相不干扰，这些"小闹钟"就是定时器。

8.3.2 定时器功能

STC8H 系列单片机内部设置了 5 个 16 位定时器/计数器：T0、T1、T2、T3 和 T4。

对定时器/计数器 T0 和 T1，用特殊功能寄存器 TMOD 中的控制位 C/T 来设置其为定时器还是计数器。

对定时器/计数器 T2，用特殊功能寄存器 AUXR 中的控制位 T2_C/T 来设置其为定时器还是计数器。

对定时器/计数器 T3，用特殊功能寄存器 T4T3M 中的控制位 T3_C/T 来设置其为定时器还是计数器。

对定时器/计数器 T4，用特殊功能寄存器 T4T3M 中的控制位 T4_C/T 来设置其为定时器还是计数器。

定时器/计数器的核心部件是一个加法计数器，其功能是对脉冲进行计数。只是计数脉冲来源不同：如果计数脉冲来自系统时钟，则为定时方式；如果计数脉冲来自单片机外部引脚，则为计数方式。

8.3.3 定时器 T0 和 T1 相关寄存器

STC8 单片机包含 5 个定时器，功能类似，我们仅以定时器 T0 和 T1 作为典型例子讲解相关寄存器的使用方法。

定时器 T0 和 T1 功能各由两个 8 位特殊功能寄存器 TH0、TL0 和 TH1、TL1，以及它们的时间控制（TCON）寄存器和时间模式（TMOD）寄存器等实现。

1. 时间控制寄存器

TCON 寄存器用于启动和停止定时器的计数，并控制定时器的状态。TCON 寄存器描述如表 8-1 所示。

表 8-1　TCON 寄存器

符号	地址	B7	B6	B5	B4	B3	B2	B1	B0
TCON	88H	TF1	TR1	TF0	TR0	IE1	IT1	IE0	IT0

（1）TF1：T1 溢出中断标志位。T1 被允许计数以后，从初值开始加 1 计数，当产生溢出时由硬件将 TF1 置 1，并向 CPU 请求中断，TF1 一直保持到 CPU 响应该中断时，才由硬件清 0（也可由查询软件清 0）。

（2）TR1：T1 的运行控制位。该位由软件置 1 和清 0。当 GATE（TMOD.7）=0 时，TR1=1 允许 T1 开始计数，TR1=0 禁止 T1 计数。当 GATE（TMOD.7）=1 时，仅在 TR1=1 且 INT1 输入高电平时，才允许 T1 计数。

（3）TF0：T0 溢出中断标志位。T0 被允许计数以后，从初值开始加 1 计数，当产生溢出时由硬件将 TF0 置 1，并向 CPU 请求中断，TF0 一直保持到 CPU 响应该中断时，才由硬件清 0（也可由查询软件清 0）。

（4）TR0：T0 的运行控制位。该位由软件置 1 和清 0。当 GATE（TMOD.3）=0 时，TR0=1 允许 T0 开始计数，TR0=0 禁止 T0 计数。当 GATE（TMOD.3）=1 时，仅在 TR0=1 且 INT0 输入高电平时，才允许 T0 计数，TR0=0 时禁止 T0 计数。

（5）IE1：INT1 中断源标志位。当 IE1=1 时，INT1 中断源向 CPU 请求中断，当 CPU 响应该中断时由硬件给 IE1 清 0。

（6）IT1：INT1 触发控制位。当 IT1=0 时，上升沿或下降沿均可触发 INT1。当 IT1=1 时，INT1 为下降沿触发方式。

（7）IE0：INT0 中断源标志位。当 IE0=1 时，INT0 中断源向 CPU 请求中断，当 CPU 响应该中断时由硬件给 IE0 清 0。

（8）IT0：INT0 触发控制位。当 IT0=0 时，上升沿或下降沿均可触发 INT0。当 IT0=1 时，INT0 为下降沿触发方式。

2. 时间模式寄存器

TMOD 寄存器用于设置定时器的工作模式和工作方式。TMOD 寄存器描述如表 8-2 所示。

表 8-2 TMOD 寄存器

符号	地址	B7	B6	B5	B4	B3	B2	B1	B0
TMOD	89H	T1_GATE	T1_C/T	T1_M1	T1_M0	T0_GATE	T0_C/T	T0_M1	T0_M0

（1）T1_GATE：控制定时器/计数器 T1，只有在该位置 1，INT1 引脚为高电平及 TR1 置 1 时才可打开定时器/计数器 T1。

（2）T0_GATE：控制定时器/计数器 T0，只有在该位置 1，INT0 引脚为高电平及 TR0 置 1 时才可打开定时器/计数器 T0。

（3）T1_C/T：控制定时器/计数器 T1 用作定时器或计数器，清 0 用作定时器（对内部系统时钟进行计数），置 1 则用作计数器（对引脚 T1/P3.5 捕获的外部脉冲进行计数）。

（4）T0_C/T：控制定时器/计数器 T0 用作定时器或计数器，清 0 用作定时器（对内部系统时钟进行计数），置 1 则用作计数器（对引脚 T0/P3.4 捕获的外部脉冲进行计数）。

（5）T1_M1/T1_M0：定时器/计数器 T1 模式选择。其工作模式如表 8-3 所示。

表 8-3 定时器/计数器 T1 工作模式

T1_M1	T1_M0	定时器/计数器 T1 工作模式
0	0	16 位自动重载模式。当[TH1,TL1]中的 16 位计数值溢出时，系统会自动将内部 16 位重载寄存器中的重载值装入[TH1,TL1]中
0	1	16 位不自动重载模式。当[TH1,TL1]中的 16 位计数值溢出时，T1 将从 0 开始计数
1	0	8 位自动重载模式。当 TL1 中的 8 位计数值溢出时，系统会自动将 TH1 中的重载值装入 TL1 中
1	1	T1 停止工作

（6）T0_M1/T0_M0：定时器/计数器 T0 模式选择。其工作模式如表 8-4 所示。

表 8-4 定时器/计数器 T0 工作模式

T0_M1	T0_M0	定时器/计数器 T0 工作模式
0	0	16 位自动重载模式。当[TH0,TL0]中的 16 位计数值溢出时，系统会自动将内部 16 位重载寄存器中的重载值装入[TH0,TL0]中
0	1	16 位不自动重载模式。当[TH0,TL0]中的 16 位计数值溢出时，T0 将从 0 开始计数
1	0	8 位自动重载模式。当 TL0 中的 8 位计数值溢出时，系统会自动将 TH0 中的重载值装入 TL0 中
1	1	不可屏蔽中断的 16 位自动重载模式。不可屏蔽中断的中断优先级最高，并且不可关闭，该模式下 T0 可用作操作系统的系统节拍定时器，或者系统监控定时器

对比表 8-3 和表 8-4，我们可以看出定时器 T0 中断是优先级最高的定时器中断。

以前的经典 51 单片机程序各种定时器模式都有应用，而现在 STC8 单片机基本都是使用方式 0。注意经典 51 单片机只有定时器 T0 和定时器 T1，但是其方式 0 不是自动重载模式，所以用 STC8 单片机运行经典 51 单片机程序时，需要更改代码。

另外经典 51 单片机程序还有一种查询方式，就是在主循环中不断查询 TF0/TF1 是否溢出，然后清 0 并处理相关定时器中断。这种方式现在也被淘汰了，但作为编程技巧练习，读者简单了解即可。

其他的定时器相关的寄存器参见 STC8 单片机数据手册。天问 Block 的图形化编程也简化了这些设置。

8.3.4 定时器编程步骤

STC8 单片机的定时器编程具体步骤如下。

（1）对 TMOD 寄存器的位赋值，确定定时器的工作模式。

（2）根据定时/计数时间设置定时器初值。

（3）对 TCON 寄存器的位赋值，启动定时器/计数器。

（4）打开中断。

（5）编写定时器中断函数。

其中定时器初值计算公式如下。（以定时器 T0 为例）

$$定时器周期 = \frac{65\,536 - [TH0, TL0]}{SYSclk} \times 12$$

式中：[TH0, TL0]代表定时器初值，SYSclk 代表系统主频。

比如本章的任务 1 中设置定时器 T0 在 24MHz 的单片机的主频下定时 30 000μs(定时器周期)，则定时器初值为：

```
[TH0, TL0]= 65 536-30 000×2=5 536= 0x15A0
```

也就是：

```
TH0 = 0x15;  TL0 = 0xA0;
```

📖 **注意**

天问 51 开发板里默认调用定时器 T0 的 16 位自动重载模式，定时器时钟为 12T 模式，采用 24MHz 的单片机的主频。

最大计数值=65 536，最长定时时间=65 536×T_{cy}

$$\text{机器周期 } T_{cy} = 12 \,/\, f_{osc} = 12 \,/\, (24 \times 10^6) = 0.5 (\mu s)$$
$$\text{最长定时时间} = 65\,536 \times 0.5 = 32\,768 (\mu s)$$

当定时的时间超过最长定时时间时，需要利用变量循环的方式来延长定时的时间，具体操作可以参考本章任务 2。

以前设置定时器初值需要手动计算，现在可以使用 STC-ISP 软件内置的定时器计算器来计算初值，并直接转换成代码，十分方便。

8.3.5 定时器图形化指令

定时器图形化指令如表 8-5 所示。

表 8-5 定时器图形化指令

常用指令	图形化指令实例和对应 C 语言代码

定时器初始化：图形化模块默认采用 16 位自动重载模式	定时器 0 初始化 定时长度（微秒） 100
	TMOD |= 0x00; //16 位自动重载模式
	TL0 = 0x37; //设定定时初值
	TH0 = 0xff; //设定定时初值

启动定时器：将 TRn 置 1	启动定时器 0 TR0 = 1;// 启动定时器
停止定时器：将 TRn 清 0	停止定时器 0 TR0 = 0;// 停止定时器

设置定时器中断	设置定时器 0 中断 有效
	EA = 1; // 控制总中断
	ET0 = 1; // 控制定时器中断

定时器中断函数：定时器的中断编号为 1，默认使用寄存器组 1	定时/计数器中断 0 执行函数 T_IRQ0 寄存器组 1 执行 void T_IRQ0(void) interrupt 1 using 1{ }
读定时器溢出标志：读取 TFn 值	读定时器 0 溢出标志
清除定时器溢出标志：将 TFn 清 0	清除定时器 0 溢出标志
读定时器 TLn/THn 值	读定时器 0 TL
设置定时器 TLn/THn 值	设置定时器 0 TL 值为 0xff
读 TMOD/TCON 值	读 TMOD
设置 TMOD/TCON 值	设置 TMOD 值为 0xff

还有很多定时器图形化指令没有列出，它们主要用于直接读写寄存器，并在高级应用场合中使用。

8.4 项目设计

定时器的使用主要通过 STC8 单片机内部的寄存器设置完成。本项目需要用到 LED 灯，请参考图 5-11 所示的电路图。

任务 1　定时器 T0 中断控制 LED 灯闪烁

定时器 T0 中断控制 LED 灯闪烁的图形化编程如图 8-1 所示。

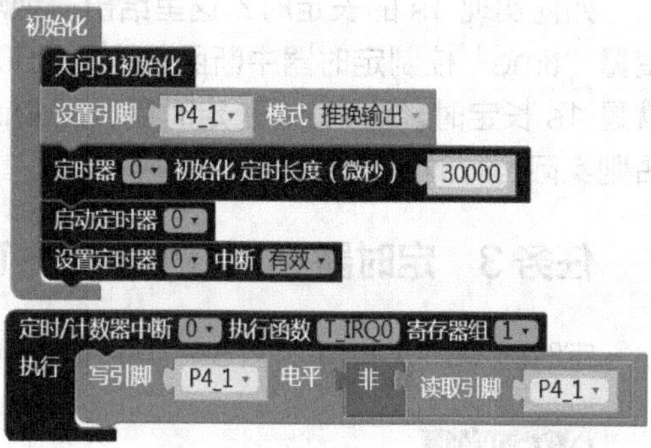

定时器 T0 中断控制 LED 灯闪烁的 C 语言关键代码如下。

```
void Timer0Init(void) //30000μs@24.000MHz
{
  AUXR &= 0x7f;        //定时器时钟 12T 模式
  TMOD &= 0xf0;        //设置定时器模式
  TL0 = 0xa0;          //设置定时初值
  TH0 = 0x15;          //设置定时初值
}
void T_IRQ0(void) interrupt 1 using 1{
  P4_1 = !P4_1;
}
void setup()
{
  twen_board_init();        //天问 51 开发板初始化
  P4M1&=~0x02;P4M0|=0x02;//推挽输出
  Timer0Init();
  TR0 = 1;                  //定时器 0 开始计时
  EA = 1;                   //控制总中断
  ET0 = 1;                  //控制定时器中断
}
```

图 8-1　定时器 T0 中断控制 LED 灯闪烁的图形化编程

语句 "AUXR &= 0x7f;" 表示将定时器 T0 时钟设置为 12T 模式,也可设置成 1T 模式,相当于经典 51 单片机速度提高了 12 倍。为了方便对比和保持兼容性,本书还是采用定时器时钟 12T 模式。

设置定时初值在 C 语言编程中需要计算,而图形化编程将这一过程封装了,进一步降低了编程难度。

和第 4 章的任务 2 比较,本任务将控制 LED 灯的代码放在定时中断函数里,减少了主循环的负担。

任务 2　定时器 T0 中断控制变量控制 LED 灯闪烁

定时器 T0 中断控制变量控制 LED 灯闪烁的图形化编程如图 8-2 所示。

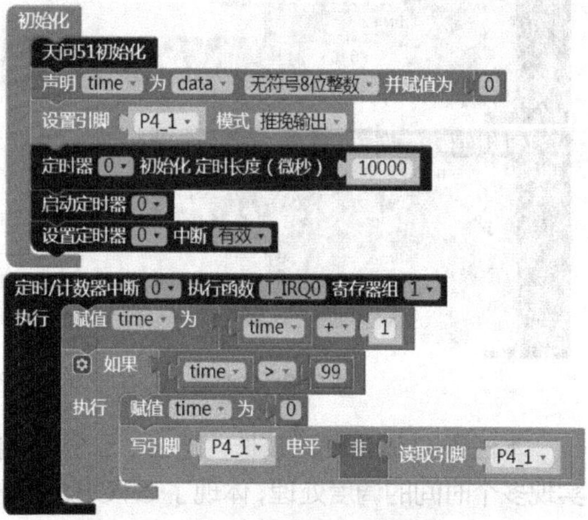

定时器 T0 中断控制变量控制 LED 灯闪烁的 C 语言关键代码如下。

```
uint8 time = 0;
void Timer0Init(void) //10000μs@24.000MHz
{
  AUXR &= 0x7f;        //定时器时钟 12T 模式
  TMOD &= 0xf0;        //设置定时器模式
  TL0 = 0xe0;          //设置定时初值
  TH0 = 0xb1;          //设置定时初值
}

void T_IRQ0(void) interrupt 1 using 1{
  time = time + 1;
  if(time > 99){
```

图 8-2　定时器 T0 中断控制变量控制
LED 灯闪烁的图形化编程

```
        time = 0;
        P4_1 = !P4_1;
    }
}
```

如何实现 1s 的长定时？这里给出一种常见思路。首先定时器实现定时 10ms，然后用一个变量"time"控制定时器中断函数执行 100 次，这样就相当于定时 10ms×100=1 000ms，也就是 1s 长定时。达到 1s 长定时后，LED 灯闪烁一次。注意中断函数中的运算过程不能太长，否则实际运行时会出现偏差。

任务 3　定时器 T0、T1、T2、T3、T4 中断控制 LED 灯闪烁

定时器 T0、T1、T2、T3、T4 中断控制 LED 灯闪烁的图形化编程如图 8-3 所示。

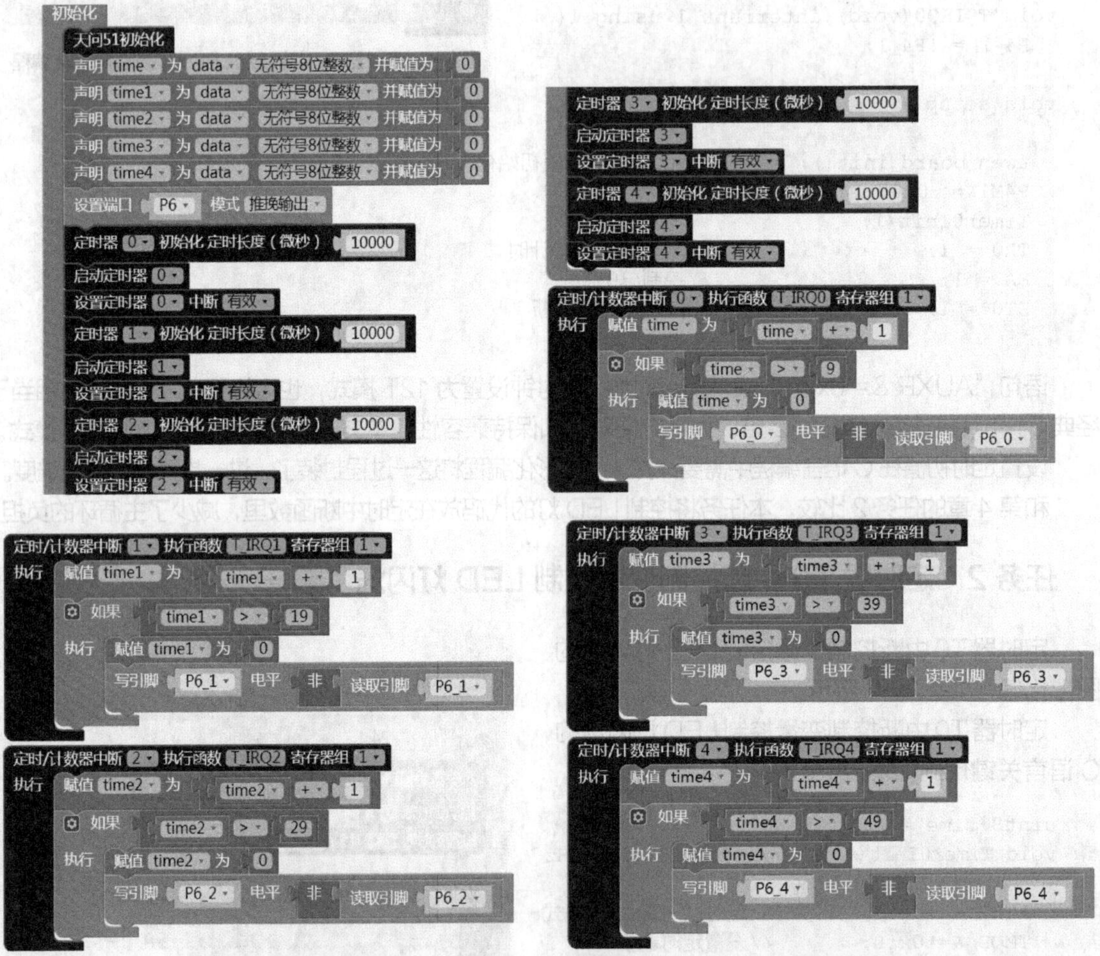

图 8-3　定时器 T0、T1、T2、T3、T4 中断控制 LED 灯闪烁的图形化编程

本任务 C 语言代码较长，略去。5 个定时器全部使用，再配合不同的循环变量控制中断函数，实现多个时间的调度处理，体现了 STC8 单片机的强大。每个定时器设定不同定时时长来控制 LED 灯闪烁。这个任务尤其体现了天问 Block 的优势。如果用传统的 C 语言编程方式，仅 10 多个寄存器的设置就很费脑。采用本书推荐的图形化编程方式完全不需要研究定时器寄存器设置方法，后面

的主循环部分可以切换成 C 语言方式编程，可节省大量的寄存器设置时间。

8.5 项目实现

8.5.1 开发板演示

开发板演示
（定时器）

开发板任务演示步骤的文字描述和第 3 章基本类似，略去。具体操作可扫描二维码观看。

8.5.2 Proteus 仿真实例

1. 虚拟仪器的使用

Proteus 仿真实例
（定时器）

为了测试定时器时间是否准确，我们采用 Proteus 软件中的虚拟仪器进行测试。本项目中用到的仪器是示波器（Oscilloscope）。

（1）设置虚拟仪器。在虚拟仪器列表中选择"OSCILLOSCOPE"，在绘图区加入示波器后，将单片机 P4_1 引脚和示波器 A 通道用导线连接，如图 8-4 所示。

（2）用示波器测量时间脉冲。仿真运行开始时，软件会默认弹出示波器波形显示页面，如图 8-5 所示。A 通道输入的是矩形波，我们需要测量矩形波的周期。

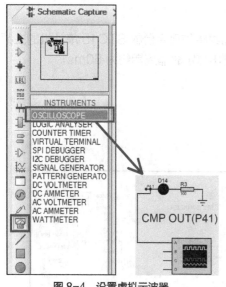

图 8-4　设置虚拟示波器

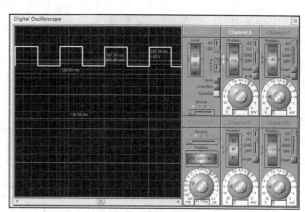

图 8-5　示波器波形显示

为了方便测量，我们可以将其他通道关闭，如图 8-6 所示，将仿真运行暂停后，将通道 B/C/D 设置为"OFF"状态，同时将通道 A 信号的波形放大并下移到显示屏幕中间，然后单击"Cursors"按钮进行测量。

"Cursor"的横轴表示测量时间，纵轴表示测量电平大小。我们需要测量时间，所以将测量光标放在信号的波形下面，对齐波形进行测量，如图 8-6 所示。

可以右击显示位置并选择"print"命令将测量结果输出，测量结果如图 8-7 所示，电平变化时间间隔是 30ms（测量光标是随机的，存在一点误差很正常）。

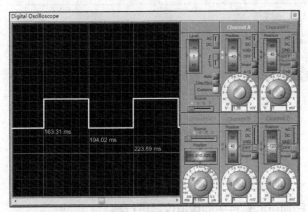

图 8-6　波形测量显示

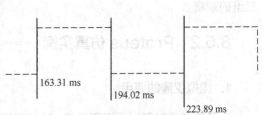

图 8-7　测量结果

（3）显示示波器页面。如果仿真过程中关闭了示波器页面，可以在菜单栏的"Debug"菜单中选择"Digital Oscilloscope"命令，如图 8-8 所示，重新恢复示波器页面显示。

数字示波器显示的结果说明仿真的逻辑是正确的，但是仿真的时间还是比开发板演示的时间长。STC15 单片机也支持定时器 T0、T1、T2、T3、T4，代码可以仿真运行（注意需要更改 P4_0 引脚电平为低电平才能在 STC15 单片机中仿真）。

2. 难点剖析

以上是 Proteus 软件在 24MHz 主频下的仿真情况。如果将仿真平台的 STC15 单片机的主频改成 12MHz，如图 8-9 所示，重新运行代码后用示波器测出其定时器周期约为 60ms。

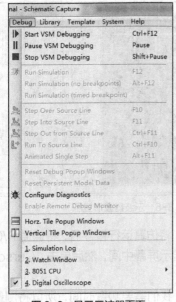

图 8-8　显示示波器页面

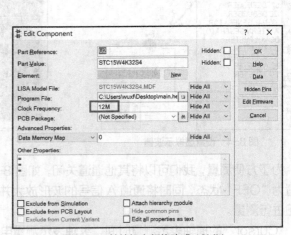

图 8-9　单片机主频修改成 12MHz

如果将任务 1 的代码修改成定时器在 12MHz 的主频下定时 30ms（注意只能在字符编程模式下用 C 语言修改，不能直接用图形化编程修改），仿真运行后用示波器测量波形，定时器周期又变成 30ms。

Proteus 软件的定时仿真是非常精确的，读者可以测量 STC8 单片机的 1T 模式下的波形，对比两波形的区别。

需要注意，第 3 章介绍 STC8 内核时介绍过，其 1T 模式运行速度是标准 12T 模式的 12 倍，在 1T 模式下，定时器周期计算公式为：

$$定时器周期 = \frac{65\,536 - [\text{TH0}, \text{TL0}]}{\text{SYSclk}}$$

在 24MHz 主频下，定时器周期最大值为

$$65\,536/24 = 2730(\mu s)$$

可见在 1T 模式下，定时器周期很小，所以很多代码要想运行在 1T 模式下，就需要确认周期长度是否满足要求。显然任务 1 的定时 30ms 是不能直接满足的，需要参考任务 2 的循环方式修改代码。

8.6　知识拓展——【案例】国产高精度时钟芯片加持"北斗"

定时器精度取决于底层的高精度时钟芯片的性能。国内制造厂商浙江赛思电子科技有限公司（简称赛思电子）推出了基于高精度锁相环技术开发的时频同步 SoC 芯片，支持"北斗"系统，此前国内尚无此类商用芯片。在赛思电子高精度时钟芯片加持下，"北斗三号"全球卫星导航系统星座部署提前半年完成。

赛思电子秉承"引领时频智造，共创精准世界"的理念，努力引领国内时频行业，已成为国际上最领先的时钟系统公司之一。

一个国家一定要掌握核心技术，才能在世界竞争中立于不败之地。赛思电子让"北斗"系统装上"中国芯"仅仅是一个开始，未来将有更多的设备用上"中国芯"。

【思考与启示】

1. 高精度时钟芯片的重要性是什么？

2. 如何为"中国芯"事业做出自己的贡献？

8.7　强化练习

1. 用定时器 T2、T3、T4 分别实现任务 1。

2. 在不用图形化编程情况下，直接用 C 语言编程实现任务 3，并对比编程效率。

3. 在 Proteus 软件中，使用 STC8 单片机的 1T 模式仿真任务 1 功能并用示波器验证结果。

第9章
使用数码管

数码管是单片机中最常用的显示模块之一，本章主要讲解其功能和典型编程方法，包括 595 移位寄存器驱动模块的使用方法，最后介绍项目的开发板演示和 Proteus 仿真。

9.1 情境导入

小白："如何通过单片机显示数字呢？"

小牛："数码管是常用显示模块，可以显示数字。数码管实质上也是 LED，多个 LED 同时使用占用端口较多。建议使用数码管驱动模块，可以节省单片机 I/O 资源。"

小白："好的，我就来体验一下数码管的应用。"

9.2 学习目标

【知识目标】

1. 熟悉数码管常见类型。
2. 熟悉 595 驱动芯片。
3. 了解动态显示。
4. 了解数码管编程的步骤。

【能力目标】

1. 能用数码管实现静态显示。
2. 能用数码管实现闪烁显示。
3. 能用数码管实现动态显示。
4. 能用数码管库函数实现动态显示。

9.3 相关知识

9.3.1 LED 数码管

LED 数码管内部由 7 个条形 LED 和一个小圆点形 LED 组成，根据各段 LED 的亮暗状态来组合成字符。数码管根据 LED 的接线方式可分为共阴极和共阳极两种。使用时，共阴极数码管公共端接地，共阳极数码管公共端接电源。每段 LED 需 5～10mA 的驱动电流才能正常发光，一般需加限流电阻器控制电流的大小。LED 数码管有 a~g 这 7 个 LED，加正电压的发光，加零电压的不发光，不同亮暗的组合就能形成不同的字形，这种组合称为字形码。共阳极和共阴极的字形码是不同的，两者的字形码互为补码。

为了显示字符，必须对字符进行编码。7 个 LED 加上一个小数点形 LED，共 8 个。因此为数码管提供的编码正好是一个字节。

如图 9-1 所示，共阳极数码管是指将所有 LED 的阳极接到一起，形成公共阳极的数码管，共阳极数码管在应用的时候，应该将其公共端接到电源正极，当某一个 LED 的阴极为低电平的时候，相对应的段就点亮；当某一个 LED 的阴极为高电平的时候，相对应的段就不亮。

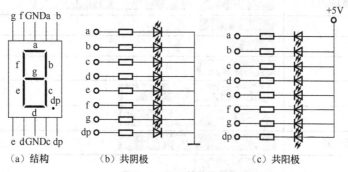

图 9-1　数码管结构图

按照图 9-1 所示，我们很容易地分析出共阴极和共阳极数码管字形码表，如表 9-1 所示。共阳极数码管码表和共阴极的刚好相反，只需要对共阴极码表取反就是共阳极码表。

表 9-1　数码管字形码表

数值	0	1	2	3	4	5	6	7	8
共阴极	0x3f	0x06	0x5b	0x4f	0x66	0x6d	0x7d	0x07	0x7f
共阳极	0xc0	0xf9	0xa4	0xb0	0x99	0x92	0x82	0xf8	0x80
数值	9	A	B	C	D	E	F	小数点	不显示
共阳极	0x90	0x88	0x83	0xc6	0xa1	0x86	0x8e	0x7f	0xff
共阴极	0x6f	0x77	0x7c	0x39	0x5e	0x79	0x71	0x80	0x00

9.3.2　动态显示

在实际的单片机系统中使用数码管时，往往需要多位显示。动态显示是一种常见的多位显示，应用非常广泛。动态显示的连接方式是所有位数码管的段选线并联在一起，由位选线控制哪一位数码管有效。显示时轮流向各位数码管送出字形码和相应的位选信号，利用 LED 的余晖效应和人眼视觉暂留作用，使人感觉各位数码管同时显示。动态显示需要动态刷新，但是占用输入、输出端口少。4 位及 4 位以上数码管比较适合用于动态显示，为了方便使用，市售的 4 位一体数码管内部已经按动态显示的连接方式连好了。

天问 51 开发板上的数码管为两个 4 位共阳极数码管，中间带"冒号"，如图 9-2 所示。通过程

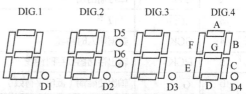

图 9-2　天问 51 开发板使用的 4 位共阳极数码管

序控制让每位数码管公共端轮流接通高电平，就能让指定的数码管显示字符。

9.3.3 数码管图形化指令

数码管常用指令如表 9-2 所示。图形化指令封装的很多 C 语言代码不方便在此表中展开，我们会在后面的任务中对具体 C 语言代码进行分析。

表 9-2 数码管常用指令

常用指令功能	图形化指令实例
初始化数码管和左右冒号端口	数码管初始化在 P6 左侧冒号 P0 7 右侧冒号 P2 1
数码管扫描回调函数	数码管扫描回调函数
数码管清屏	数码管清屏
数码管显示整数	数码管显示整数 1
数码管显示浮点数	数码管显示浮点数 1.2 精度（1~4） 1
数码管显示时间	数码管显示 12 时 30 分 00 秒
数码管显示时间，显示位置	数码管显示 12 时 30 分 位置 左侧
数码管清除指定位	数码管清除第 1 位
数码管更新显示缓存	数码管更新显示缓存 mylist
数码管设置指定位小数点状态	数码管设置第 0 位小数点 亮

9.3.4 74HC595 移位缓存器

74HC595（简称 595）是一个 8 位串行输入、并行输出的移位缓存器，其中的并行输出为三态输出。在 SCK 引脚输入上升沿后，串行数据由 SER 引脚输入内部的 8 位移位缓存器，并由 Q7'引脚输出，而并行输出则是在 LCK 引脚输入上升沿后将 8 位移位缓存器的数据存入 8 位并行输出缓存器。当串行数据输入引脚 OE 的控制信号为低电平时，并行输出端的输出值等于并行输出缓存器所存储的值。

595 的引脚图如图 9-3 所示，引脚定义如表 9-3 所示。

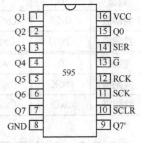

图 9-3 595 的引脚图

表 9-3 595 引脚定义（上画线端口符号代表芯片低电平有效）

序号	符号	引脚名	功能描述
1	Q0~Q7	并行输出端	8 位并行数据输出
2	Q7'	串行输出端	串行数据输出
3	$\overline{SCLR}$	复位端	主复位（低电平有效）
4	SCK	数据输入时钟线	移位寄存器时钟，上升沿移位
5	RCK	输出存储器锁存时钟线	锁存寄存器时钟，上升沿存储
6	$\overline{G}$	输出使能端（低电平有效）	输出使能端为低电平时，输出选通；为高电平时，输出为三态
7	SER	串行数据输入端	串行数据输入

续表

序号	符号	引脚名	功能描述
8	VCC	电源	供电引脚
9	GND	地	信号接地和电源接地

9.3.5 595 图形化指令

595 常用图形化指令如表 9-4 所示。由于天问 51 开发板中的 595 通过级联同时驱动数码管和点阵模块，因此需要设置不同的输出接口，另外要设置 595 的开关，不用的时候可以关闭，以降低功耗。

表 9-4 595 常用图形化指令

常用指令功能	图形化指令实例
595 DS 引脚初始化，STCP 引脚初始化，SHCP 引脚初始化	HC595初始化DS P4_4 STCP P4_3 SHCP P4_2
595 禁止点阵和数码管输出	HC595禁止点阵和数码管输出
595 输出位选择 COM	HC595输出位选择COM 0
595 启用数码管	HC595启用 数码管
595 启用点阵	HC595启用 点阵

9.4 项目设计

数码管电路原理图如图 9-4 所示。数码管的段选线都对应连接到 P6 端口，即 P60-A、P61-B、P62-C、P63-D、P64-E、P65-F、P66-G、P67-H，左边的冒号连接到 P07 引脚，右边的冒号连接到 P21 引脚，同时数码管的位选线连接到了 595 的输出位 COM0～COM7。

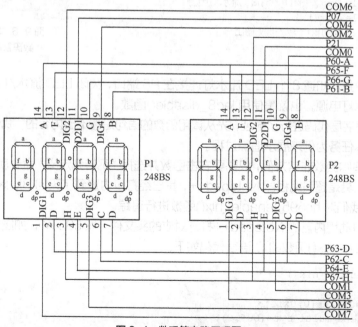

图 9-4 数码管电路原理图

595 的电路原理图如图 9-5 所示。天问 51 开发板一共有两块 595，其中 U6 的输出位 COM0~COM7 对应数码管驱动，SCK、RCK、SI 引脚分别和单片机 P42、P43、P44 端口相连。注意图 9-5 所示的 SI 就是图 9-3 所示的 SER，还有的芯片手册写成 SDI，它们均表示串行数据输入的端口。

输出位 COM8~COM15 可以驱动点阵模块，我们将在第 22 章讲述点阵模块。其实点阵和数码管的底层逻辑是一样的，可以简单理解为都是对 LED 的不同编码输出显示。

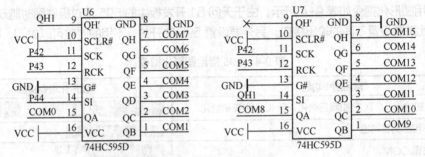

图 9-5　595 的电路原理图

任务 1　写数值点亮数码管

写数值点亮全部数码管的图形化编程如图 9-6 所示。
写数值点亮全部数码管的 C 语言关键代码如下。

```
void setup()
{
    twen_board_init();//天问51开发板初始化
    led8_disable();//关闭8个LED流水灯电源
    hc595_enable_nix();
    P6M1=0x00;P6M0=0xff;//推挽输出
    P6 = 0x00;
}
```

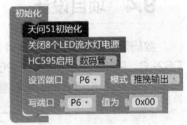

图 9-6　写数值点亮全部
数码管的图形化编程

从图 5-11 中我们知道 8 个 LED 流水灯连接在 P6 端口，关闭 LED 流水灯，即控制 P4_0 端口电平来关闭流水灯电源，也就是使用 led8_disable()函数。

图形化指令对底层代码进行了封装，光从调用函数的语句是看不出内容的，我们需要追踪相关底层代码。下面以本任务为例来展示追踪过程。

天问 Block 追踪函数非常方便，只需要右击函数并选择"跳转到定义"命令就可以打开其定义。而且打开文件的工具是超强编程器 Notepad++，其已经打包内置到了天问 Block 中，以方便使用。如图 9-7 所示，我们对 hc595_enable_nix()函数进行追踪。

天问 Block 自动用内置的 Notepad++打开对应的头文件"hc595.h"，如图 9-8 所示。
hc595_enable_nix()函数的 C 语言代码如下。

```
void hc595_enable_nix()
{
    uint8 buf[2]={0,0xff};
    hc595_send_multi_byte(buf,2);
}
```

图 9-7 中的代码块：

```
uint32 sys_clk = 24000000;//设置PWM、定时器
#include "lib/twen_board.h"
#include "lib/led8.h"
#include "lib/hc595.h"

void setup()
{
  twen_board_init();//天问51初始化
  led8_disable();//关闭8个LED流水灯电源
  hc595_enable_nix();
  P6M1=0x00;P6M0=
  P6 = 0x00;
}
```

图 9-7 追踪 hc595_enable_nix()函数

图 9-8 中的 Notepad++ 窗口：

```
D:\天问Block\twen\lib\hc595.h - Notepad++ [Administrator]
文件(F) 编辑(E) 搜索(S) 视图(V) 编码(N) 语言(L) 设置(T) 工具(O) 宏(M) 运行(R) 插件(P) 窗

hc595.h

116
117    // 描述: 595输出禁止.
118    // 参数: 数组地址, 数据长度.
119    // 返回: none.
120    //
121    void hc595_disable()
122  □{
123        uint8 buf[2]={0,0};
124        hc595_send_multi_byte(buf,2);
125  └}
126
127    //
128    // 描述: 595使能数码管.
129    // 参数: 数组地址, 数据长度.
130    // 返回: none.
131    //
132    void hc595_enable_nix()
133  □{
134        uint8 buf[2]={0,0xff};
135        hc595_send_multi_byte(buf,2);
136  └}
137
```

图 9-8 用内置的 Notepad++ 打开头文件 "hc595.h"

我们继续追踪函数 hc595_send_multi_byte(buf,2)，函数定义如下。

```
void hc595_send_multi_byte(uint8 *ddata,uint16 len)// 描述: 595 发送数组。
{……}// 参数：数组地址, 数据长度。
```

有兴趣的读者可以继续追踪其他函数，结合 595 电路原理图，对 595 的功能做进一步了解。建议初学者从图形化指令入手，快速生成应用代码，暂时不用深入了解底层库函数。

任务 2　写数值控制数码管闪烁

任务 2 只是在任务 1 的基础上增加了闪烁功能，其图形化编程如图 9-9 所示。
相关 C 语言代码和任务 1 基本相同，此处略去，请读者自行编写。

任务 3　595 控制数码管

595 控制数码管的图形化编程如图 9-10 所示。

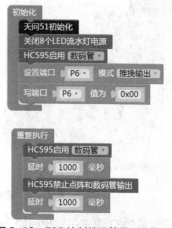

图 9-9　写数值控制数码管闪烁图形化编程　　图 9-10　595 控制数码管图形化编程

595 控制数码管的 C 语言关键代码如下。

```
void loop()
{
  hc595_enable_nix();
  delay(1000);
  hc595_disable();//HC595 禁止点阵和数码管输出
  delay(1000);
}
```

任务 2 是通过 P6 端口控制数码管的，本任务是通过 595 控制数码管的，数码管显示的效果完全一样。

任务 4　写变量位取反控制数码管

写变量位取反控制数码管的图形化编程如图 9-11 所示。
写变量位取反控制数码管的 C 语言关键代码如下。

```
void loop()
{
  for (i = 1; i < 9; i = i + 1) {
      P6 = ~i;
      delay(1000);
  }
}
```

数码管显示的结果都是乱码，说明数码管显示字符不是按照流水灯那样的顺序显示的。要显示正确的字符，需要用对应的字形码。

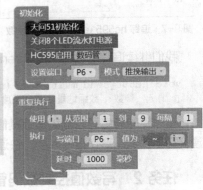

图 9-11　写变量位取反控制
数码管的图形化编程

任务 5　写数组显示字符

写数组显示字符的图形化编程如图 9-12 所示。

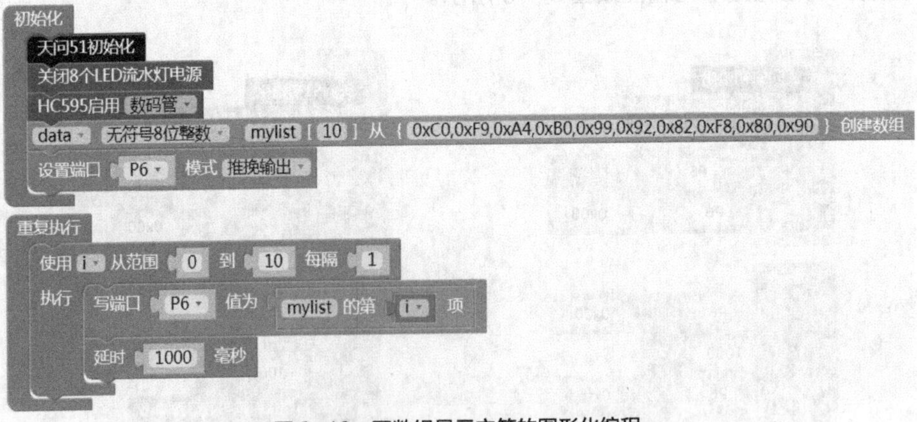

图 9-12　写数组显示字符的图形化编程

写数组显示字符的 C 语言关键代码如下。

```
uint8 mylist[10]={0x3F,0x06,0x5B,0x4F,0x66,0x6D,0x7D,0x07,0x7F,0x6F};
void loop()
{
  for (i = 0; i < 10; i = i + 1) {
     P6 = mylist[(int)(i)];
     delay(1000);
  }
}
```

写数组显示字符的代码非常简练，而且容易扩展，比如我们还要显示 a~f 的内容，只需要将 mylist 数组按照共阳极字形码表进行扩充即可。

任务 6　用 595 控制数码管显示 1 位

用 595 控制数码管显示 1 位的图形化编程如图 9-13 所示。

用 595 控制数码管显示 1 位的 C 语言关键代码如下。

```
#define HC595_DS     P4_4
#define HC595_DS_MODE {P4M1&=~0x10;P4M0|=0x10;}        //P4_4 推挽输出
#define HC595_STCP P4_3
#define HC595_STCP_MODE {P4M1&=~0x08;P4M0|=0x08;}       //P4_3 推挽输出
#define HC595_SHCP P4_2
#define HC595_SHCP_MODE {P4M1&=~0x04;P4M0|=0x04;}       //P4_2 推挽输出
……
void setup()
{
  twen_board_init();                                    //天问 51 开发板初始化
  hc595_init();                                         //HC595 初始化
  led8_disable();                                       //关闭 8 个 LED 流水灯电源
  hc595_enable_nix();
  P6M1=0x00;P6M0=0xff;                                  //推挽输出
  P6 = 0;
  hc595_bit_select(0);
}
```

本任务的代码中的注释比较清楚，此处就不展开叙述。如果想了解函数 hc595_bit_select(0) 的具体内容，可以右击该函数，在快捷菜单中选择"跳转到定义"命令详细了解该函数的底层代码。

任务 7　用 595 控制数码管循环显示

用 595 控制数码管循环显示数字"8"的图形化编程如图 9-14 所示。
用 595 控制数码管循环显示数字"8"的 C 语言关键代码如下。

```
void loop()
{
  for (i = 0; i < 8; i = i + 1) {
     hc595_bit_select(i);
     delay(1000);
  }
}
```

本任务中数码管显示的效果类似流水灯效果，但是因为我们使用了 595，所以只需要控制 P4_2、P4_3 和 P4_4 这 3 个端口的输出就可以，而不需要用 8 位。

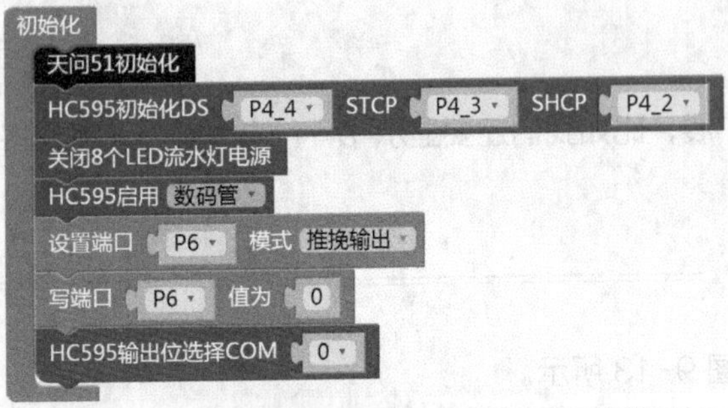

图 9-13　用 595 控制数码管显示 1 位的图形化编程

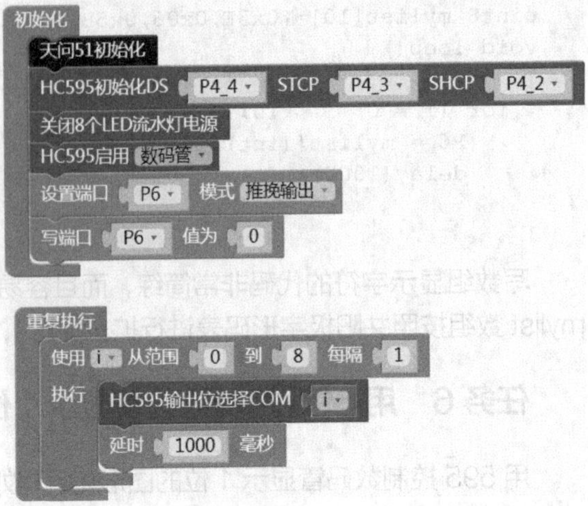

图 9-14　用 595 控制数码管循环显示数字"8"的图形化编程

任务 8　用 595 控制数码管动态显示 8 位数

用 595 控制数码管动态显示 8 位数的图形化编程如图 9-15 所示。

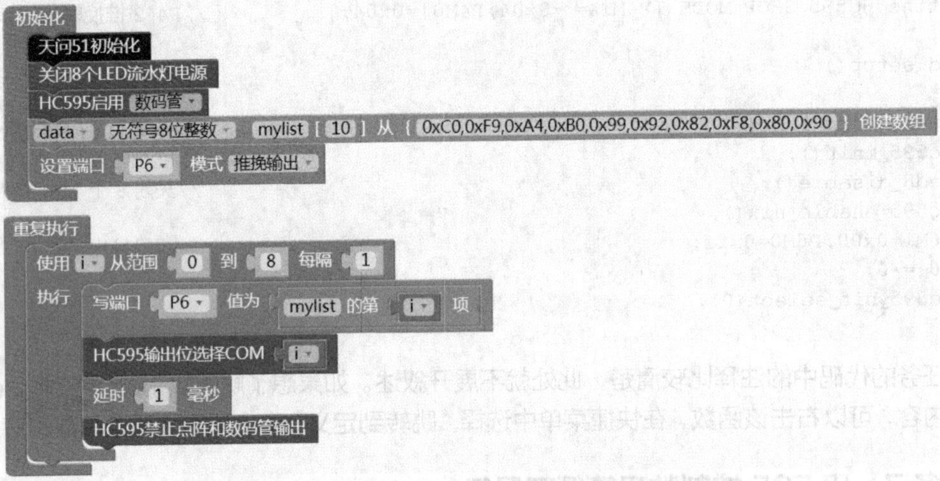

图 9-15　用 595 控制数码管动态显示 8 位数的图形化编程

用 595 控制数码管动态显示 8 位数的 C 语言关键代码如下。

```
void loop()
{
  for (i = 0; i < 8; i = i + 1) {
    P6 = mylist[(int)(i)];
    hc595_bit_select(i);
    delay(1);
    hc595_disable();                    //HC595禁止点阵和数码管输出
  }
}
```

　　本任务和任务 7 其实都是轮流显示各位的，但是本任务延时仅 1ms，几乎观察不到每一位的亮灭过程，相当于同时显示。这就是动态显示的应用。

任务 9　数码管动态显示 8 位数

数码管动态显示"12345678"这 8 位数的图形化编程如图 9-16 所示。

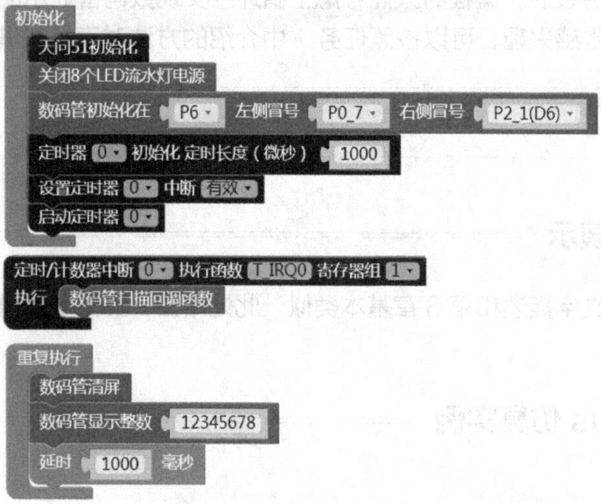

图 9-16　数码管动态显示"12345678"的图形化编程

数码管动态显示"12345678"这 8 位数的 C 语言关键代码如下。

```c
void Timer0Init(void)                              //1000μs@24.000MHz
{
  AUXR &= 0x7f;                                     //定时器时钟 12T 模式
  TMOD &= 0xf0;                                     //设置定时器模式
  TL0 = 0x30;                                        //设定定时初值
  TH0 = 0xf8;                                        //设定定时初值
}

void T_IRQ0(void) interrupt 1 using 1{
  nix_scan_callback();                              //数码管扫描回调函数
}

void setup()
{
  twen_board_init();                                //天问 51 开发板初始化
  led8_disable();                                   //关闭 8 个 LED 流水灯电源
  nix_init();                                        //数码管初始化
  Timer0Init();
  EA = 1;                                            //控制总中断
  ET0 = 1;                                           //控制定时器中断
  TR0 = 1;                                           //定时器 T0 开始计时
}

void loop()
{
  nix_display_clear();                              //数码管清屏
  nix_display_num(12345678);                        //数码管显示整数
  delay(1000);
}
```

天问 Block 已经将数码管动态扫描过程的代码封装成一个回调函数，直接调用即可。本任务就是直接调用回调函数，然后在主循环里调用显示库函数实现多位数显示的。使用回调函数时需要结合定时器，定时器周期需要设置为 1ms，太小或太大都会影响数码管的显示效果。

将动态扫描的代码封装后，编程时只需考虑主循环中实现数码管显示的语句，大幅度提高编程效率。如果读者对库函数感兴趣，可以按照任务 1 中介绍的方法对库函数进行追踪和代码分析。

9.5 项目实现

9.5.1 开发板演示

开发板演示步骤的文字描述和第 3 章基本类似，此处略去。具体操作请扫描二维码观看。

开发板演示
（数码管）

9.5.2 Proteus 仿真实例

1. 主要步骤

本次需要的主要器件如下。
单片机：STC15W4K32S4。
数码管：7SEG-MPX4-CA（4 位共阳极 7 段数码管）。
数码管驱动芯片：74HC595。

Proteus 仿真实例
（数码管）

（1）绘制仿真电路图。采用 Proteus 软件的标签连接形式，为 4 位数码管的段选线和位选线生成标签，其中一个数码管段选线标签为 A～G，位选线标签为 COM0～COM3，另一个数码管段选线标签为 A～G，位选线标签为 COM4～COM7，数码管连线如图 9-17 所示。

建立标签 A～G 和单片机的 P6 端口的连接，注意数码管本质是 LED，需要接限流电阻器，如图 9-18 所示。

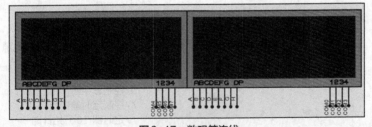

图9-17　数码管连线

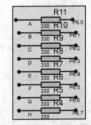

图9-18　数码管限流电阻器连线

（2）为 595 建立连接。注意 Proteus 软件中的 595 器件图和实际 595 硬件电路图引脚不一样，经过分析比对，得出如下对应关系：

```
SCK 对应 SH_CP，移位寄存器
RCK 对应 ST_CP，锁存寄存器
SER 对应 DS，串行数据输入端
```

如果读者觉得难以理解，可以在头文件"hc595.h"中查看这 3 个引脚的定义（代码加粗部分）。

```
/*引脚定义*/
#ifndef         HC595_DS
#define         HC595_DS            P4_4                        //SI
#endif
#ifndef         HC595_DS_MODE
#define         HC595_DS_MODE       {P4M1&=~0x10;P4M0|=0x10;}   //推挽输出
#endif
#ifndef         HC595_STCP
#define         HC595_STCP          P4_3                        //RCK
#endif
#ifndef         HC595_STCP_MODE
#define         HC595_STCP_MODE     {P4M1&=~0x08;P4M0|=0x08;}   //推挽输出
#endif
#ifndef         HC595_SHCP
#define         HC595_SHCP          P4_2                        //SCK
#endif
```

完整的仿真电路图如图 9-19 所示。注意 COM8～COM15 连接的点阵，通过级联方式连接，虽然暂时还不需要仿真。

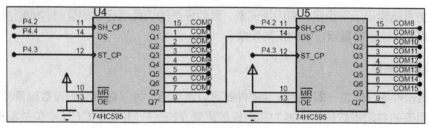

图 9-19　仿真电路图

（3）仿真结果。图 9-20 所示为"任务 1　写数值点亮数码管"的仿真结果。仿真运行时，红色代表高电平，蓝色代表低电平。

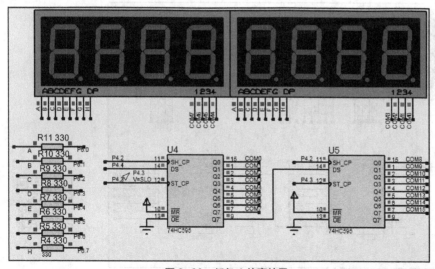

彩图 9-20

图 9-20　任务 1 仿真结果

图 9-21 为"任务 8　用 595 控制数码管动态显示 8 位数"的仿真结果。

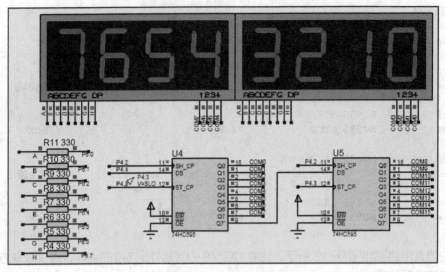

图 9-21　任务 8 仿真结果

任务 8 仿真结果显示不稳定，有闪烁现象。其他任务的仿真运行中的延时时间明显比开发板演示中延时时间长，这是仿真运行中的正常现象。

2. 仿真拓展实验

使用仿真软件的好处之一即不用购买硬件就可以做实验。为了区别共阳极数码管和共阴极数码管，我们将原来的共阳极数码管更换为共阴极数码管 7SEG-MPX4-CC（4 位共阴极 7 段数码管）。图 9-22 所示为"任务 2　写数值控制数码管闪烁"的仿真结果。共阳极数码管和共阴极数码管显示相同的字符时，所需的电平是完全相反的，和表 9-1 内容对应（仿真运行时，红色代表高电平，蓝色代表低电平）。

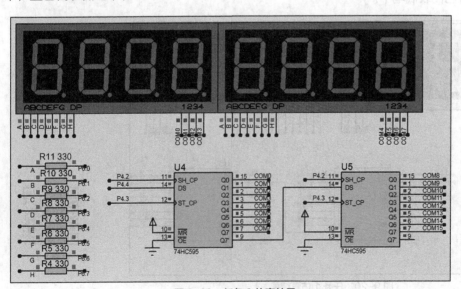

彩图 9-22

图 9-22　任务 2 仿真结果

3. 难点剖析

使用软件仿真数码管的动态显示，会出现闪烁的现象。这很容易理解，由于显示器要刷新，软件要刷新，软件显示的仿真结果也要刷新，加上软件的仿真运行的时间大于实际开发板演示的时间，因此会出现闪烁现象。其实软件仿真的逻辑是正确的，但是很难调整以获得完美的动态显示效果。这是软件仿真的客观问题，所以对仿真结果闪烁的现象不用太担心，一般来说延时 1~2ms 在软件运行稳定的某段时间还是能较好地动态显示的。对于已经封装好的显示函数（比如任务 9 中的回调函数）没有必要在仿真环境下调整，开发板演示的结果符合实际。

还有两个问题需要说明。一个问题是数码管显示代码中有关闭 8 个 LED 灯的代码。因为 STC8 单片机中默认端口初始化低电平，这会使三极管开关打开，所以需要运行 led8_disable 函数关闭 8 个 LED 流水灯电源。但是对 STC15 单片机来说，端口初始化就是高电平，三极管开关默认就是关闭的，所以 led8_disable()函数对于 STC15 单片机来说是多余的，可以将其注释掉。读者可以结合第 5 章的项目自行体会。

另一个问题就是可能有读者以前用过经典 51 单片机来连接共阳极数码管，但端口驱动能力不够，需要连接三极管放大电路增加驱动能力。STC15 等新一代 51 单片机的端口有推挽输出模式，驱动能力足够强，所以可以直接连接数码管引脚进行仿真。

9.6 知识拓展——【科普】从辉光数码管到 LED 数码管

在 LED 数码管被发明出来之前，人们普遍使用辉光数码管。辉光数码管的原理是通过高压电让充满氖气的灯泡发光，这种数码管随处可见，广泛用于科学和工业仪表中的发光数字、字母和符号显示。辉光数码管曾在美国国家航空航天局（NASA）登陆月球时作为重要数据的显示部件，在当时的科技水平来说比较先进，而当时的中国还不具备辉光数码管的制造能力。

随着我国科技事业的发展，中国生产的数码管在各行业获得了广泛的应用。2007 年 10 月 24 日 18 时 05 分，中国成功发射了"嫦娥一号"卫星，成为世界上第 5 个成功发射月球探测器的国家。"嫦娥一号"中显示倒计时和其他关键信息的数码管都是中国制造的产品。

【思考与启示】

1. 为什么辉光数码管会被 LED 数码管取代？
2. 为什么中国科技能发展得如此迅速？

9.7 强化练习

1. 编写任务 2 的 C 语言代码。
2. 不用数组方式实现任务 5 的显示效果。
3. 用数码管稳定显示"ABCDEF"字符。

第10章
使用ADC

10

本章主要讲解模数转换器（ADC）的功能和典型编程方法，包括模数转换器在热敏电阻器、光敏传感器和电位器中的应用，最后介绍项目的开发板演示和 Proteus 仿真。

10.1 情境导入

小白："单片机只能处理数字信号，如果需要处理模拟信号该怎么办呢？"

小牛："需要将模拟信号转换成数字信号才能处理，也就是进行模数转换。经典 51 单片机是没有模数转换功能的，需要外接模数转换器才能处理模拟信号。STC8 单片机有强大的模数转换功能，可以直接转换各种模拟信号，典型的器件包括电位器、光敏电阻和 NTC 模块。"

小白："好的，我就来完成这几个模拟任务。"

10.2 学习目标

【知识目标】
1. 了解 ADC 的概念。
2. 了解 ADC 常用寄存器。
3. 熟悉常用的模拟器件。
4. 掌握 ADC 图形化指令和 C 语言编程。

【能力目标】
1. 能设置 ADC。
2. 能进行电位器编程。
3. 能进行光敏电阻编程。
4. 进行 NTC 编程。

10.3 相关知识

10.3.1 ADC 简介

模数转换器（Analog-to-Digital Converter，ADC）是将连续变化的模拟信号转换为离散的数字信号的器件。真实世界的模拟信号，例如温度、压力、声音或者图像等信号，必须转换成数字信号才能被单片机处理。STC8H8K64U 单片机内部集成了一个 12 位高速 ADC。

10.3.2 ADC 相关寄存器

STC8 单片机包含如下 5 个 ADC 相关寄存器。

ADC_CONTR	ADC 控制寄存器
ADCCFG	ADC 配置寄存器
ADC_RES	ADC 转换结果高位寄存器
ADC_RESL	ADC 转换结果低位寄存器
ADCTIM	ADC 时序控制寄存器

1. ADC 控制（ADC_CONTR）寄存器

ADC_CONTR 寄存器用于设置 ADC 工作通道和工作方式，如表 10-1 所示。

表 10-1　ADC_CONTR 寄存器

符号	地址	B7	B6	B5	B4	B3	B2	B1	B0
ADC_CONTR	BCH	ADC_POWER	ADC_START	ADC_FLAG	ADC_EPWMT	ADC_CHS[3:0]			

（1）ADC_POWER：ADC 电源控制位。

0：关闭 ADC 电源。

1：打开 ADC 电源。

建议进入空闲模式和掉电模式前将 ADC 电源关闭，以降低功耗。

（2）ADC_START：转换启动控制位。将此位置 1 后开始模数转换，转换完成后硬件自动将此位清 0。

0：无影响。即使 ADC 开始转换工作后将此位清 0 也不会停止模数转换。

1：开始模数转换，转换完成后硬件自动将此位清 0。

（3）ADC_FLAG：转换结束标志位。当 ADC 完成一次模数转换后，硬件会自动将此位置 1，并向 CPU 提出中断请求。此位必须由软件清 0。

（4）ADC_EPWMT：使能 PWM 实时触发 ADC 功能。这属于高级功能标志位，不展开叙述。

（5）ADC_CHS[3:0]：ADC 模拟通道选择位。比如"0000"对应 P1.0/ADC0 引脚，"0001"对应 P1.1/ADC1 引脚。在 10.3.4 小节 ADC 图形化指令里有更详细的介绍。

2. ADC 配置（ADCCFG）寄存器

ADCCFG 寄存器用于设置 ADC 的转换结果格式和工作时钟频率，如表 10-2 所示。

表 10-2　ADCCFG 寄存器

符号	地址	B7	B6	B5	B4	B3	B2	B1	B0
ADCCFG	DEH	—	—	RESFMT	—	SPEED[3:0]			

（1）RESFMT：转换结果格式控制位。

0：转换结果左对齐。ADC_RES 寄存器保存结果的高 8 位，ADC_RESL 寄存器保存结果的低 4 位，如图 10-1 所示。

1：转换结果右对齐。ADC_RES 寄存器保存结果的高 4 位，ADC_RESL 寄存器保存结果的低 8 位，如图 10-2 所示。

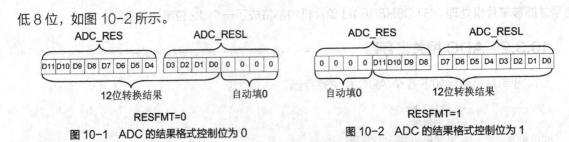

图 10-1　ADC 的结果格式控制位为 0　　　图 10-2　ADC 的结果格式控制位为 1

（2）SPEED[3:0]：设置 ADC 工作时钟频率。对应公式为：$F_{ADC} = (SYSclk/2)/(SPEED+1)$。ADCCFG 寄存器的 SPEED[3:0]位设置如表 10-3 所示。

表 10-3　ADCCFG 寄存器的 SPEED[3:0]位设置

SPEED[3:0]	ADC 工作时钟频率
0000	(SYSclk/2)/1
0001	(SYSclk/2)/2
0010	(SYSclk/2)/3
⋮	⋮
1101	(SYSclk/2)/14
1110	(SYSclk/2)/15
1111	(SYSclk/2)/16

ADC_RES 寄存器和 ADC_RESL 寄存器自动保存模数转换完成后 10 位或 12 位的转换结果，保存结果的格式请参考 ADCCFG 寄存器中的 RESFMT 位的设置说明。

ADC 时序控制（ADCTIM）寄存器主要和 ADCCFG 寄存器中的 SPEED[3:0]位一起设置来定义模数转换速度，属于高级应用，这里就不展开介绍了，实际应用中建议设置 ADCTIM 寄存器为“3FH”。

10.3.3　ADC 编程步骤

STC8 单片机的 ADC 编程和第 8 章介绍的定时器编程类似，也包含查询方式和中断方式，查询方式编程步骤如下。

（1）对 ADCTIM 寄存器的位赋值，设置 ADC 内部时序。

（2）对 ADCCFG 寄存器的位赋值，确定 ADC 的转换结果格式和工作时钟频率。

（3）对 ADC_CONTR 寄存器的位赋值，启动 ADC。

（4）不断查询 ADC_CONTR 寄存器的 ADC_FLAG 位的值。

（5）清除完成，设置并读取 ADC_RES 寄存器和 ADC_RESL 寄存器的转换结果。

中断方式和查询方式类似，只是步骤（3）、（4）、（5）在中断函数里面执行，不占用主循环的处理时间。

可以看出 ADC 和定时器类似，二者的寄存器设置都是很复杂的，通过天问 Block 图形化编程可以简化这些设置。

10.3.4　ADC 图形化指令

ADC 常用指令如表 10-4 所示。

表 10-4　ADC 常用指令

常用指令功能	图形化指令
ADC 初始化设置脚、时钟分频、输出值位数。对应 ADCCFG 寄存器设置。其中通道设置和 ADC_CHS[3:0] 对应。STC8 支持 ADC 引脚软件配置，时钟分频双数 2～32。输出 8～12 位 AD。常用以下值 8 位：0～255 10 位：0～1023 12 位：0～4095	✓ ADC_P10 ADC_P11 ADC_P12 ADC_P13 ADC_P14 ADC_P15 ADC_P16 ADC_P17　2 ADC_P00　4 ADC_P01　6 ADC_P02　8 ADC_P03　10 ADC_P04　12 ADC_P05　14 ADC_P06　16 ADC_REF　18 ADC_P30　20 ADC_P31　22 ADC_P32　24　✓ 8bit ADC_P33　26　9bit ADC_P34　28　10bit ADC_P35　30　11bit ADC_P36　32　12bit ADC_P37 ADC初始化 设置引脚 ADC_P10 ▼ 时钟 2 ▼ 分频 输出值位数 8BIT ▼
读入 ADC 值	读入ADC值 ADC_P10(D0) ▼

ADC 的时钟频率为单片机的主频 2 分频后按照用户设置的分频系数再次分频（ADC 的时钟频率范围为 SYSclk/2/16 ～ SYSclk/2/1）。ADC 转换结果的格式有两种：左对齐和右对齐，方便用户编写的程序被读取和引用。

📖 注意

ADC 的第 15 通道（表 10-4 中的 ADC_REF）只能用于检测内部参考电压，内部参考电压在出厂时被校准为 1.19V，由于制造误差和测量误差，因此实际的内部参考电压相比于 1.19V，大约有±1% 的误差。如果用户需要知道 ADC 的准确内部参考电压，可外接精准参考电压，然后利用 ADC 的第 15 通道进行测量标定。

图形化指令默认转换结果格式为右对齐，需要注意采用的 ADC 型号支持的输出值位数，如果是 10 位的 ADC，即使选择输出值位数为 12 位，输出的结果也是 10 位。

10.3.5　ADC 常用器件

ADC 的器件种类繁多，这里介绍本项目常用的几种。

1. NTC 模块

负温度系数（Negative Temperature Coefficient，NTC）是指随温度上升电阻呈指数关系减小、具有负温度系数的热敏电阻现象和材料。NTC 材料是利用含锰、铜、硅、钴、铁、镍、锌等元素中的两种或两种以上形成的金属氧化物进行充分混合、成型、烧结等制成的半导体陶瓷，可制成 NTC 热敏电阻器。NTC 热敏电阻器的典型特点是对温度敏感，可在不同的温度下表现出不同的电阻值，NTC 热敏电阻器在温度越高时电阻值越小。

2. 光敏传感器

光敏传感器类似三极管，其管芯是一个具有光敏特征的 PN 结，光线控制光敏传感器的开关。无光线时，光敏传感器关闭；有光线时，光敏传感器打开。因此可以利用光线变化来改变电路中的电流。PT0603 是典型的贴片式光敏传感器。

3. 电位器

电位器（Potentiometer）是可变电阻器的一种，通常由电阻体与转动或滑动系统组成，即靠一个动触点在电阻体上移动，获得部分电压输出。电位器可以调节其两端的电压和电路中的电流的大小。

10.4 项目设计

ADC 电路图如图 10-3 所示。电位器、光敏传感器、NTC 热敏电阻器分别通过旋钮调节、光线变化、温度变化引起电阻变化，从而电压跟着变化，我们可以通过 ADC 采样分别获取相应的电压值。

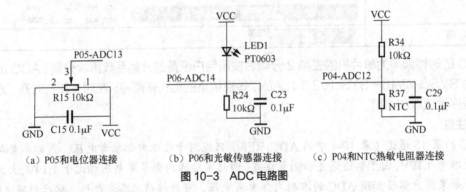

（a）P05和电位器连接　　（b）P06和光敏传感器连接　　（c）P04和NTC热敏电阻器连接

图 10-3　ADC 电路图

任务 1　ADC 检测电位器数码管显示

用 ADC 检测电位器电压值的图形化编程如图 10-4 所示。
用 ADC 检测电位器数码管显示的 C 语言关键代码如下。

```
void T_IRQ0(void) interrupt 1 using 1{
  nix_scan_callback();//数码管扫描回调函数
}
void setup()
{
  twen_board_init();//天问 51 开发板初始化
  adc_init(ADC_P05, ADC_SYSclk_DIV_2, ADC_12BIT);//ADC 初始化
```

```
    led8_disable();//关闭 8 个 LED 流水灯电源
    nix_init();//数码管初始化
    Timer0Init();
    TR0 = 1;// 定时器 0 开始计时
    EA = 1; // 控制总中断
    ET0 = 1; // 控制定时器中断
}
void loop()
{
    nix_display_clear();//数码管清屏
    nix_display_num((adc_read(ADC_P05)));//数码管显示整数
    delay(10);
}
```

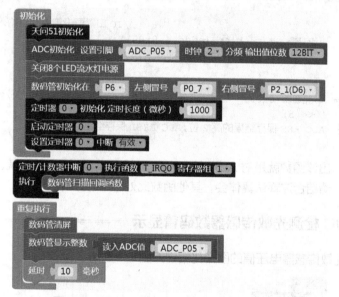

图 10-4　用 ADC 检测电位器电压值的图形化编程

　　本任务的程序中调用了前面介绍的定时器中断函数和数码管显示函数，从代码中可以看出用天问 Block 完成 ADC 编程很简单，初始化后定时读取即可。

　　我们可以跟踪 adc_init()函数看其封装的底层代码。在天问 Block 字符编程模式下选中 adc_init()函数并右击选择"跳转到定义"命令，就可以用内置的 Notepad++打开。

```
//---------------------------------------------------------------------------
//  @brief                        ADC 初始化
//  @param      adcn              选择 ADC 通道
//  @param      speed             ADC 时钟频率
//  @return     void
//  Sample usage: adc_init(ADC_P10,ADC_SYSclk_DIV_2);
//                              //初始化 P1.0 为 ADC 功能, ADC 时钟频率: SYSclk/2
//---------------------------------------------------------------------------
void adc_init(ADC_Name adcn, ADC_CLK speed, ADC_bit _sbit)
{
    setbit = _sbit;
    ADC_CONTR |= 1 << 7;                           //1: 打开 ADC 电源
    if (adcn > 15)
```

```
{
        adcn = adcn - 16;
        //IO 口需要设置为高阻输入
        P3M0 &= ~(1 << (adcn & 0x07));
        P3M1 |= (1 << (adcn & 0x07));
}
else {
        if ((adcn >> 3) == 1) //P0.0
        {
                                                //IO 口需要设置为高阻输入
                P0M0 &= ~(1 << (adcn & 0x07));
                P0M1 |= (1 << (adcn & 0x07));
        }
        else if ((adcn >> 3) == 0) //P1.0
        {
                                                //IO 口需要设置为高阻输入
                P1M0 &= ~(1 << (adcn & 0x07));
                P1M1 |= (1 << (adcn & 0x07));
        }
}
ADCCFG |= speed & 0x0F;                    //ADC 时钟频率(SYSclk/2)/speed&0x0F
ADCCFG |= 1 << 5;
//转换结果右对齐。ADC_RES 保存结果的高 2 位,ADC_RESL 保存结果的低 8 位
}
```

从代码中可以看出该函数就是对 ADC 编程步骤（1）和步骤（2）的封装。该函数的底层代码基本都采用位操作，请结合注释认真体会，其他函数此处不一一分析。

任务 2　ADC 检测光敏传感器数码管显示

用 ADC 检测光敏传感器电压值的图形化编程如图 10-5 所示。

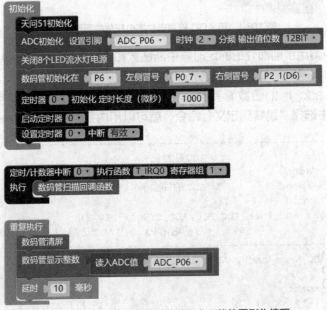

图 10-5　用 ADC 检测光敏传感器电压值的图形化编程

ADC 检测光敏传感器数码管显示的代码和任务 1 的代码除了 ADC 通道设置有所不同以外，其他代码都一样，略去。

10.5 项目实现

10.5.1 开发板演示

开发板任务演示步骤的和第 3 章基本类似，此处略去。具体操作请扫描二维码观看。

开发板演示
（ADC）

10.5.2 Proteus 仿真实例

STC15 单片机和 STC8 单片机的 ADC 的设置方式是不一样的。STC15 单片机只有 P1 端口的 7 个 ADC 通道，而且缺少设置 ADC 端口的 ADCCFG 寄存器，因此针对 STC8 单片机编写的代码是不能直接在使用 STC15 单片机的仿真条件下运行的。图 10-6 是用 STC15 单片机仿真任务 1 的结果。仿真过程加入电压探针，同时启动 P!变量跟踪（仿真过程启用 "Warch Window"，可以观察寄存器的值的实时变化）。可以看到 ADC_RES 寄存器和 ADC_RESL 寄存器的值都是 0，但是电压探针是有读数的。

有兴趣的读者可以用天问 Block 内置的 STC15 单片机的范例程序去测试，本书在此不做介绍。笔者测试即使是用 STC15 单片机的范例程序，Proteus 也还是有故障，其高阻输入很多情况下和双向输入类似，并不能达到高阻输入的实际要求。这也再次说明了 Proteus 软件仿真的局限性，需要用实际开发板演示。

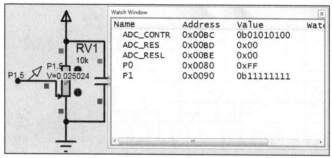

图 10-6　用 STC15 单片机仿真任务 1 的结果

10.6 知识拓展——【科普】ADC 在消费电子市场的应用

消费电子市场最主要的手机或平板、手环手表和 TWS 耳机（蓝牙耳机）三大品类设备都离不开 ADC。

手机或平板：ADC 主要用于屏幕亮度调节和辐射调节。销售到欧美的手机需要标配 SAR 芯片，手机也是消费级 ADC 最主要的应用场景。

手环手表：ADC 主要用于测心率、心电信号和血氧，精度要求较高，通常是 16～24bit，而由于测心率不需要很高的频率，因此对采样速度要求低。

TWS 耳机：ADC 主要用于入耳检测功能，高端耳机的降噪功能也会用到 ADC。入耳检测有辐射（SAR）和光感两种方案，精度是 12～16bit。

目前 ADC 芯片技术涉及模拟电路，本身需要长年的技术积累，比一般数字芯片技术更难突破。得益于这一轮国产化替代的热潮及中国庞大的市场规模，我们已经看到一些国产芯片在细分的市场逐渐取得突破。相信可以看到国产 ADC 崛起的那一天。

【思考与启示】

1. 为什么 ADC 芯片技术难以突破？
2. 如何促进 ADC 的国产化替代？

10.7 强化练习

1. 将 adc_init 函数的位操作代码转换成普通赋值代码。
2. 使用中断方式实现任务 1 的 ADC 检测数码管显示。

第11章
使用PWM

11

脉冲宽度调制（Pulse Width Modulation，PWM）在调速、调光等领域有着广泛的应用。本章通过 STC8 单片机的 PWM 调速电动机和控制蜂鸣器任务讲解 PWM 功能和典型编程方法。

11.1　情境导入

小白："既然单片机能进行模数转换，那么可以进行数模转换吗？即将数字信号转换成模拟信号输出。"

小牛："单片机输出数字信号，本身不能进行数模转换，除非使用专门的数模转换器。不过，STC8 单片机有 PWM 功能，不使用数模转换器也可以对模拟电路进行控制，降低成本。"

小白："这么神奇！我现在就来做几个 PWM 任务。"

11.2　学习目标

【知识目标】
1. 了解 PWM。
2. 熟悉 PWM 相关寄存器和编程流程。
3. 掌握 PWM 图形化指令和 C 语言编程。

【能力目标】
1. 能设置 PWM。
2. 能进行电动机 PWM 编程。
3. 能进行蜂鸣器 PWM 编程。
4. 会利用蜂鸣器播放音乐。

11.3　相关知识

11.3.1　PWM 原理

PWM 是指通过对一系列脉冲的宽度进行调制，等效出所需要的信号（包含波形及幅值），对模拟信号的电平进行数字编码，也就是通过调节占空比来调节信号、能量等。

PWM 周期是脉冲信号从高电平到低电平再回到高电平的时间。如果脉冲频率为 50Hz，也就是说一个周期是 20ms，1s 就有 50 个 PWM 周期。对于 PWM 而言，脉冲周期是恒定的。PWM 周期和脉宽时间如图 11-1 所示，脉宽时间指高电平时间。

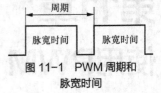

图 11-1　PWM 周期和脉宽时间

通常将一个脉冲周期内维持高电平的时间称为占空，通过数字设备可以改变占空。占空比表示一个脉冲周期内，信号处于高电平的时间占据整个脉冲周期的百分比，即

$$占空比 = \frac{占空}{脉冲周期} \times 100\%$$

PWM 信号的直流信号分量与占空是成正比的。一个占空比为 50% 的 PWM 信号，其直流信号分量为 PWM 信号幅值的 1/2。因此，通过改变 PWM 信号的占空比，就可以改变 PWM 信号中所含直流信号分量的大小。

通过模拟有源或无源低通滤波器，就可以从 PWM 信号中提取出其直流信号分量。如果将这个直流信号分量进行功率放大，并施加在直流电机的两端，就可以改变直流电机的转速。PWM 是连接数字世界与模拟世界的桥梁，其作用类似于数模转换器（Digital-to-Analog Converter，DAC）。

11.3.2　STC 3 种硬件 PWM 比较

1. 兼容 STC15 单片机的 PWM

它包含 PCA（可编程计数器阵列）和 CCP（捕获比较脉冲调制），可输出 PWM 信号、捕获外部输入信号及输出高速脉冲信号。兼容 STC15 单片机的 PWM 可对外输出 6 位、7 位、8 位、10 位的 PWM 信号（6 位 PWM 信号的频率为 PCA 模块时钟源频率除以 64；7 位 PWM 信号的频率为 PCA 模块时钟源频率除以 128；8 位 PWM 信号的频率为 PCA 模块时钟源频率除以 256；10 位 PWM 信号的频率为 PCA 模块时钟源频率除以 1 024）。兼容 STC15 单片机的 PWM 能捕获外部输入信号，可捕获上升沿、下降沿或者同时捕获上升沿和下降沿。

2. STC8G 系列单片机的 15 位增强型 PWM

它只能对外输出 PWM 信号，无输入捕获功能。对外输出 PWM 信号的频率及占空比均可任意设置。通过软件干预，可输出多路互补、对称、带死区的 PWM 信号。它有外部异常检测功能及实时触发 ADC 功能。

3. STC8H 系列单片机的 16 位高级 PWM

它是目前 STC 单片机中功能最强的 PWM，可对外输出任意频率以及任意占空比的 PWM 信号。无须软件干预即可输出互补、对称、带死区的 PWM 信号。它能捕获外部输入信号，可捕获上升沿、下降沿或者同时捕获上升沿和下降沿。测量外部波形时，它可同时测量信号的周期和占空比。有正交编码功能、外部异常检测功能及实时触发 ADC 功能。

11.3.3　STC8H 系列单片机的 PWM 模块

PWM 是单片机最重要的功能之一，但经典 51 单片机是没有 PWM 模块的。虽然可以用经典 51

单片机的 I/O 口通过定时器设置来模拟输出 PWM 信号，但这种方法功能低下，没有工业应用价值。

STC8H 系列单片机内部集成了两组硬件 PWM 定时器，第一组 PWM 定时器 PWM1 有 4 个通道（PWM1P/PWM1N、PWM2P/PWM2N、PWM3P/PWM3N、PWM4P/PWM4N），每个通道都可独立实现 PWM 信号输出（可输出带死区的互补对称 PWM 信号）、捕获和比较功能；第二组 PWM 定时器 PWM2 有 4 个通道（PWM5、PWM6、PWM7、PWM8），每个通道也可独立实现 PWM 信号输出、捕获和比较功能。两组 PWM 定时器的区别是 PWM1 的通道可输出带死区的互补对称 PWM 信号，而 PWM2 的通道只能输出单端的 PWM 信号，其他功能完全相同。两组 PWM 定时器内部的计数器时钟频率的分频系数为 1~65 535 的任意数值。

注意对于 PWM1，"P" 和 "N" 表示电机控制中的互补对称输出，即单独使能了 PWMxP 后，不能再单独使能 PWMxN。

后面介绍寄存器时用 PWMA 和 PWMB 来定义 PWM1 和 PWM2。这是因为新的 STC8H 系列单片机数据手册中，为了避免与其他引脚名称混淆产生歧义，将 PWM1 和 PWM2 分别更名为 PWMA 和 PWMB。而在天问 Block 中仍沿用 PWM1 和 PWM2 的名称。在本书中，PWMA 就是 PWM1，PWMB 就是 PWM2。

PWMA 功能如下。

（1）基本的定时功能。

（2）测量输入信号的脉冲宽度（输入捕获）。

（3）产生输出信号（输出比较、PWM 和单脉冲模式）。

（4）产生不同事件（捕获、比较、溢出、刹车、触发）的中断。

（5）与 PWMB 或者外部信号（外部时钟、复位信号、触发和使能信号）同步。

11.3.4　PWM 相关寄存器

STC8H 系列单片机采用了 16 位硬件 PWM，功能比以往其他 STC 单片机增强了许多，相关寄存器数量也大大增加。通过天问 Block 内置的 STC8HX.h 头文件我们可以看到，和 PWM 直接相关的寄存器有 96 个（实际没有那么多，很多寄存器用的是同一个地址，方便编程），另外还有一些寄存器，如 P_SW2 寄存器和 ADC_CONTR 寄存器也和 PWM 间接相关。可以说 PWM 是 STC8H 系列单片机的最强大的功能之一。STC8HX.h 头文件部分代码如下。

```
#ifndef _STC8H_H_
#define _STC8H_H_
……
#define      PWM1_ETRPS    (*(unsigned char volatile xdata *)0xfeb0)
#define      PWM1_ENO      (*(unsigned char volatile xdata *)0xfeb1)
#define      PWM1_PS       (*(unsigned char volatile xdata *)0xfeb2)
#define      PWM1_IOAUX    (*(unsigned char volatile xdata *)0xfeb3)
#define      PWM2_ETRPS    (*(unsigned char volatile xdata *)0xfeb4)
#define      PWM2_ENO      (*(unsigned char volatile xdata *)0xfeb5)

#define      PWM2_CCMR1    (*(unsigned char volatile xdata *)0xfee8)
#define      PWM2_CCMR2    (*(unsigned char volatile xdata *)0xfee9)
#define      PWM2_CCMR3    (*(unsigned char volatile xdata *)0xfeea)
#define      PWM2_CCMR4    (*(unsigned char volatile xdata *)0xfeeb)
#define      PWM2_CCER1    (*(unsigned char volatile xdata *)0xfeec)
#define      PWM2_CCER2    (*(unsigned char volatile xdata *)0xfeed)
#define      PWM2_CNTR     (*(unsigned int volatile xdata *)0xfeee)
```

```
#define     PWM2_CNTRH     (*(unsigned char volatile xdata *)0xfeee)
#define     PWM2_CNTRL     (*(unsigned char volatile xdata *)0xfeef)
#define     PWM2_PSCR      (*(unsigned int volatile xdata *)0xfef0)
#define     PWM2_PSCRH     (*(unsigned char volatile xdata *)0xfef0)
#define     PWM2_PSCRL     (*(unsigned char volatile xdata *)0xfef1)
#define     PWM2_ARR       (*(unsigned int volatile xdata *)0xfef2)
#define     PWM2_ARRH      (*(unsigned char volatile xdata *)0xfef2)
#define     PWM2_ARRL      (*(unsigned char volatile xdata *)0xfef3)
#define     PWM2_RCR       (*(unsigned char volatile xdata *)0xfef4)
#define     PWM2_CCR1      (*(unsigned int volatile xdata *)0xfef5)
#define     PWM2_CCR1H     (*(unsigned char volatile xdata *)0xfef5)
#define     PWM2_CCR1L     (*(unsigned char volatile xdata *)0xfef6)
#define     PWM2_CCR2      (*(unsigned int volatile xdata *)0xfef7)
#define     PWM2_CCR2H     (*(unsigned char volatile xdata *)0xfef7)
#define     PWM2_CCR2L     (*(unsigned char volatile xdata *)0xfef8)
......
#define     PWM2_DTR       (*(unsigned char volatile xdata *)0xfefe)
#define     PWM2_OISR      (*(unsigned char volatile xdata *)0xfeff)
```

一次性学完这些 PWM 相关寄存器功能既不现实也没有必要，本书仅针对最常用的 PWM 相关寄存器及其功能进行介绍。

1. 输出使能（PWMx_ENO）寄存器

PWMx_ENO 寄存器用于控制 PWM 的通道输出，如表 11-1 所示。

表 11-1　PWMx_ENO 寄存器

符号	地址	B7	B6	B5	B4	B3	B2	B1	B0
PWMA_ENO	FEB1H	ENO4N	ENO4P	ENO3N	ENO3P	ENO2N	ENO2P	ENO1N	ENO1P
PWMB_ENO	FEB5H	—	ENO8P	—	ENO7P	—	ENO6P	—	ENO5P

（1）ENO8P：PWM8 输出控制位。

0：禁止 PWM8 输出。

1：使能 PWM8 输出。

（2）ENO7P：PWM7 输出控制位。

0：禁止 PWM7 输出。

1：使能 PWM7 输出。

（3）ENO6P：PWM6 输出控制位。

0：禁止 PWM6 输出。

1：使能 PWM6 输出。

（4）ENO5P：PWM5 输出控制位。

0：禁止 PWM5 输出。

1：使能 PWM5 输出。

（5）ENO4N：PWM4N 输出控制位。

0：禁止 PWM4N 输出。

1：使能 PWM4N 输出。

（6）ENO4P：PWM4P 输出控制位。

0：禁止 PWM4P 输出。

1：使能 PWM4P 输出。

（7）ENO3N：PWM3N 输出控制位。

0：禁止 PWM3N 输出。

1：使能 PWM3N 输出。

（8）ENO3P：PWM3P 输出控制位。

0：禁止 PWM3P 输出。

1：使能 PWM3P 输出。

（9）ENO2N：PWM2N 输出控制位。

0：禁止 PWM2N 输出。

1：使能 PWM2N 输出。

（10）ENO2P：PWM2P 输出控制位。

0：禁止 PWM2P 输出。

1：使能 PWM2P 输出。

（11）ENO1N：PWM1N 输出控制位。

0：禁止 PWM1N 输出。

1：使能 PWM1N 输出。

（12）ENO1P：PWM1P 输出控制位。

0：禁止 PWM1P 输出。

1：使能 PWM1P 输出。

2. 控制 1（PWM*x*_CR1）寄存器

PWM*x*_CR1 寄存器用于控制 PWM 计数，如表 11-2 所示。

表 11-2　PWM*x*_CR1 寄存器

符号	地址	B7	B6	B5	B4	B3	B2	B1	B0
PWMA_CR1	FEC0H	ARPEA	CMSA[1:0]		DIRA	OPMA	URSA	UDISA	CENA
PWMB_CR1	FEE0H	ARPEB	CMSB[1:0]		DIRB	OPMB	URSB	UDISB	CENB

（1）ARPE*x*（*x*=A,B）：自动预装载允许位。

0：PWM*x*_ARR 寄存器（自动重装载寄存器）没有缓冲，它可以被直接写入。

1：PWM*x*_ARR 寄存器由预装载缓冲器缓冲。

（2）CMS*x*[1:0]：选择对齐模式。对齐模式说明如表 11-3 所示。

表 11-3　对齐模式说明

CMS*x*[1:0]	对齐模式	说明
00	边沿对齐模式	计数器依据方向位（DIR）的值向上或向下计数
01	中央对齐模式 1	计数器交替地向上和向下计数。配置为输出的通道的输出比较中断标志位，只在计数器向下计数时置 1
10	中央对齐模式 2	计数器交替地向上和向下计数。配置为输出的通道的输出比较中断标志位，只在计数器向上计数时置 1
11	中央对齐模式 3	计数器交替地向上和向下计数。配置为输出的通道的输出比较中断标志位，在计数器向上和向下计数时均被置 1

注：1. 在计数器开启时（CEN=1），不允许从边沿对齐模式转换为中央对齐模式。

　　2. 在中央对齐模式下，编码器模式（SMS=001,010,011）必须被禁止。

（3）DIR*x*：控制计数器的计数方向。

0：计数器向上计数。

1：计数器向下计数。

📖 **注意**

当计数器配置为中央对齐模式或编码器模式时，该位为只读状态。

（4）OPM*x*：单脉冲模式。

0：在发生更新事件时，计数器不停止计数。

1：在发生更新事件时，将 CEN 位清 0，计数器停止计数。

（5）URS*x*：更新中断源。

0：如果 UDIS 允许产生更新事件，则下列事件发生时产生更新中断。

● 寄存器被更新（计数值溢出）。

● 软件设置 UG 位。

● 时钟/触发控制器产生的更新。

1：如果 UDIS 允许产生更新事件，则只有当下列事件发生时才产生更新中断，并将 UIF 位置 1。寄存器被更新（计数值溢出）。

（6）UDIS*x*：禁止更新。

0：当下列事件发生时，产生更新事件。

● 计数值溢出。

● 产生软件更新事件。

● 时钟/触发模式控制器产生的硬件复位被缓存的寄存器装入它们的预装载值。

1：不产生更新事件，影子寄存器（ARR、PSC、CCR*x*）保持它们的值。如果设置了 UG 位或时钟/触发控制器发出了一个硬件复位信号，则计数器和预分频器被重新初始化。

（7）CEN*x*：使能计数器。

0：禁止计数器。

1：使能计数器。

📖 **注意**

在软件设置了 CEN 位后，外部时钟、门控模式和编码器模式才能工作。触发模式可以自动地通过硬件设置 CEN 位。

3. 捕获/比较模式 1（PWM*x*_CCMR1）寄存器

PWM*x*_CCMR1 寄存器用于设置 PWM 通道，通道设置分为捕获输入模式或比较输出模式，信号传输的方向由该寄存器的 CC*n*S 位定义。该寄存器其他位的作用在不同的通道设置中是不同的；OC*xx* 描述通道在比较输出模式下的功能，IC*xx* 描述通道在捕获输入模式下的功能。

（1）当通道设置为比较输出模式时，如表 11-4 所示。

表 11-4　比较输出模式的 PWM*x*_CCMR1 寄存器

符号	地址	B7	B6	B5	B4	B3	B2	B1	B0
PWMA_CCMR1	FEC8H	OC1CE	OC1M[2:0]			OC1PE	OC1FE	CC1S[1:0]	
PWMB_CCMR1	FEE8H	OC5CE	OC5M[2:0]			OC5PE	OC5FE	CC5S[1:0]	

① OC*n*CE：输出比较 *n*（*n*=1,5）清 0 使能。OC*n*CE=1；允许使用 PWMETI 引脚上的外部事件来清 0 通道 *n* 的输出信号（OC*n*REF）。

0：OC*n*REF 不受外部触发输入（ETRF）的影响，ETRF 在模式控制（PWM*x*_SMCR）寄存器中设置。

1：一旦检测到 ETRF 为高电平，OC*n*REF=0。

② OC*n*M[2:0]：输出比较 *n* 模式，这 3 位定义了输出参考信号 OC*n*REF 的动作，如表 11-5 所示。OC*n*REF 决定了 OC*n* 的值，OC*n*REF 是高电平有效，而 OC*n* 的有效电平取决于 CC*n*P 位。

表 11-5 输出比较模式说明（*n*=1,5）

OC*n*M[2:0]	模式	说明
000	冻结	PWM*x*_CCR1 与 PWM*x*_CNT 间的比较对 OC*n*REF 不起作用
001	匹配时设置通道 *n* 的输出为有效电平	当 PWM*x*_CCR1=PWM*x*_CNT 时，OC*n*REF 输出高电平
010	匹配时设置通道 *n* 的输出为无效电平	当 PWM*x*_CCR1=PWM*x*_CNT 时，OC*n*REF 输出低电平
011	翻转	当 PWM*x*_CCR1=PWM*x*_CNT 时，翻转 OC*n*REF 的输出电平
100	强制为无效电平	强制 OC*n*REF 输出低电平
101	强制为有效电平	强制 OC*n*REF 输出高电平
110	PWM 模式 1	在向上计数时，当 PWM*x*_CNT<PWM*x*_CCR1 时 OC*n*REF 输出高电平，否则 OC*n*REF 输出低电平 在向下计数时，当 PWM*x*_CNT>PWM*x*_CCR1 时 OC*n*REF 输出低电平，否则 OC*n*REF 输出高电平
111	PWM 模式 2	在向上计数时，当 PWM*x*_CNT<PWM*x*_CCR1 时 OC*n*REF 输出低电平，否则 OC*n*REF 输出高电平 在向下计数时，当 PWM*x*_CNT>PWM*x*_CCR1 时 OC*n*REF 输出高电平，否则 OC*n*REF 输出低电平

📖 注意

一旦 LOCK 级别设为 3（PWM*x*_BKR 寄存器中的 LOCK 位）并且 CC*n*S=00（该通道配置成输出）则该位不能被修改。

在 PWM 模式 1 或 PWM 模式 2 中，只有当比较结果改变了或在输出比较模式中从冻结模式切换到 PWM 模式时，OC*n*REF 电平才改变。

在有互补输出的通道上，这些位是预装载的。如果 PWM*x*_CR2 寄存器的 CCPC=1，OCM 位只有在 COM 事件发生时，才从预装载位取新值。

③ OC*n*PE：输出比较 *n* 预装载使能（*n*=1,5）。

0：禁止 PWM*x*_CCR1 寄存器的预装载功能，可随时写入 PWM*x*_CCR1 寄存器，并且新写入的数值立即起作用。

1：开启 PWM*x*_CCR1 寄存器的预装载功能，读写操作仅对预装载寄存器操作，PWM*x*_CCR1 的预装载值在更新事件到来时被加载至当前寄存器中。

📖 注意

一旦 LOCK 级别设为 3 并且 CC*n*S=00 则该位不能被修改。

为了操作正确，在 PWM 模式下必须使能预装载功能，但在单脉冲模式下（PWM*x*_CR1 寄存器的 OPM=1），使能预装载功能不是必需的。

④ OCnFE：输出比较 n 快速使能（n=1,5）。该位用于加快 CC 输出对触发输入事件的响应。

0：根据计数器与 CCRn 的值，CCn 正常操作，无论触发器是否打开。当触发器的输入有一个有效沿时，激活 CCn 输出的最小延时为 5 个时钟周期。

1：输入到触发器的有效沿的作用就像发生了一次比较匹配。因此，OC 被设置为比较电平而与比较结果无关。采样触发器的有效沿和 CC1 输出间的延时被缩短为 3 个时钟周期。OCFE 只在通道被配置成 PWMA 或 PWMB 模式时起作用。

⑤ CC1S[1:0]：捕获/比较 1 选择，这两位定义通道的方向（输入/输出）及输入引脚的选择，如表 11-6 所示。

表 11-6　CC1S[1:0]：捕获/比较 1 选择

CC1S[1:0]	方向	输入引脚
00	输出	
01	输入	IC1 映射在滤波后的定时器输入 1（TI1FP1）上
10	输入	IC1 映射在滤波后的定时器输入 2（TI2FP2）上
11	输入	IC1 映射在 TRC 上。此模式仅工作在内部触发器输入被选中时（由 PWMA_SMCR 寄存器的 TS 位选择）

⑥ CC5S[1:0]：捕获/比较 5 选择，如表 11-7 所示。

表 11-7　CC5S[1:0]：捕获/比较 5 选择

CC5S[1:0]	方向	输入引脚
00	输出	
01	输入	IC5 映射在滤波后的定时器输入 5（TI5FP5）上
10	输入	IC5 映射在滤波后的定时器输入 6（TI6FP5）上
11	输入	IC5 映射在 TRC 上。此模式仅工作在内部触发器输入被选中时（由 PWM5_SMCR 寄存器的 TS 位选择）

📖 **注意**

CC1S 仅在通道关闭时（PWMA_CCER1 寄存器的 CC1E=0）才是可写的。CC5S 仅在通道关闭时（PWMB_CCER1 寄存器的 CC5E=0）才是可写的。

（2）当 PWMx_CCMR1 通道设置为捕获输入模式时，其描述如表 11-8 所示。

表 11-8　PWMx_CCMR1 的捕获输入模式

符号	地址	B7	B6	B5	B4	B3	B2	B1	B0
PWMA_CCMR1	FEC8H		IC1F	[3:0]		IC1PSC	[1:0]	CC1S	[1:0]
PWMB_CCMR1	FEE8H		IC5F	[3:0]		IC5PSC	[1:0]	CC5S	[1:0]

① ICnF[3:0]：输入捕获 n 滤波器选择（n=1,5），这 4 位定义了 TIn 的采样频率及数字滤波器长度，如表 11-9 所示。

表 11-9　ICnF[3:0]：输入捕获 n 滤波器选择

ICnF[3:0]	时钟数	ICnF[3:0]	时钟数
0000	1	1000	48
0001	2	1001	64
0010	4	1010	80
0011	8	1011	96
0100	12	1100	128
0101	16	1101	160
0110	24	1110	192
0111	32	1111	256

📖 **注意**

即使对于带互补输出的通道，这 4 位也是非预装载的，并且不会考虑 CCPC（PWMx_CR2 寄存器）的值。

② ICnPSC[1:0]：输入/捕获 n 预分频器（n=1,5），这两位定义了 CCn 输入（IC1）的预分频系数。

00：无预分频器，捕获输入口上检测到的每一个边沿都触发一次捕获。

01：每 2 个事件触发一次捕获。

10：每 4 个事件触发一次捕获。

11：每 8 个事件触发一次捕获。

③ CC1S[1:0]：捕获/比较 1 选择，这两位定义通道的方向（输入/输出）及输入脚的选择，如表 11-10 所示。

表 11-10　CC1S[1:0]：捕获/比较 1 选择

CC1S[1:0]	方向	输入脚
00	输出	
01	输入	IC1 映射在 TI1FP1 上
10	输入	IC1 映射在 TI2FP1 上
11	输入	IC1 映射在 TRC 上。此模式仅工作在内部触发器输入被选中时（由 PWMA_SMCR 寄存器的 TS 位选择）

④ CC5S[1:0]：捕获/比较 5 选择，这两位定义通道的方向（输入/输出）及输入脚的选择，如表 11-11 所示。

表 11-11　CC5S[1:0]：捕获/比较 5 选择

CC5S[1:0]	方向	输入脚
00	输出	
01	输入	IC5 映射在 TI5FP5 上
10	输入	IC5 映射在 TI6FP5 上
11	输入	IC5 映射在 TRC 上。此模式仅工作在内部触发器输入被选中时（由 PWMB_SMCR 寄存器的 TS 位选择）

CC1S/CC5S 在 PWM*x*_CCMR1 输入和输出模式中定义一致。

捕获/比较模式 2（PWM*x*_CCMR2）寄存器定义 PWM2 和 PWM6。捕获/比较模式 3（PWM*x*_CCMR3）寄存器定义 PWM3 和 PWM7。捕获/比较模式 4（PWM*x*_CCMR4）寄存器定义 PWM4 和 PWM8。这 6 个寄存器和 PWM*x*_CCMR1 寄存器基本相同，此处不进行赘述。

4. 捕获/比较使能 1（PWM*x*_CCER1）寄存器

PWM*x*_CCER1 寄存器用于配置通道输出使能和极性，如表 11-12 所示。

表 11-12　PWM*x*_CCER1 寄存器

符号	地址	B7	B6	B5	B4	B3	B2	B1	B0
PWMA_CCER1	FECCH	CC2NP	CC2NE	CC2P	CC2E	CC1NP	CC1NE	CC1P	CC1E
PWMB_CCER1	FEECH	—	—	CC6P	CC6E	—	—	CC5P	CC5E

① CC6P：OC6 输入捕获/比较输出极性，参考 CC1P。

② CC6E：OC6 输入捕获/比较输出使能，参考 CC1E。

③ CC5P：OC5 输入捕获/比较输出极性，参考 CC1P。

④ CC5E：OC5 输入捕获/比较输出使能，参考 CC1E。

⑤ CC2NP：OC2N 比较输出极性，参考 CC1NP。

⑥ CC2NE：OC2N 比较输出使能，参考 CC1NE。

⑦ CC2P：OC2 输入捕获/比较输出极性，参考 CC1P。

⑧ CC2E：OC2 输入捕获/比较输出使能，参考 CC1E。

⑨ CC1NP：OC1N 比较输出极性。

0：高电平有效。

1：低电平有效。

📖 **注意**

一旦 LOCK 级别设为 3 或 2 且 CC1S=00，则该位不能被修改。

对于有互补输出的通道，该位是预装载的。如果 CCPC=1（PWMA_CR2 寄存器），只有在 COM 事件发生时，CC1NP 位才从预装载位中取新值。

⑩ CC1NE：OC1N 比较输出使能。

0：关闭比较输出。

1：开启比较输出，其输出电平取决于 MOE、OSSI、OSSR、OIS1、OIS1N 和 CC1E 位的值。

📖 **注意**

对于有互补输出的通道，该位是预装载的。如果 CCPC=1（PWMA_CR2 寄存器），只有在 COM 事件发生时，CC1NE 位才从预装载位中取新值。

⑪ CC1P：OC1 输入捕获/输出比较极性。

CC1 通道配置为输出。

0：高电平有效。

1：低电平有效。

CC1 通道配置为输入或者捕获。

0：捕获发生在 TI1F 或 TI2F 的上升沿。

1：捕获发生在 TI1F 或 TI2F 的下降沿。

⑫ CC1E：OC1 输入捕获/比较输出使能。

0：关闭输入捕获/比较输出。

1：开启输入捕获/比较输出。

📖 **注意**

一旦 LOCK 级别设为 3 或 2，则该位不能被修改。

对于有互补输出的通道，该位是预装载的。如果 CCPC=1（PWMA_CR2 寄存器），只有在 COM 事件发生时，CC1P 位才从预装载位中取新值。

捕获/比较使能 2（PWMx_CCER2）寄存器用于设置 PWM3、PWM4 和 PWM7、PWM8 通道，此处不赘述。

5. 自动重装载（PWMx_ARR）寄存器

16 位 PWMx_ARR 寄存器用于设置 PWM 周期，分为自动重装载高 8 位（PWMx_ARRH）寄存器和自动重装载低 8 位（PWMx_ARRL）寄存器。其中 PWMx_ARRH 寄存器如表 11-13 所示。

表 11-13　PWMx_ARRH 寄存器

符号	地址	B7	B6	B5	B4	B3	B2	B1	B0
PWMA_ARRH	FED2H				ARR1[15:8]				
PWMB_ARRH	FEF2H				ARR2[15:8]				

ARRn[15:8]：自动重装载高 8 位值（n= 1,2）。

ARR 包含了将要装载到实际的自动重装载寄存器的值。当自动重装载的值为 0 时，计数器不工作。

PWMx_ARRL 寄存器定义自动重装载低 8 位值，此处略去。

6. 捕获/比较 1（PWMx_CCR1）寄存器

捕获/比较寄存器用于定义 PWM 的占空比，包括 PWMx_CCR1（对应 PWM1/5），PWMx_CCR2（对应 PWM2/6），PWMx_CCR3（对应 PWM3/7）和 PWMx_CCR4（对应 PWM4/8）。仅以 PWMx_CCR1 寄存器为例说明，其是 16 位寄存器，分为 PWMx_CCR1 高 8 位（PWMx_CCR1H）寄存器和 PWMx_CCR1 低 8 位（PWMx_CCR1L）寄存器。PWMx_CCR1H 寄存器如表 11-14 所示。

表 11-14　PWMx_CCR1H 寄存器

符号	地址	B7	B6	B5	B4	B3	B2	B1	B0
PWMA_CCR1H	FED5H				CCR1[15:8]				
PWMB_CCR5H	FEF5H				CCR5[15:8]				

CCRn[15:8]：捕获/比较 n 的高 8 位值（n=1,5）。

若 CCn 通道配置为输出：CCRn 包含当前比较值（预装载值）。如果在 PWMn_CCMR1 寄存器（OCnPE 位）中未选择预装载功能，写入的数值会立即传输至当前寄存器中。否则只有当更新事件发生时，此预装载值才传输至当前捕获/比较 n 寄存器中。当前比较值同计数器 PWMn_CNT 的值相比较，并在 OCn 通道上产生输出信号。

若 CCn 通道配置为输入：CCRn 包含上一次输入捕获事件发生时的计数器值（此时该寄存器为只读状态）。

PWMx_CCRL 寄存器定义 CCRn[7:0]低 8 位值，此处略去。

7. 刹车（PWMx_BKR）寄存器

PWMx_BKR 寄存器用处很多，尤其在电动机控制方面。PWMx_BKR 寄存器如表 11-15 所示。

表 11-15　PWMx_BKR 寄存器

符号	地址	B7	B6	B5	B4	B3	B2	B1	B0
PWMA_BRK	FEDDH	MOEA	AOEA	BKPA	BKEA	OSSRA	OSSIA	LOCKA[1:0]	
PWMB_BRK	FEFDH	MOEB	AOEB	BKPB	BKEB	OSSRB	OSSIB	LOCKB[1:0]	

（1）MOEn：主输出使能（n= A,B）。一旦刹车输入有效，该位被硬件异步清 0。根据 AOE 位的设置值，该位可以由软件置 1 或被自动置 1。该位仅对配置为输出的通道有效。

0：禁止 OC 和 OCN 输出或强制为空闲状态。

1：如果设置了相应的使能位（PWMx_CCERx 寄存器的 CCiE 位），则使能 OC 和 OCN 输出。

（2）AOEn：自动输出使能（n= A,B）。

0：MOE 只能被软件置 1。

1：MOE 能被软件置 1 或在下一个更新事件被自动置 1（如果刹车输入无效）。

📖 注意

一旦 LOCK 级别设为 1，则该位不能被修改。

（3）BKPn：刹车输入极性（n= A,B）。

0：刹车输入低电平有效。

1：刹车输入高电平有效。

📖 注意

一旦 LOCK 级别设为 1，则该位不能被修改。

（4）BKEn：刹车功能使能（n= A,B）。

0：禁止刹车输入。

1：开启刹车输入。

📖 注意

一旦 LOCK 级别设为 1，则该位不能被修改。

（5）OSSRn：运行模式下"关闭状态"选择。该位在 MOE=1 且通道设为输出时有效（n= A,B）。

0：当 PWM 不工作时，禁止 OC/OCN 输出（OC/OCN 使能输出信号=0）。

1：当 PWM 不工作时，一旦 CCiE=1 或 CCiNE=1，首先开启 OC/OCN 并输出无效电平，然后将 OC/OCN 使能输出信号置 1。

📖 注意

一旦 LOCK 级别设为 2，则该位不能被修改。

（6）OSSI*n*（*n*= A,B）：空闲模式下"关闭状态"选择。该位在 MOE=0 且通道设为输出时有效。

0：当 PWM 不工作时，禁止 OC/OCN 输出（OC/OCN 使能输出信号=0）。

1：当 PWM 不工作时，一旦 CC*i*E=1 或 CC*i*NE=1，首先开启 OC/OCN 并输出空闲电平，然后将 OC/OCN 使能输出信号置 1。

📖 **注意**

一旦 LOCK 级别设为 2，则该位不能被修改。

（7）LOCK*n*[1:0]：锁定设置，这两位为防止软件错误而提供写保护措施（*n*= A,B），其锁定设置如表 11-16 所示。

表 11-16　LOCK*n*[1:0]：锁定设置

LOCK*n*[1:0]	保护级别	保护内容
00	无保护	寄存器无写保护
01	锁定级别 1	不能写入 PWM*x*_BKR 寄存器的 BKE、BKP、AOE 位和 PWM*x*_OISR 寄存器的 OISI 位
10	锁定级别 2	不能写入锁定级别 1 中的各位，也不能写入 CC 极性位以及 OSSR/OSSI 位
11	锁定级别 3	不能写入锁定级别 2 中的各位，也不能写入 CC 控制位

📖 **注意**

由于 BKE、BKP、AOE、OSSR、OSSI 位可被锁定，因此在第一次写 PWM*x*_BKR 寄存器时必须对它们进行设置。

11.3.5　PWM 编程

常用的 PWM 编程包括输入捕获模式、输出比较模式和 PWM 输出模式。以下仅以 PWMA 为例说明，PWMB 的寄存器编程方式类似。

1. 输入捕获模式

在输入捕获模式下，当检测到 IC*i* 信号上相应的边沿后，计数器的当前值被锁存到 PWMA_CCR*x* 寄存器中。当发生捕获事件时，相应的 CC*i*IF 标志位（PWMA_SR1 寄存器）被置 1。如果 PWMA_IER 寄存器的 CC*i*IE 位被置 1，也就是使能了中断，则将产生中断请求。如果发生捕获事件时 CC*i*IF 标志位已经为高电平，那么重复捕获标志 CC*i*OF（PWMA_SR2 寄存器）被置 1。写 CC*i*IF=0 或读取存储在 PWMA_CCR*i*L 寄存器中的捕获数据都可清除 CC*i*IF。写 CC*i*OF=0 可清除 CC*i*OF。

在输入信号 TI1 的上升沿时捕获计数器的值到 PWMA_CCR1 寄存器中的具体步骤如下。

（1）选择有效输入端，设置 PWMA_CCMR1 寄存器中的 CC1S=01，此时通道被配置为输入，并且 PWMA_CCR1 寄存器变为只读状态。

（2）根据输入信号 TI1 的特点，可通过配置 PWMA_CCMR1 寄存器中的 IC1F 位来设置相应的输入滤波器的滤波时间。

（3）选择 TI1 通道的有效转换边沿，在 PWMA_CCER1 寄存器中写入 CC1P=0（上升沿）。

（4）配置输入预分频器。如果我们希望捕获发生在每一个有效的电平转换时刻，则需要预分频器被禁止（写 PWMA_CCMR1 寄存器的 IC1PS=00）。

（5）设置 PWMA_CCER1 寄存器的 CC1E=1，允许捕获计数器的值到捕获寄存器中。

（6）如果需要，通过设置 PWMA_IER 寄存器中的 CC1IE 位允许产生相关中断请求。

2. 输出比较模式

此模式用来控制一个输出信号的波形或者指示一段给定的时间已经达到。

当计数器与捕获/比较寄存器的内容相匹配时，有如下操作。

（1）根据不同的输出比较模式，相应的 OC/输出信号如下。

① 保持不变（OC/M=000）。

② 设置为有效电平（OC/M=001）。

③ 设置为无效电平（OC/M=010）。

④ 翻转（OC/M=011）。

（2）设置中断状态寄存器中的标志位（PWMA_SR1 寄存器中的 CC/IF 位）。

（3）若设置了相应的中断使能位（PWMA_IER 寄存器中的 CC/IE 位），则产生一个中断。

PWMA_CCMR/ 寄存器的 OCiM 位用于选择输出比较模式，而 PWMA_CCMR/ 寄存器的 CC/P 位用于选择有效和无效的电平极性。PWMA_CCMR/ 寄存器的 OC/PE 位用于选择 PWMA_CCR/ 寄存器是否需要使用预装载寄存器。在输出比较模式下，更新事件对 OCiREF 和 OC/输出没有影响。时间精度为计数器的一个计数周期。输出比较模式也能用来输出一个单脉冲。

3. PWM 输出模式

PWM 输出模式可以产生一个由 PWMA_ARR 寄存器确定频率，由 PWMA_CCR/寄存器确定占空比的信号。

在 PWMA_CCMR/寄存器中的 OC/M 位写入 110（PWM 模式 1）或 111（PWM 模式 2），能够独立地设置每个 OC/ 输出通道产生一路 PWM 信号。必须设置 PWMA_CCMR/ 寄存器的 OC/PE 位使能相应的预装载寄存器，也可以设置 PWMA_CR1 寄存器的 ARPE 位使能自动重装载的预装载寄存器（在向上计数模式或中央对称模式中）。

由于仅当发生一个更新事件的时候，预装载寄存器的数据才能被传送到影子寄存器，因此在计数器开始计数之前，必须通过设置 PWMA_EGR 寄存器的 UG 位来初始化所有的寄存器。

OC/的极性可以通过软件在 PWMA_CCER/寄存器中的 CC/P 位设置，它可以设置为高电平有效或低电平有效。OC/的输出使能通过 PWMA_CCER/和 PWMA_BKR 寄存器中的 CC/E、MOE、OIS/、OSSR 和 OSSI 位的组合来控制。

在 PWM 模式（模式 1 或模式 2）下，PWMA_CNT 和 PWMA_CCRi 始终在进行比较，（依据计数器的计数方向）以确定是否符合 PWMA_CCR/≤PWMA_CNT 或者 PWMA_CNT≤PWMA_CCR/。

根据 PWMA_CR1 寄存器中 CMS 位域的状态，定时器能够产生边沿对齐的 PWM 信号或中央对齐的 PWM 信号。

PWMA 输出配置具体步骤如下。

（1）启用扩展 SFR 特殊功能寄存器（P_SW2 = 0x80;）。

（2）配置 GPIO 工作模式（推挽输出）。

（3）使能 PWM 输出（PWMA_ENO）。

（4）输出引脚选择（PWM2_PS）。

（5）设置 PWM 通道（PWMx_CCMR1）。

（6）设置信号频率（PWMA_ARRH 和 PWMx_ARRL）。

（7）设置占空比（PWMA_CCRR1）。

（8）使能 PWM 通道输出（PWMA_CCER1 和 PWMA_BKR）。

（9）启动 PWM（PWMA_CR1）。

11.3.6 PWM 图形化指令

PWM 图形化指令只提供了常用的 PWM 功能，至于输入捕获等高级功能，则需要用 C 语言代码实现。常用 PWM 图形化指令如表 11-17 所示。

表 11-17　常用 PWM 图形化指令

常用指令	图形化指令实例
初始化设置 PWM 最大占空比值，设置范围是 64Hz～3MHz，如果没有设置，系统默认是 1 000Hz	初始化设置PWM最大占空比值 `1000`

初始化设置引脚、PWM 频率和占空比。系统配置里有一个 PWM 最大占空比的模块 PWM_DUTY_MAX，我们设置的占空比为和这个最大占空比的比值：10/PWM_DUTY_MAX	PWM初始化 设置引脚 `PWM1P_P10` 频率 `1000` 占空比 `10`
	`pwm_init(PWM1P_P10, 1000, 10);`
	//括号中 3 个参数分别是引脚、频率、占空比

PWM 调整占空比，一般用在程序运行过程中需要动态改变占空比输出时	PWM调整 设置引脚 `PWM1P_P10` 占空比 `200` `pwm_duty(PWM1P_P10, 200);`
PWM 调整频率和占空比，一般用在程序运行过程中需要动态改变频率和占空比输出时	PWM调整 设置引脚 `PWM1P_P10` 频率 `1000` 占空比 `10` `pwm_freq_duty(PWM1P_P10, 1000, 10);`

STC8H 系列单片机中 PWM 的引脚设置非常灵活，可以在表 11-18 中自由选择，图形化指令默认选择第一项"PWM1P_P10"。

表 11-18　STC8H 中的 PWM 可选引脚

PWMA 可选引脚					
PWM1P_P10	PWM1N_P11	PWM1P_P20	PWM1N_P21	PWM1P_P60	PWM1N_P61
PWM2P_P12	PWM2N_P13	PWM2P_P22	PWM2N_P23	PWM2P_P62	PWM2N_P63
PWM3P_P14	PWM3N_P15	PWM3P_P24	PWM3N_P25	PWM3P_P64	PWM3N_P65
PWM4P_P16	PWM4N_P17	PWM4P_P26	PWM4N_P27	PWM4P_P66	PWM4N_P67
PWM4P_P34	PWM4N_P33				
PWMB 可选引脚					
PWM5_P20	PWM5_P17	PWM5_P00	PWM5_P74	PWM8_P77	PWM8_P23
PWM6_P21	PWM6_P54	PWM6_P01	PWM6_P75	PWM8_P34	PWM8_P03
PWM7_P02	PWM7_P76	PWM7_P22	PWM7_P33		

STC8H 系列单片机可以在多个输入、输出端口直接进行切换，以实现把一个外设当作多个设备进行分时复用，其原理是调用高级 PWM 选择寄存器（PWMx_PS）进行功能引脚切换。

11.3.7 蜂鸣器

蜂鸣器是常用的电子发声器件，分为无源蜂鸣器和有源蜂鸣器。

无源蜂鸣器是脉冲驱动型蜂鸣器，所谓脉冲驱动型蜂鸣器是指：给这种蜂鸣器加载上具有一定频率的额定的工作电压，该蜂鸣器就会发出对应频率的音频信号，这种蜂鸣器可以配合一定的频率发生电路产生不同音调的声响，比如具有高低变化的音调的报警声甚至音乐。

有源蜂鸣器是电平驱动型蜂鸣器，所谓电平驱动型蜂鸣器是指：给这种蜂鸣器直接加载上额定的工作电压，该蜂鸣器就会发出一定频率的音频信号。这种蜂鸣器使用简单，可以方便地应用于一些需要简单音频报警的场合。

两种蜂鸣器从外观上比较容易区分，有绿色电路板的是无源蜂鸣器，没有电路板而用黑胶封闭的是有源蜂鸣器，如图 11-2 所示。

天问 51 开发板用的是无源蜂鸣器，所以我们用 PWM 信号来控制蜂鸣器。

（a）有源蜂鸣器　　　（b）无源蜂鸣器
图 11-2　蜂鸣器

11.4　项目设计

基于 STC8H8K64U 芯片的天问 51 开发板有 2 个用 PWM 信号控制的器件，分别是电动机和蜂鸣器，如图 11-3 所示。电动机由 P27-PWM4 驱动，蜂鸣器由 P00-PWM5 驱动。为了提高驱动能力，都增加了三极管放大电路。

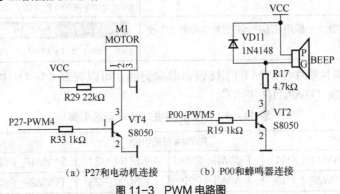

（a）P27和电动机连接　　　（b）P00和蜂鸣器连接
图 11-3　PWM 电路图

任务 1　PWM 调速电动机

PWM 调速电动机的图形化编程如图 11-4 所示。

PWM 调速电动机的 C 语言关键代码如下。

```
void setup()
{
  twen_board_init();//天问 51 开发板初始化
  pwm_init(PWM4N_P27, 1000, 10);
//初始化 3 个参数分别是引脚、频率、占空比10/PWM_DUTY_MAX
}
void loop()
{
  for (i = 0; i < 1000; i = i + 1) {
pwm_duty(PWM4N_P27, i);
```

```
//调整 3 个参数分别是引脚、频率、占空比 10/PWM_DUTY_MAX
    delay(5);
  }
  for (i = 1000; i > 0; i = i + (-1)) {
pwm_duty(PWM4N_P27, i);
//调整 3 个参数分别是引脚、频率、占空比 10/PWM_DUTY_MAX
    delay(5);
  }
}
```

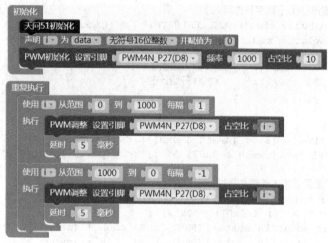

图 11-4   PWM 调速电动机的图形化编程

从代码中可以看出，PWM 基本功能都被封装到了 pwm_init()和 pwm_duty()两个函数里。我们查看一下定义。

```
void pwm_init(PWM_CH pwmch, uint32 freq, uint16 duty)
{
    uint16 match_temp;
    uint16 period_temp;
    uint16 freq_div = 0;
    P_SW2 |= 0x80;
    //GPIO 端口配置
    pwm_set_gpio(pwmch);
    freq_div = ((uint32)(sys_clk / freq)) >> 16;    //分频
    period_temp = (sys_clk / freq) / (freq_div + 1) - 1;    //周期时间
    match_temp = period_temp * ((float)duty / PWM_DUTY_MAX);    //占空比
    if (PWM5_P20 <= pwmch)    //PWM5-8
    {
        PWM2_ENO |= (1 << ((2 * ((pwmch >> 4) - 4))));    //使能输出
        PWM2_PS |= ((pwmch & 0x03) << ((2 * ((pwmch >> 4) - 4)))); //输出脚选择
        // 配置通道输出使能和极性
        (*(unsigned char volatile xdata*)(PWM2_CCER1_ADDR + (((pwmch >> 4) - 4)
>> 1))) |= (1 << ((((pwmch >> 4) & 0x01) * 4));

        //通道模式配置
    (*(unsigned char volatile xdata*)(PWM2_CCMR1_ADDR + ((pwmch >> 4) - 4))) |= 0x06 << 4;
    (*(unsigned char volatile xdata*)(PWM2_CCMR1_ADDR + ((pwmch >> 4) - 4))) |= 1 <<
3;            //PWM 模式 2
```

```
                //设置周期时间（高字节先写入）
                //PWM2_ARR = (uint16)period_temp;
                PWM2_ARRH = period_temp >> 8;
                PWM2_ARRL = period_temp;
                //PWM2_ARR=2000;

                //PWM 预分频（高字节先写入）
                PWM2_PSCRH = freq_div >> 8;
                PWM2_PSCRL = freq_div;
                //设置占空比（高字节先写入）
        (*(unsigned char volatile xdata*)(PWM2_CCR1_ADDR + 2 * ((pwmch >> 4) - 4))) = match_temp >> 8;
        (*(unsigned char volatile xdata*)(PWM2_CCR1_ADDR + 2 * ((pwmch >> 4) - 4) + 1)) = match_temp;

                PWM2_BKR = 0x80;      //使能主输出
                PWM2_CR1 = 0x01;      //PWM 开始计时
            }
        else
            {
                PWM1_ENO |= (1 << (pwmch & 0x01)) << ((pwmch >> 4) * 2);   //使能输出
                PWM1_PS |= ((pwmch & 0x07) >> 1) << ((pwmch >> 4) * 2);    //输出脚选择

                // 配置通道输出使能和极性
        (*(unsigned char volatile xdata*)(PWM1_CCER1_ADDR + (pwmch >> 5))) |= (1 << ((pwmch
    & 0x01) * 2 + ((pwmch >> 4) & 0x01) * 0x04));
        (*(unsigned char volatile xdata*)(PWM1_CCMR1_ADDR + (pwmch >> 4))) |= 0x06 << 4;
        (*(unsigned char volatile xdata*)(PWM1_CCMR1_ADDR + (pwmch >> 4))) |= 1 << 3;
        //PWM 模式 2

                //设置周期时间（高字节先写入）
                //PWM1_ARR = period_temp;
                PWM1_ARRH = period_temp >> 8;
                PWM1_ARRL = period_temp;

                //PWM 预分频（高字节先写入）
                PWM1_PSCRH = freq_div >> 8;
                PWM1_PSCRL = freq_div;

                //设置占空比（高字节先写入）
                (*(unsigned char volatile xdata*)(PWM1_CCR1_ADDR + 2 * (pwmch >> 4))) = match_te
    mp >> 8;
                (*(unsigned char volatile xdata*)(PWM1_CCR1_ADDR + 2 * (pwmch >> 4) + 1)) = ma
    tch_temp;

                PWM1_BKR = 0x80;      //使能主输出
                PWM1_CR1 = 0x01;      //PWM 开始计时
            }

        //P_SW2 &= 0x7F;

    }
```

以上代码和 11.3.5 小节中列出的 PWM 编程步骤基本一致。P_SW2 除了扩展 SFR 特殊功能寄存器外，还有很多功能脚切换的应用，我们在第 14 章会详细描述。

另外一个 pwm_duty()函数请读者自行跟踪执行代码，理解其设置流程。

PWM 常见的应用就是调光和调速。PWM 信号本质还是数字信号，达不到无级变速，但是就像数码管动态扫描一样，只要人眼观察不出来，就认为变化效果是连续的。本任务中延时时间取 5ms。

任务 2　PWM 控制蜂鸣器

PWM 控制蜂鸣器的图形化编程如图 11-5 所示。

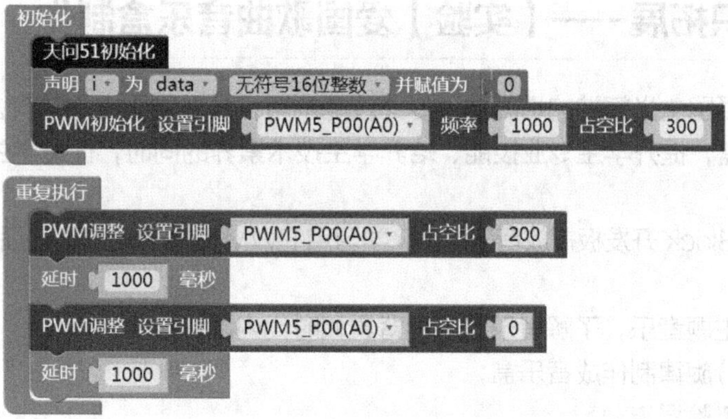

图 11-5　PWM 控制蜂鸣器的图形化编程

PWM 控制蜂鸣器的 C 语言关键代码如下。

```c
void setup()
{
  twen_board_init();//天问51开发板初始化
  pwm_init(PWM5_P00, 1000, 300);/
/初始化3个参数分别是引脚、频率、占空比10/PWM_DUTY_MAX
}

void loop()
{
  pwm_duty(PWM5_P00, 200);
  delay(1000);
  pwm_duty(PWM5_P00, 0);
  delay(1000);
}
```

本任务的延时时间比任务 1 长，一般来说调速、调光的频率要高，延迟要短，不然会有明显的顿挫感。

11.5　项目实现

开发板任务演示步骤和第 3 章的基本类似，此处略去。具体操作请扫描二维码观看。

Proteus 软件无法实现仿真本项目。因为 STC8H 系列单片机的 PWM 采用新的架构，抛弃了原有的 STC15 单片机定义的 PWM 模式。STC8H 系列单片机定义的这些 PWM 寄存器，在 STC15 单片机中都没有。有兴趣的读者可以用天问 Block 自带的 STC15 案例试试仿真效果。至于用单片机端口模拟 PWM 的

开发板演示
（PWM）

典型案例很多，本书就不进行赘述了。

大家进一步学习到 32 位的 ARM 单片机时候，就会对 STC8H 系列单片机的 PWM 功能有一个更深刻的认识。因为 STC8H 系列单片机的 PWM 寄存器名称和对应功能，和 ARM 单片机的 PWM 寄存器的类似。这再次印证了我们前面说的观点，就是学完 STC8H 系列单片机后，再学习 32 位的 ARM 单片机就会容易许多。

11.6 知识拓展——【实验】爱国歌曲音乐盒制作

实验目的：将爱国主义精神的培养融入专业技能学习，开展爱国主义教育。用课程配套开发板制作爱国歌曲音乐盒，提升学生专业技能、培养学生技术素养的同时，促进学生全面发展。

实验内容：

（1）参考天问 Block 开发板播放音乐范例，学习用 PWM 信号驱动蜂鸣器播放音乐的编程知识及方法；

（2）选择爱国主题音乐，了解音乐的历史背景和时代内涵；

（3）将主要部分旋律制作成音乐盒；

（4）完成相关实验报告。

【思考与启示】

1. 了解音乐背后的创作故事。

2. 如何用蜂鸣器播放音乐？

11.7 强化练习

1. 更改任务 2 的占空比，体会占空比和蜂鸣器声音的关系。

2. 为红歌音乐盒增加按键和数码管，其中按键控制暂停/播放，数码管显示编号。

第12章
使用串口

12

单片机可以通过串口与外部设备通信。串口类型有很多，单片机中主要是 UART，I²C、SPI 和单总线等。本章主要介绍 UART 和串口工具的应用。

12.1 情境导入

小白："单片机 GPIO 感觉学得差不多了。输入有按键、ADC，输出有 LED 灯、数码管、PWM 器件，再配合中断定时控制就能做很多项目了。"

小牛："单片机还必须和外部设备进行信息交换，比如你知道的单片机的程序需要通过计算机编译后下载到单片机运行。单片机很多控制信号需要通过计算机发出，这需要用到单片机串口通信。现在是物联网时代，不能对外通信的单片机项目价值很低。"

小白："好的，我来学习串口。"

12.2 学习目标

【知识目标】
1. 学习基本的串口概念。
2. 掌握 UART 的方式和种类。
3. 掌握 STC8 单片机串口的结构。

【能力目标】
1. 能使用串口工具。
2. 能进行串口编程。
3. 会使用 Proteus 软件中的串口终端。
4. 能设置 Proteus 仿真日志级别。

12.3 相关知识

12.3.1 串口概念

单片机通信是指单片机与外部设备或计算机等之间进行信息交换，可以分为并行通信与串行通信（也称串口通信）。并行通信是指将数据字节的各位用多条数据线同时进行传送，串行通信是指将数据字节分成一位一位的形式在一条传输线上逐个地传送。并行通信控制简单、传输速度快，但是占用端口多；串行通信占用端口少，但数据的传送控制比并行通信复杂。

串口就是采用串行通信方式的扩展接口。串口类型有很多，单片机中主要是 UART，I²C、SPI 和单总线等几类，本章主要介绍 UART，其他串口通信方式将在后面的章节中介绍。

12.3.2　UART

通用异步接收发送设备（Universal Asynchronous Receiver/Transmitter，UART）是一种异步收发传输器，是设备间进行异步通信的关键模块。UART 负责处理数据总线和串口之间的串/并转换、并/串转换，并规定了帧格式。通信双方只要采用相同的帧格式和波特率，就能在未共享时钟信号的情况下，仅用两根信号线（Rx 和 Tx）完成通信过程，因此该过程被称为异步通信。异步通信以一个字符为传输单位，通信时两个字符间的时间间隔是不固定的，然而在同一个字符中的两个相邻位间的时间间隔是固定的。

1. 帧格式

UART 的帧格式包含起始位、数据位、校验位和停止位，如图 12-1 所示。

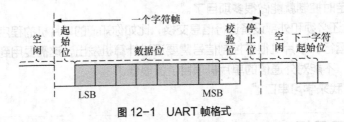

图 12-1　UART 帧格式

其中各位的意义如下。

（1）起始位：先发出一个逻辑"0"信号，表示传输字符开始。

（2）数据位：可以是 5~8 位逻辑"0"或"1"，如 ASCII（7 位）、扩展 BCD 码（8 位）。

（3）校验位：数据位加上这一位后，使得"1"的位数应为偶数（偶校验）或奇数（奇校验）。

（4）停止位：它是一个字符数据的结束标志，可以是 1 位、1.5 位、2 位的高电平。

（5）空闲位：处于逻辑"1"状态，表示当前线路上没有资料传送。

2. 波特率

波特率（Baud Rate）表示数据传送速率，即每秒钟传送的二进制位数。波特率常用单位是 bit/s，例如数据传送速率为 120 字符/s，而每一个字符为 10 位（1 个起始位，7 个数据位，1 个校验位，1 个结束位），则其波特率为 10×120 = 1 200（bit/s）= 1 200（波特）。为提高通信速率，可以在 1 200 基础上倍频，形成 2 400、4 800、9 600、19 200 等标准波特率。

3. TTL

单片机上的 UART 采用的电平标准是 TTL（双极型三极管逻辑电路），不过实际也不一定是 TTL 电平，只是沿用了 TTL 的说法。因为现在大部分数字逻辑都是互补金属氧化物半导体（Complementary Metal-Oxide-Semiconductor，CMOS）实现的，用场效应晶体管取代了三极管。除了 TTL，还有 RS232 和 RS485 本质上也是 UART 类型。一般来说 UART 指的就是 TTL。

TTL 电平: 全双工（逻辑"1": 2.4～5V。逻辑"0": 0～0.5V）。

RS-232 电平: 全双工（逻辑"1": -15～-3V。逻辑"0": +3～+15V）。

RS-485: 半双工（逻辑"1": +2～+6V。逻辑"0": -6～-2V），这里的电平指电压差。

RS232 和 RS485 主要用于计算机和工控机。所以单片机和计算机通信时，需要用到逻辑电平转换。

12.3.3 STC8 单片机串口结构

STC8H 系列单片机具有 4 个全双工异步串行通信接口。每个串口由 2 个数据缓冲器、一个移位寄存器、一个串行控制寄存器和一个波特率发生器等组成。每个串口的数据缓冲器由 2 个互相独立的接收、发送缓冲器构成，可以同时发送和接收数据。仅以串口 1 为例进行说明，串口内部结构如图 12-2 所示。

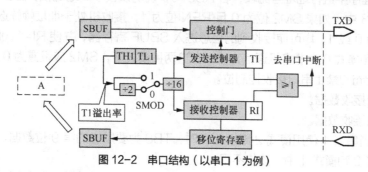

图 12-2　串口结构（以串口 1 为例）

串口 2、串口 3、串口 4 都只有两种工作方式，这两种工作方式的波特率都是可变的。用户可用软件设置不同的波特率和选择不同的工作方式。单片机可通过查询或中断方式对接收/发送进行程序处理，使用十分灵活。串口 1、串口 2、串口 3、串口 4 的通信端口均可以通过功能引脚的切换功能切换为多组端口，从而可以将一个通信端口分时复用为多个通信端口。

12.3.4 串口 1 的功能

由于串口内部结构都一致，我们以串口 1 为例介绍其功能，串口结构如图 12-2 所示。
主要寄存器配置如下。

1. 串口 1 控制（SCON）寄存器

SCON 寄存器是 STC8 单片机的串口 1 控制寄存器，也是经典 51 单片机的唯一串口控制寄存器，如表 12-1 所示。

表 12-1　串口 1 控制寄存器

符号	地址	B7	B6	B5	B4	B3	B2	B1	B0
SCON	98H	SM0/FE	SM1	SM2	REN	TB8	RB8	TI	RI

（1）SM0/FE: 当 PCON 寄存器中的 SMOD0 位为 1 时，该位为帧错误检测标志位。当 UART 在接收过程中检测到一个无效停止位时，通过 UART 接收器将该位置 1，该位必须由软件清 0。当 PCON 寄存器中的 SMOD0 位为 0 时，该位和 SM1 位一起指定串口 1 的工作模式，如表 12-2 所示。

表 12-2　串口 1 工作模式

SM0	SM1	串口 1 工作模式	功能说明
0	0	模式 0	同步移位串行方式
0	1	模式 1	可变波特率 8 位数据方式
1	0	模式 2	固定波特率 9 位数据方式
1	1	模式 3	可变波特率 9 位数据方式

（2）SM2：允许模式 2 或模式 3 多机通信控制位。当串口 1 使用模式 2 或模式 3 时，如果 SM2 位为 1 且 REN 位为 1，则接收机处于地址帧筛选状态。此时可以利用接收到的第 9 位（RB8）来筛选地址帧，若 RB8=1，说明该帧是地址帧，地址信息可以进入 SBUF 寄存器，并使 RI=1，进而在中断服务程序中进行地址号比较；若 RB8=0，说明该帧不是地址帧，应丢掉且保持 RI=0。在模式 2 或模式 3 中，如果 SM2 位为 0 且 REN 位为 1，接收机处于地址帧筛选被禁止状态，不论收到的 RB8 为 0 或 1，均可使接收到的信息进入 SBUF 寄存器，并使 RI=1，此时 RB8 通常为校验位。模式 1 和模式 0 为非多机通信方式，在这两种模式下，SM2 应设置为 0。

（3）REN：允许/禁止串口接收控制位。

0：禁止串口接收数据。

1：允许串口接收数据。

（4）TB8：当串口 1 使用模式 2 或模式 3 时，TB8 为要发送的第 9 位数据，按需要由软件置 1 或清 0。在模式 0 和模式 1 中，该位不用。

（5）RB8：当串口 1 使用模式 2 或模式 3 时，RB8 为接收到的第 9 位数据，一般用作校验位或者地址帧/数据帧标志位。在模式 0 和模式 1 中，该位不用。

（6）TI：串口 1 发送中断请求标志位。在模式 0 中，当串口发送数据第 8 位结束时，由硬件自动将 TI 置 1，并向 CPU 请求中断，响应中断后 TI 必须用软件清 0。在其他模式中，则在停止位开始发送时由硬件自动将 TI 置 1，向 CPU 请求中断，响应中断后 TI 必须用软件清 0。

（7）RI：串口 1 接收中断请求标志位。在模式 0 中，当串口接收第 8 位数据结束时，由硬件自动将 RI 置 1，并向 CPU 请求中断，响应中断后 RI 必须用软件清 0。在其他模式中，串口接收到停止位的中间时刻由硬件自动将 RI 置 1，向 CPU 请求中断，响应中断后 RI 必须由软件清 0。

2. 串口 1 数据寄存器（SBUF）

SBUF 实际是 2 个缓冲器，即读缓冲器和写缓冲器，读、写操作分别对应两个不同的寄存器，1 个是只写寄存器（写缓冲器），1 个是只读寄存器（读缓冲器）。对 SBUF 进行读操作，实际是读取串口接收缓冲区，对 SBUF 进行写操作则是触发串口开始发送数据。

3. 电源管理寄存器（PCON）

PCON 除了管理电源，还能控制串口波特率加倍，如表 12-3 所示。

表 12-3　电源管理寄存器（PCON）

符号	地址	B7	B6	B5	B4	B3	B2	B1	B0
PCON	87H	SMOD	SMOD0	LVDF	POF	GF1	GF0	PD	IDL

（1）SMOD：串口 1 波特率控制位。

0：串口 1 的各个模式的波特率都不加倍。

1：串口 1 模式 1、模式 2、模式 3 的波特率加倍。

（2）SMOD0：帧错误检测控制位。

0：无帧错误检测功能。

1：使能帧错误检测功能。此时 SCON 寄存器的 SM0/FE 为 FE 功能位，即帧错误检测标志位。

其他的位和单片机电源管理相关，我们在第 15 章中再详细介绍。

4. 辅助寄存器 1（AUXR）

AUXR 能控制串口 1 在模式 0 下波特率加倍，如表 12-4 所示。

表 12-4 辅助寄存器 1（AUXR）

符号	地址	B7	B6	B5	B4	B3	B2	B1	B0
AUXR	8EH	T0x12	T1x12	UART_M0x6	T2R	T2_C/T	T2x12	EXTRAM	S1ST2

（1）UART_M0x6：串口 1 模式 0 的通信速度控制。

0：串口 1 模式 0 的波特率不加倍，即固定为 $f_{osc}/12$。

1：串口 1 模式 0 的波特率 6 倍速，即固定为 $f_{osc}/12 \times 6 = f_{osc}/2$。

（2）S1ST2：串口 1 波特率发生器选择位。

0：选择定时器 T1 作为波特率发生器。

1：选择定时器 T2 作为波特率发生器。

12.3.5 串口编程步骤

STC8 单片机的串口编程步骤如下。

（1）设置定时器 T1 为波特率发生器（TMOD 寄存器设置）。

（2）给定时器 T1 赋初值。

（3）设置串口 1 工作方式（SCON 寄存器设置）。

（4）打开相应的中断和总中断。

（5）打开定时器 T1，开始产生波特率。

（6）设置串口 1 处理程序。

天问 Block 图形化指令默认初始化串口为模式 1 可变波特率 8 位数据方式。

（1）串口 1，波特率采用定时器 T1 来控制。

（2）串口 2，波特率采用定时器 T2 来控制。

（3）串口 3，波特率采用定时器 T3 来控制。

（4）串口 4，波特率采用定时器 T4 来控制。

使用串口的时候要注意不要和定时器冲突。

12.3.6 串口图形化指令

常用串口图形化指令如表 12-5 所示。

表 12-5 常用串口图形化指令

常用指令	图形化指令实例

串口引脚和波特率设置。
波特率尽可能选用常用的 1 200、2 400、4 800、9 600、19 200、38 400、57 600、115 200（bit/s），和外部晶振有关，特殊波特率如果不能被整除，会导致波特率不准。如果图形化模块下拉列表没有需要的波特率，可以自己添加数字模块后修改
	✓ UART1 RX(P3_0) TX(P3_1)
	UART1 RX(P3_6) TX(P3_7)
	UART1 RX(P1_6) TX(P1_7)
	UART1 RX(P4_3) TX(P4_4)
	UART2 RX(P1_0) TX(P1_1)
	UART2 RX(P4_6) TX(P4_7)
	UART3 RX(P0_0) TX(P0_1)
	UART3 RX(P5_0) TX(P5_1)
	UART4 RX(P0_2) TX(P0_3)
	UART4 RX(P5_2) TX(P5_3)
	
	`UART1 RX(P3_0) TX(P3_1)` `波特率` `9600`
	`uart_init(UART_1, UART1_RX_P30, UART1_TX_P31, 9600, TIM_1);`

串口发送数据	`UART1` `发送字符` `0x31` `uart_putchar(UART_1, 0x31);//串口单个字符输出`
串口发送指定长度的数组数据	`UART1` `发送数组` `buff` `长度` `12` `uart_putbuff(UART_1, buff, 12);//数组输出`
串口发送字符串	`UART1` `发送字符串` `haohaodada` `uart_putstr(UART_1, "haohaodada");//字符串输出`
读串口接收/发送中断请求标志位	`UART1` `读` `RX标志`
清除串口接收/发送中断请求标志位	`UART1` `清除` `RX标志` `UART1_CLEAR_RX_FLAG`
获取串口接收缓存数据	`UART1` `串口接收数据` `SBUF`
设置串口中断，同时打开总中断	`UART1` `串口中断设置` `有效` `EA = 1;ES = 1;`

串口接收中断函数。
串口 1 中断编号为 4；
串口 2 中断编号为 8；
串口 3 中断编号为 17；
串口 4 中断编号为 18
	`UART1` `串口中断执行函数` `UART_R` `寄存器组` `1`
	`执行`
	`void UART_R(void) interrupt 4 using 1{ }`

串口格式化输出	`printf` `haohaodada%d` `12345`

12.3.7 串口输出函数 printf

在天问 Block 还不能进行代码调试的情况下，通过串口进行输出调试信息至关重要。如果要输出多个参数，可以点击齿轮，然后把左边的"项目"拖到"列表"里，就能多一个输入框，自己再拖入一个数字模块，串口输出"printf"指令如图 12-3 所示。

串口输出"printf"指令对应的 C 语言代码如下。

图 12-3 串口输出"printf"指令

```
printf_small("haohaodada%d", 12345, );
```

注意这里使用的是剪裁版本的 printf 函数，不是 C 语言库函数版本，功能不全，输出数据长度有限。更多用法，请查看 C 语言相关知识。

12.3.8　串口工具

通常在单片机和嵌入式软件开发时，需要输出调试信息，或者调试串口本身，所以需要在计算机中有一个工具能够打开并监控串口。一般的串口工具包括设置波特率，设置校验、数据位和停止位，能以 ASCII 或十六进制接收或发送任何数据（包括中文），可以任意设定自动发送周期，并能将接收数据保存成文本文件，能发送任意大小的文本文件。天问 Block 和 STC-ISP 软件都集成了串口工具，方便使用。

12.4　项目设计

默认串口端口如下。

```
UART1 RX(P3_0) TX(P3_1)
UART2 RX(P1_0) TX(P1_1)
UART3 RX(P0_0) TX(P0_1)
UART4 RX(P0_2) TX(P0_3)
```

和其他特殊功能指定硬件端口（比如 ADC、PWM、I²C 等）不同，UART 的端口可以通过功能引脚的切换功能切换为多组端口（参见表 12-5 指令 1 的下拉列表），从而可以将一个通信端口分时复用为多个通信端口，通过图形化模块可以很方便地设置。

现在 UART 一般都是通过 USB 串口转换器件（CH34X，CP210X 等）和计算机连接。天问 Block 默认安装了相关驱动软件。建议使用开发板配套的 STC-Link 模块连接。另外 STC8H8K64U 本身也支持 USB（STC 芯片以 U 结尾的型号都支持 USB）。

任务 1　串口发送字符

串口发送字符的图形化编程如图 12-4 所示。
串口发送字符对应的 C 语言关键代码如下。

```
void setup()
{
  /*****本案例程序说明************************/
  //本案例可以通过软件的串口监视器查看数据
  /********************************/
  twen_board_init();//天问 51 开发板初始化
  uart_init(UART_1, UART1_RX_P30, UART1_TX_P31,
9600, TIM_1);//初始化串口
  }
void loop()
{
  uart_putchar(UART_1, 0x31);//串口单个字符输出
  delay(1000);
}
```

图 12-4　串口发送字符的图形化编程

串口 1 定时发送字符 "1"，对应的 ASCII 为 "0x31"。对于图形化指令注释而言，除了可以使

用上次说的标注注释方法，也可以直接在函数块前面插入说明块。

任务 2　串口发送字符串

串口发送字符串的图形化编程如图 12-5 所示。

串口发送字符串的 C 语言关键代码如下。

```
void loop()
{
  uart_putstr(UART_1, "haohaodada");//字符串输出
  delay(1000);
}
```

本任务和任务 1 相比，程序除了 uart_putchar()单字符输出函数改成了 uart_putstr()字符串输出函数外，其他代码一样。演示本任务结果时，打开串口工具，可以看到输出字符"haohaodada..."，如图 12-6 所示。

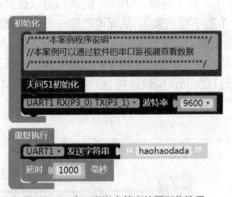

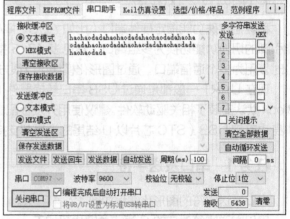

图 12-5　串口发送字符串的图形化编程　　　　　图 12-6　串口工具演示任务 2

任务 3　串口发送数组

串口发送数组的图形化编程如图 12-7 所示。

串口发送数组的 C 语言关键代码如下。

```
char mylist[5]={'H','e','l','l','o'};
void loop()
{
  uart_putbuff(UART_1, mylist, 5);//数组输出
  delay(1000);
}
```

本任务和任务 1、任务 2，只有数组输出函数不一样。演示时打开串口工具，可以看到输出字符"Hello"，如图 12-8 所示。

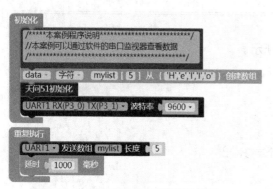

图 12-7　串口发送数组的图形化编程

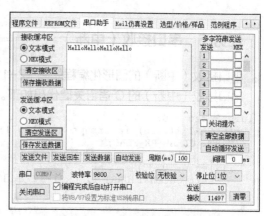

图 12-8　串口工具演示任务 3

任务 4　串口接收（查询）

串口接收（查询）的图形化编程如图 12-9 所示。

串口接收（查询）的 C 语言关键代码如下。

```
void loop()
{
  if(UART1_GET_RX_FLAG){
    UART1_CLEAR_RX_FLAG;
    rec = SBUF;
      if(rec == 0x32){
          uart_putchar(UART_1, 0x31);//串口单个字符输出
      }
  }
}
```

串口 1 采用查询方式读取接收数据，这种方式效率低，当主循环里任务多的时候，容易丢失数据。打开串口工具，我们发送文本"2"，会自动回复文本"1"。注意串口工具的发送对单片机就是接收，不要混淆。串口工具演示任务 4 如图 12-10 所示。

图 12-9　串口接收（查询）的图形化编程

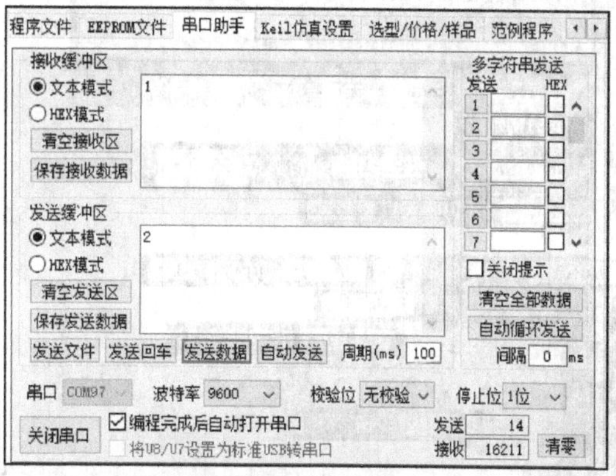

图 12-10　串口工具演示任务 4

任务 5　串口接收（中断）

串口接收（中断）的图形化编程如图 12-11 所示。

串口接收（中断）的 C 语言关键代码如下。

```
uint8 rec = 0;
void UART_R(void) interrupt 4 using 1{
  UART1_CLEAR_RX_FLAG;
  rec = SBUF;
  if(rec == 0x32){
      uart_putchar(UART_1, 0x31);//串口单个字符输出
  }
}

void setup()
{
  /*****本案例程序说明************************/
  //本案例可以通过软件的串口监视器，发送数据，可以查看
  //回传数据，发送2，回传1
  /******************************************/
  twen_board_init();//天问51开发板初始化
  uart_init(UART_1, UART1_RX_P30, UART1_TX_P31, 9600, TIM_1);//初始化串口
  EA = 1;
  ES = 1;
}

void loop()
{

}
void main(void)
{
  setup();
  while(1){
    loop();
  }
}
```

　　本任务的程序的主循环中都是空函数，它比任务 4 效率高，也不会因为主循环任务太多而丢失数据。串口 1 采用中断方式读取接收数据。打开串口工具，我们发送十六进制数"32"，会自动回复十六进制数"31"。串口工具演示任务 5 如图 12-12 所示。

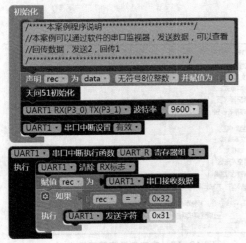

图 12-11　串口接收（中断）的图形化编程

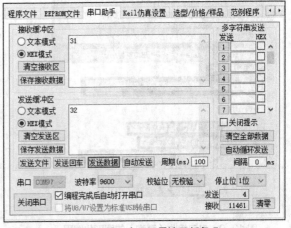

图 12-12　串口工具演示任务 5

任务 6 双串口透传

双串口透传的图形化编程如图 12-13 所示。

双串口透传的 C 语言关键代码如下。

```c
void UART1(void) interrupt 4 using 1{
  UART1_CLEAR_RX_FLAG;
  uart_putchar(UART_3, SBUF);//串口单个字符输出
}
void UART3(void) interrupt 17 using 2{
  UART3_CLEAR_RX_FLAG;
  uart_putchar(UART_1, S3BUF);//串口单个字符输出
}
void setup()
{
  twen_board_init();//天问51开发板初始化
  uart_init(UART_1, UART1_RX_P30, UART1_TX_P31,
9600, TIM_1);//初始化串口
  EA = 1;
  ES = 1;
  uart_init(UART_3, UART3_RX_P50, UART3_TX_P51, 9600, TIM_3);//初始化串口
  EA = 1;
  IE2 |= 0x08;
}
```

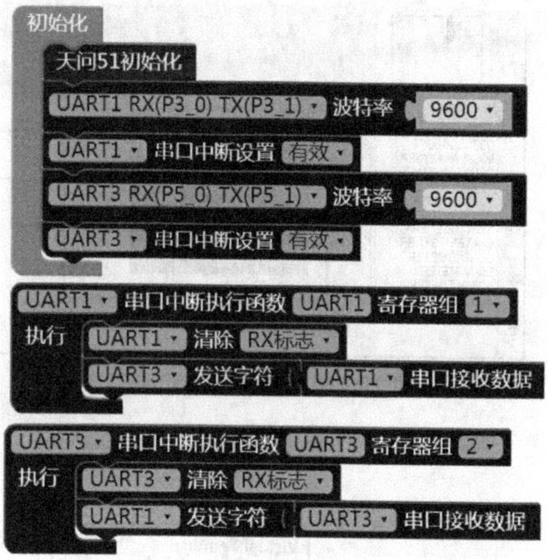

图 12-13 双串口透传的图形化编程

有些项目需要用到多串口，处理方式类似于前面的单串口操作。由于每个串口都需要一个定时器作为波特率发生器，因此定时器资源需要提前规划好。

12.5 项目实现

12.5.1 开发板演示

我们已经在 12.4 节项目设计中给出了串口工具的演示图（请参考图 12-6、图 12-8、图 12-10、图 12-12），如果用天问 Block 自带的串口工具，结果与它们类似，为避免重复此处略去。

开发板演示
（串口）

12.5.2 Proteus 仿真实例

1. 仿真说明

（1）先仿真任务 1，绘制仿真电路图需要增加虚拟终端（左边虚拟仪器快捷键下选择虚拟终端 VIRTUAL_TERMINAL），同时和串口 1（P3.0/P3.1）连接，如图 12-14 所示。

实验结果如图 12-15 所示，虚拟串口持续输出"1"。

（2）任务 2 和任务 3 的演示结果如图 12-16（a）和（b）所示。

（3）任务 4 和任务 5 演示如图 12-16（c）所示。这里选择"Echo Typed

Proteus 仿真实例
（串口）

Characters"（显示输入字符）命令，因此输入字符"2"也显示在页面中，如果不选择该选项，输出结果和图 12-15 一样，只显示"1"。

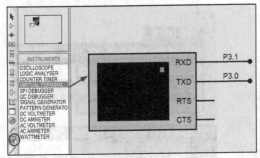

图 12-14 虚拟终端和串口 1 连接

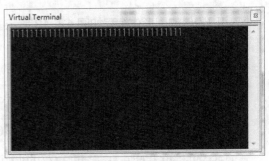

图 12-15 任务 1 串口 1 输出字符

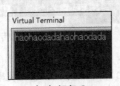

（a）任务 2

（b）任务 3

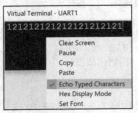

（c）任务 4 和任务 5

图 12-16 任务 2~任务 5 演示结果

（4）仿真任务 6。为了方便 Proteus 软件演示结果，我们将原来任务 6 代码改成双串口显示数据。串口 1 显示"1"，串口 3 显示"3"，任务 6 图形化编程修改如图 12-17 所示。

仿真图电路需要加上串口 3，如图 12-18 所示。任务 6 演示结果如图 12-19 所示。

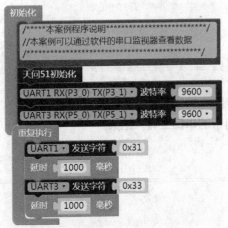

图 12-17 任务 6 图形化编程修改

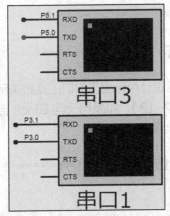

图 12-18 为仿真电路图新增串口 3

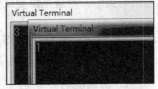

图 12-19 任务 6 演示结果

2. 难点剖析

我们可以不用打开 Proteus 虚拟终端，而是通过设置系统变量的跟踪级别，可以在仿真日志页面（Simulation Log）查看需要的结果。

为了跟踪串口运行状态，我们打开串口 1 和串口 3 的全程跟踪模式（右击单片机选择

"Configuration Diagnostics", 然后找到 UART1 和 UART3, 选择 "Full Trace"), 如图 12-20 所示。

在程序运行时, 在仿真日志页面收到相关消息, 从消息可以看出, UART3 端口是可以设置的, 一开始是找的 P0.0 和 P0.1, 然后跳转到 P5.0 和 P5.3。这种功能端口的切换主要是通过 P_SW2 寄存器来设置。只是图形化模块已经将该功能封装了, 看不出寄存器 P_SW2 设置过程, 如图 12-21 所示。

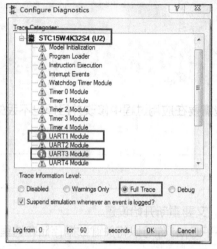

图 12-20　打开串口 1 和串口 3 的全程跟踪模式

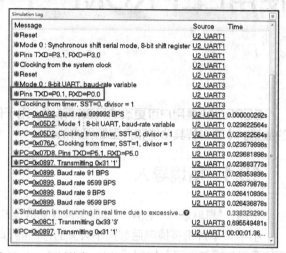

图 12-21　通过仿真日志的消息可以查看串口 1 和串口 3 的运行

12.6　知识拓展——【案例】国货之光 CH340

各类单片机都需要和计算机连接来烧录程序或者传输数据。现在计算机基本外设接口都是 USB 总线, 因此就需要有串口转换芯片将 USB 口转换成 TTL 串口。

在各类不同品牌的串口转换芯片中, CH340 作为国产 USB 转换芯片的代表, 在激烈的市场竞争中不断发展壮大, 在玩具、小家电、教育开发板等中低端市场中不断赢得口碑和声誉, 并持续向中高端市场发力, 成为"国货之光"。现在 CH340 已经从原来简单的电平转换芯片变成了自带电擦除可编程只读存储器 (Electrically-Erasable Programmable Read-Only Memory, EEPROM) 和晶振, 支持红外、蓝牙、多串口等功能的多系列产品。相关 USB 转换芯片出货量过亿。

CH340 的成功是中国厂商直面市场竞争、发展壮大实力、实现自主创新的生动体现, 这也得益于国家对科技创新的长期战略规划。

【思考与启示】

1. CH340 如何在市场竞争中谋求发展?
2. 如何看待"中国芯"的未来?

12.7　强化练习

1. 流水灯实验: 用计算器键盘的"1"键和"0"键控制单片机 P6 端口控制的流水灯方向。当按下"1"键时, 流水灯从左到右闪烁, 按下"0"键时, 流水灯从右到左闪烁。
2. 用天问 Block 自带的串口工具完成本章项目。

第13章
使用EEPROM

13

EEPROM 是用户可更改的只读存储器，用于保存一些需要在应用过程中修改并且掉电不丢失的数据。本章讲解其功能和典型编程方法。

13.1 情境导入

小白："真麻烦，一断电，我原来保存的数据都没有了，又要重新开始设置。"

小牛："单片机有掉电后数据不丢失的存储器，叫作 EEPROM。你可以将关键数据存储在这里，下次开机数据依然可以找到。"

小白："这么神奇，我要学！"

13.2 学习目标

【知识目标】

1. 学习 EEPROM 的理论知识。
2. 掌握 EEPROM 的图形化编程。

【能力目标】

1. 能理解 EEPROM 和 Flash 的区别。
2. 能进行 EEPROM 设置。
3. 能进行 EEPROM 编程。
4. 会利用 Proteus 软件跟踪存储器内容。

13.3 相关知识

13.3.1 EEPROM 和 Flash

EEPROM 是一种掉电后数据不丢失的存储器。传统的 EEPROM 可以随机访问和修改任何一个字节，可以往每个位中写入 "0" 或者 "1"，具有较高的可靠性，但是电路复杂，成本也高。因此目前的 EEPROM 都是几十 KB 到几百 KB 的，绝少有超过 512KB 的。

现在的 ROM 都用 Flash 技术。Flash 属于广义的 EEPROM，因为它也是具有电擦除功能的 ROM。Flash 的电路结构较简单，同样容量占芯片面积较小，成本自然比 EEPROM 低。EEPROM

和 Flash 的区别在于 Flash 按扇区操作，EEPROM 则按字节操作，二者寻址方法不同。为了降低成本，我们可以用 Flash 来模拟 EEPROM。

13.3.2　STC8 单片机的 EEPROM 结构

STC8 单片机内部集成了大容量的 EEPROM。利用在系统编程/应用编程（ISP/IAP）技术可将内部 Data Flash 当作 EEPROM，擦写次数在 10 万次以上。EEPROM 可分为若干个扇区，每个扇区包含 512B。使用时，建议将同一次修改的数据放在同一个扇区，不是同一次修改的数据放在不同的扇区，不一定要用满。数据存储器的擦除操作是按扇区进行的。EEPROM 可用于保存一些需要在应用过程中修改并且掉电不丢失的数据。在用户程序中，可以对 EEPROM 进行字节读、字节编程、扇区擦除操作。

13.3.3　EEPROM 图形化指令

EEPROM 常用图形化指令如表 13-1 所示。

表 13-1　EEPROM 常用图形化指令

常用指令	图形化指令实例

EEPROM 擦除指定扇区。
参数:EE_address: 要擦除的 EEPROM 的扇区中的一个字节地址
	EEPROM擦除指定扇区 `1`
	引入头文件
	`#include "lib/eeprom.h"`
	`void eeprom_sector_erase(uint16 EE_address)`
	//擦除一个扇区函数

EEPROM 从 buf 中读取数据。
参数:EE_address: 要读出的 EEPROM 的首地址。
DataAddress: 要读出数据的指针
length: 要读出的长度
	EEPROM读数据地址 `0` **长度** `1` **从** `buf`
	
	`void eeprom_read(uint16 EE_address,uint8 *DataAddress,`
	`uint8 length)`
	//读 n 个字节函数

EEPROM 写入数据到 buf。
参数:EE_address: 要写入的 EEPROM 的首地址。
DataAddress: 要写入数据的指针。
length: 要写入的长度
	EEPROM写数据地址 `0` **长度** `1` **到** `buf`
	
	`uint8 eeprom_write(uint16 EE_address,uint8 *DataAddress,`
	`uint8 length)`
	//写 n 个字节函数

13.4　项目设计

STC8H8K64U 的 EEPROM 大小是用户可在 ISP 下载时自己设置的。用户可根据自己的需要在整个 Flash 空间中规划出任意不超过 Flash 大小的 EEPROM 空间。可以在 STC-ISP 软件中操作，如图 13-1 所示。

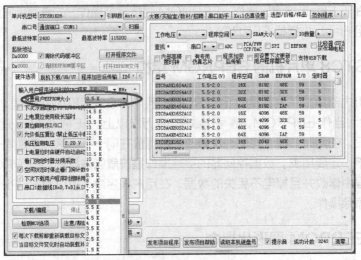

图 13-1 EEPROM 设置

任务　EEPROM 读写测试程序

EEPROM 读写测试程序的图形化编程如图 13-2 所示。

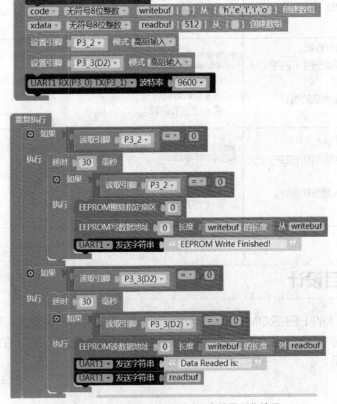

图 13-2 EEPROM 读写测试程序的图形化编程

注意本程序和天问 Block 范例程序略有不同。范例程序使用 OLED 显示屏，代码较长。这里改成串口输出方式，代码少了很多。按 KEY1 启动写入，按 KEY2 启动读取，结果通过串口工具输出。

EEPROM 读写测试程序的 C 语言关键代码如下。

```c
#include <STC8HX.h>
uint32 sys_clk = 24000000;//设置 PWM、定时器、串口、EEPROM 频率参数
#include "lib/UART.h"
#include "lib/delay.h"
#include "lib/eeprom.h"
code uint8 writebuf[]={'h','e','l','l','o'};
xdata uint8 readbuf[512];
void setup()
{
  //注意 STC16 暂不支持 EEPROM
  P3M1|=0x04;P3M0&=~0x04;//高阻输入
  P3M1|=0x08;P3M0&=~0x08;//高阻输入
  uart_init(UART_1, UART1_RX_P30, UART1_TX_P31, 9600, TIM_1);//初始化串口
}
void loop()
{
  if(P3_2 == 0){
    delay(30);
    if(P3_2 == 0){
      eeprom_sector_erase(0);   //EEPROM 擦除指定扇区
      eeprom_write(0,writebuf,(sizeof(writebuf)/sizeof(writebuf[0]))); //EEPROM 写数据
      uart_putstr(UART_1, "EEPROM Write Finished!      ");//字符串输出
    }
  }
  if(P3_3 == 0){
    delay(30);
    if(P3_3 == 0){
      eeprom_read(0,readbuf,(sizeof(writebuf)/sizeof(writebuf[0])));//EEPROM 读数据
      uart_putstr(UART_1, "Data Readed is:      ");//字符串输出
      uart_putstr(UART_1, readbuf);//字符串输出
    }
  }
}
```

13.5 项目实现

13.5.1 开发板演示

开发板任务演示步骤和第 3 章的基本类似，此处略去。具体操作请扫描二维码观看。

开发板演示
（EEPROM）

13.5.2 Proteus 仿真实例

Proteus 仿真需要串口输出，仿真电路图与第 12 章任务 1 的仿真电路图相同。

实验结果为按 KEY1 时，写入 EEPROM，串口输出如图 13-3 所示。

按 KEY2 时，读出 EEPROM，串口输出如图 13-4 所示。

Proteus 仿真实例
（EEPROM）

图 13-3　写入 EEPROM

图 13-4　读出 EEPROM

注意我们只是执行代码，Proteus 没有源代码信息，不能直接查看 Flash 和 EEPROM，只能查看 RAM，如图 13-5 所示。

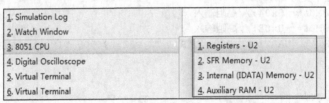

图 13-5　Proteus 软件中没有源代码，不能跟踪 EEPROM

13.6　知识拓展——【科普】EEPROM 的技术原理

EEPROM 底层也是基于场效应晶体管的半导体工艺，只是在传统的场效应晶体管的控制栅下插入一层浮栅。浮栅周围的氧化层与绝缘层将其与各电极相互隔离，浮栅中的电子泄漏速度很慢，在非热平衡的亚稳态下可保持数十年。浮栅延长区的下方有个薄氧区小窗口，在外加强电场的作用下漏极与浮栅之间可以进行双向电子流动，继而达到对存储单元"擦除"与"写入"。EEPROM 逐渐取代了 EPROM 芯片，后者只能用强紫外线照射来擦除。

很多同学不太理解 EEPROM 的原理，其实可以把其存储单元想象成一个抽水马桶。马桶里面有个浮球（浮栅），蓄水的时候浮球浮起（有电荷）。蓄水后，即使关闭角阀（断电），也会长期保持水位不变（长时间存储）。查看浮球的位置可以知道是否有水（数据读取）。按下马桶开关（加电压电路导通），水就通过管道流走了（数据擦除）。打开角阀（通电），可以重新蓄水（数据写入）。

【思考与启示】

1. 为什么现在的半导体工艺都基于场效应晶体管，而不是三极管？

2. 思考 EEPROM 和 EPROM 的区别。

13.7　强化练习

1. 用开发板演示天问 Block 的 EEPROM 范例。

2. 编写可以记录流水灯状态的 EEPROM 程序。

第14章
使用比较器

14

比较器用于比较两个输入端的电压的大小，可以作为简单的模数转换单元。单片机的比较器主要用于检测输入电压的异常情况。本章讲述如何使用比较器。

14.1 情境导入

小白："传感器发生异常情况怎么办？虽然可以用定时器进行周期性检测，但是感觉效率很低。"

小牛："这种情况我们可以以比较器进行触发。它将传感器的值转换成数字，然后和基准值比较，如果出现异常情况就紧急处理，不用通过定时器来触发。这样的处理逻辑效率更高，而且更有针对性。另外虽然STC8单片机只有一个比较器，但是可以分时复用，不用担心比较器数量不够的情况。"

小白："这么神奇，我要学！"

14.2 学习目标

【知识目标】

1. 学习比较器的理论知识。
2. 掌握比较器的控制寄存器。
3. 了解低电压检测方式。

【能力目标】

1. 能理解比较器的含义。
2. 能进行比较器设置。
3. 能进行比较器编程。

14.3 相关知识

14.3.1 比较器

一般来说，对两个或多个数据项进行比较以确定它们是否相等，或确定它们之间的大小关系及排列顺序。能够实现这种比较功能的电路或装置称为比较器。

在单片机里，比较器一般的作用就是比较信号电压和基准电压两个电压的大小。单片机的比较器可以看作 1 位的 ADC。将信号电压跟参考电压比较，当二者的大小关系发生变化时，可以输出

逻辑 "0" 或逻辑 "1"，单片机检测这个比较结果就可以进行相应的处理。

14.3.2　STC8H 系列单片机的比较器结构

STC8H 系列单片机内部集成了一个比较器。比较器的正极可以是 P3.7 端口或者 ADC 的模拟输入通道，而负极可以是 P3.6 端口或者是内部固定比较电压（STC8 的参考比较电压为 1.19V）。通过多路选择器和分时复用可实现多个比较器的应用。

主要寄存器包括比较器控制寄存器 1（CMPCR1）和比较器控制寄存器 2（CMPCR2），此外，比较器也会调用外设端口切换控制寄存器 2（P_SW2）。相关寄存器配置如下。

1．比较器控制寄存器 1（CMPCR1）

CMPCR1 主要包含比较器的基本设置，包括使能、中断和端口设置，如表 14-1 所示。

表 14-1　比较器控制寄存器 1

符号	地址	B7	B6	B5	B4	B3	B2	B1	B0
CMPCR1	E6H	CMPEN	CMPIF	PIE	NIE	PIS	NIS	CMPOE	CMPRES

（1）CMPEN：比较器模块使能位。

0：关闭比较功能。

1：使能比较功能。

（2）CMPIF：比较器中断标志位。当 PIE 位或 NIE 位被使能后，若产生相应的中断信号，硬件自动将 CMPIF 位置 1，并向 CPU 提出中断请求。此标志位必须由软件清 0。

📖 **注意**

没有使能比较器中断时，硬件不会设置此中断标志，即使用查询方式访问比较器时，不能查询此中断标志。

（3）PIE：比较器上升沿中断使能位。

0：禁止比较器上升沿中断。

1：使能比较器上升沿中断。使能比较器的比较结果由 "0" 变成 "1" 时产生中断请求。

（4）NIE：比较器下降沿中断使能位。

0：禁止比较器下降沿中断。

1：使能比较器下降沿中断。使能比较器的比较结果由 "1" 变成 "0" 时产生中断请求。

（5）PIS：比较器的正极选择位。

0：选择外部端口 P3.7 为比较器正极输入源。

1：通过 ADC_CONTR 中的 ADC_CHS 位选择 ADC 的模拟输入端口作为比较器正极输入源。

📖 **注意**

当比较器正极选择 ADC 输入通道时，请务必打开 ADC_CONTR 中的 ADC 电源控制位 ADC_POWER 和 ADC 通道选择位 ADC_CHS。

当需要使用比较器中断唤醒掉电模式或时钟停振模式时，比较器正极必须选择 P3.7 端口，不能使用 ADC 输入通道。

（6）NIS：比较器的负极选择位。

0：选择内部参考电压作为比较器负极输入源（芯片在出厂时，内部参考信号源调整为 1.19V）。

1: 选择外部端口 P3.6 为比较器负极输入源。

（7）CMPOE: 比较器结果输出控制位。

0: 禁止比较器结果输出。

1: 使能比较器结果输出。比较器结果输出到 P3.4 端口或者 P4.1 端口（由 P_SW2 中的 CMPO_S 进行设定）。

（8）CMPRES: 比较器的比较结果。此位为只读状态。

0: 表示 CMP+的电平低于 CMP-的电平。

1: 表示 CMP+的电平高于 CMP-的电平。

（9）CMPRES 是经过数字滤波后的输出信号，而不是比较器的直接输出结果。

2. 比较器控制寄存器 2（CMPCR2）

比较器控制寄存器 2 主要用于滤波控制，如表 14-2 所示。

表 14-2　比较器控制寄存器 2

符号	地址	B7	B6	B5	B4	B3	B2	B1	B0
CMPCR2	E7H	INVCMPO	DISFLT	LCDTY[5:0]					

（1）INVCMPO: 比较器结果输出控制。

0: 比较器结果正向输出。若 CMPRES 为 0，则 P3.4/P4.1 端口输出低电平，否则输出高电平。

1: 比较器结果反向输出。若 CMPRES 为 0，则 P3.4/P4.1 端口输出高电平，否则输出低电平。

（2）DISFLT: 模拟滤波功能控制。

0: 使能 0.1μs 模拟滤波功能。

1: 关闭 0.1μs 模拟滤波功能，可略微提高比较器的比较速度。

（3）LCDTY[5:0]: 数字滤波功能控制。

📖 **注意**

当使能数字滤波功能后，芯片内部实际的等待时钟需额外增加两个状态机切换时间，即当 LCDTY 设置为 0 时，则关闭数字滤波功能；当 LCDTY 设置为非 0 值 n（$n=1,2,3,\cdots,63$）时，则实际的数字滤波时间为 $n+2$ 个系统时钟。

3. 外设端口切换控制寄存器 2（P_SW2）

比较器输出位选择需要用到外设端口切换控制寄存器 2（P_SW2），如表 14-3 所示。

表 14-3　外设端口切换控制寄存器 2（P_SW2）

符号	地址	B7	B6	B5	B4	B3	B2	B1	B0
P_SW2	BAH	EAXFR	-	I2C_S[1:0]		CMPO_S	S4_S	S3_S	S2_S

（1）EAXFR: 扩展 RAM 区特殊功能寄存器（XFR）访问控制寄存器。

0: 禁止访问 XFR 寄存器。

1: 使能访问 XFR 寄存器。

当需要访问 XFR 寄存器时，必须先将 EAXFR 置 1，才能对 XFR 寄存器进行正常的读写设置。

（2）I2C_S[1:0]: I²C 功能脚选择位。

（3）CMPO_S：比较器输出脚选择位。

0：P3.4 端口。

1：P4.1 端口。

（4）S4_S：串口 4 功能脚选择位。

（5）S3_S：串口 3 功能脚选择位。

（6）S2_S：串口 2 功能脚选择位。

📖 **注意**

P_SW2 寄存器还可以对串口 2、串口 3、串口 4 和 I^{2}C 的功能引脚进行选择。我们前面讲串口时，因为图形化指令已经把该寄存器功能封装了，所以不需要单独设置。但比较器功能相对单一，没有封装图形化指令，即使是图形化编程，还是采用类似字符编程的方式，直接对寄存器进行读写。

14.3.3 使用 LVD 功能检测工作电压（电池电压）

由于 STC8 单片机包含针对自身的低压检测功能（LVD），比较器更多的是用于外设电路部分电压检测。

若需要使用 LVD 功能检测电池电压，则需要在 ISP 下载时将低压复位功能去掉，如图 14-1 所示，取消勾选"允许低压复位（禁止低压中断）"复选框。

电源管理寄存器（见表 12-3）的 LVDF 位就是设置低压检测标志位。当系统检测到低压事件时，硬件自动将此位置 1，并向 CPU 提出中断请求。此位需要由软件清 0。具体可以参考 STC8 编程手册。

图 14-1 设置取消低压复位功能

比较器暂时还没有将寄存器进行图形化封装，需要直接使用寄存器进行编程。

14.4 项目设计

STC8 单片机自带比较器功能，不需要硬件设计。

任务 比较器测试

本任务演示比较器测试程序，对电位器输出电压进行检测。比较器测试程序的图形化编程如图 14-2 所示。

比较器测试程序的 C 语言关键代码如下。

```
void setup()
{
    twen_board_init();//天问51 开发板初始化
    CMPCR2 = 0xE0; // 1110 0000
    ADC_CONTR = 0x8D;
    P_SW2 = (P_SW2|0x08);
    CMPCR1 = 0x8A; // 1000 1010
}
```

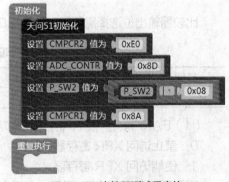

图 14-2 比较器测试程序的图形化编程

代码分析如下。

（1）CMPCR2 = 0xE0; // 1110 0000

比较器结果反向输出。若 CMPRES 为 0，则 P4.1 端口输出高电平。关闭 0.1μs 模拟滤波功能。数字滤波时间为 32+16+2=50 个系统时钟。

（2）ADC_CONTR = 0x8D；

选择 ADC 的 13（十六进制 D）引脚输入，对应 STC8 编程手册或者开发板电路图可以发现，ADC13 对应的功能引脚是 P05，连接的是电位器。

（3）P_SW2 = (P_SW2|0x08)；

设定比较器输出脚选择位。

（4）CMPCR1 = 0x8A; // 1000 1010

使能比较功能。通过 ADC_CONTR 寄存器中的 ADC_CHS 位选择 ADC13 作为比较器正极输入源，选择内部参考电压作为负极输入源，使能比较器结果输出。比较器结果输出到 P4.1 端口。

所以本程序的功能就是检测电位器的电压值变化，如果电压低于临界值，则比较器指示灯亮。

14.5 项目实现

开发板任务演示步骤和第 3 章的基本类似，此处略去。具体操作请扫描二维码观看。

本项目无法用 Proteus 仿真，理由主要是需要 STC8 单片机的 ADC，此 ADC 无法在 STC15 单片机上仿真。

开发板演示
（比较器）

14.6 知识拓展——【科普】掉电检测

单片机比较器一个非常重要的功能就是进行系统的掉电检测。单片机系统在使用或者调试中，会经常遇到系统突然掉电的情况，这种突发情况会导致系统丢失重要的数据且不能恢复。还有系统在运行中突然中断工作，这会对存储器造成损坏，这种情况往往会影响产品的可靠性，为了尽量避免这种不稳定情况的出现，产品需要增加掉电检测和保护电路。

掉电检测和保护电路就是对系统电压进行监测，当系统电压值下降到低压警戒值时，电路会发现并做出反应，发出一个警告信号，处理器接收到警告信号之后马上进行数据保存等操作，防止系统数据丢失。通过内置比较器功能，单片机可以很容易实现掉电检测。此外，电容也是保护电路的重要元器件之一，其可以延缓电压清 0 的状态，为保存数据赢得时间。

【思考与启示】

1. 如何为工程问题提供现实的解决方案，培养未来工程师的社会责任感？
2. 为什么要在单片机中添加比较器功能。

14.7 强化练习

1. 使用比较器中断，为任务 1 增加蜂鸣器报警功能。
2. 编写使用 LVD 功能检测单片机电池电压的程序。

第15章
使用低功耗

15

低功耗是单片机开发一个很重要的设计指标。本章讲述如何编写低功耗单片机程序。

15.1 情境导入

小白:"我制作的这个单片机小车用电池供电很快就没电了,如何延长电池续航时间?"

小牛:"这种情况需要考虑多个细节来降低功率消耗,但最简单直观的方法之一就是为单片机设置低功耗模式。"

小白:"说来听听,我想学!"

15.2 学习目标

【知识目标】
1. 学习低功耗的本质。
2. 掌握 STC8 单片机的控制寄存器。
3. 理解低功耗的两种模式。

【能力目标】
1. 能设置低功耗寄存器。
2. 能进行低功耗编程。
3. 能进行低功耗外部唤醒。

15.3 相关知识

15.3.1 低功耗

对电子产品来说,低功耗就是尽可能地缩短暂时不使用的模块通电的时间,以降低系统运行时总的平均功率。低功耗实质上就是让产品间歇性工作,比如一个单片机小车,在正常使用中,如果不需要一直让电机运动,那么在没有操作的时候,电机就不通电。

前面介绍的数码管动态扫描其实也有低功耗的含义。因为人眼的视觉暂留现象,通过间隙供电能达到数码管静态显示效果。

15.3.2　STC8 单片机的低功耗模式

STC8 单片机提供两种低功耗模式：IDLE 模式和 STOP 模式。IDLE 模式下，MCU 停止给 CPU 提供时钟，CPU 无时钟，CPU 停止执行指令，但所有的外设仍处于工作状态，此时功耗电流约为 1.3mA（6MHz 工作频率）。STOP 模式即为主时钟停振模式，即传统的掉电模式，此时 CPU 和全部外设都停止工作，功耗电流可降低到 0.6 μA(V_{cc}=5.0V 时)，0.4 μA(V_{cc}=3.3V 时)。

掉电模式可以使用 INT0(P3.2)、INT1(P3.3)、INT2(P3.6)、INT3(P3.7)、INT4(P3.0)、T0(P3.4)、T1(P3.5)、T2(P1.2)、T3(P0.4)、T4(P0.6)、RXD(P3.0/P3.6/P1.6/P4.3)、RXD2(P1.4/P4.6)、RXD3(P0.0/P5.0)、RXD4(P0.2/P5.2)、I2C_SDA(P1.4/P2.4/P3.3)以及比较器中断、低压检测中断、掉电唤醒定时器设置。

主要寄存器电源管理寄存器（PCON）配置如表 12-3 所示。我们前面在介绍串口时已经对其中部分位进行了分析，这里主要介绍和低功耗相关的位。

（1）LVDF：低压检测标志位。

（2）POF：上电标志位。硬件自动将此位置 1。

（3）PD：时钟停振模式、掉电模式、停电模式控制位。

0：无影响。

1：单片机进入时钟停振模式、掉电模式、停电模式，CPU 以及全部外设均停止工作。唤醒后由硬件自动清 0。

📖 **注意**

时钟停振模式下，CPU 和全部的外设均停止工作，但 SRAM 和 XRAM 中的数据是一直维持不变的。

（4）IDL：IDLE（空闲）模式控制位。

0：无影响。

1：单片机进入 IDLE 模式，只有 CPU 停止工作，其他外设依然在运行。唤醒后由硬件自动清 0。

15.4　项目设计

任务　低功耗模式外部中断唤醒

由于低功耗没有专门的图形化指令，我们直接对其 C 语言代码进行解析。

```
#include <STC8HX.h>
uint32 sys_clk = 24000000;//设置 PWM、定时器、串口、EEPROM 频率参数
#include "lib/twen_board.h"
#include "lib/led8.h"
#include "lib/nixietube.h"
#include "lib/delay.h"

uint16 msecond = 0;
uint8 tes_cnt = 0;
uint8 sleepDelay = 0;
```

```
void INT0(void) interrupt 0 using 1{
   EX0 = 0;
}

void INT1(void) interrupt 2 using 1{
   EX1 = 0;
}

void setup()
{
   twen_board_init();//天问 51 开发板初始化
   led8_disable();//关闭 8 个 LED 流水灯电源
   nix_display_clear();//数码管清屏
   nix_display_num(tes_cnt);//数码管显示整数
   IT0 = 0;
   EX0 = 1;
   EA = 1;
   EX0 = 1;
   IT1 = 1;
   EX1 = 1;
   EA = 1;
   EX1 = 1;
}

void loop()
{
   delay(1);
   nix_scan_callback();//数码管扫描回调函数
   msecond = msecond + 1;
   if(msecond >= 1000){
      msecond = 0;
      tes_cnt = tes_cnt + 1;
      nix_display_num(tes_cnt);//数码管显示整数
      sleepDelay = sleepDelay + 1;
      if(sleepDelay >= 5){
         sleepDelay = 0;
         if(P3_3){
            EX0 = 1;
            EX1 = 1;
            sleepDelay = 0;
            PCON = 0x02;
            _nop_();
            _nop_();
            _nop_();
         }
      }
   }
}

void main(void)
{
   setup();
   while(1){
```

```
        loop();
    }
}
```

其关键代码分析如下。其实和低功耗相关的代码就是以下几行。

```
PCON = 0x02;
_nop_();
_nop_();
_nop_();
```

"PCON = 0x02;"表明单片机进入了掉电模式。此时掉电模式被外部中断唤醒后，单片机首先会执行空语句，再进入中断服务程序。进入此状态要有一定的持续时间，一般用 3 个空语句表示。

15.5 项目实现

开发板任务演示步骤和第 3 章的基本类似，此处略去。具体操作请扫描二维码观看。

开发板演示
（低功耗）

15.6 知识拓展——【科普】低功耗和绿色节能

随着移动互联网和物联网的飞速发展，低功耗已经成为信息与通信技术（Information and Communication Technology，ICT）行业的重要技术指标。一方面，移动设备基本都由电池供电，低功耗可以显著提升电池续航时间。另一方面，低功耗减少了热量排放，更加绿色、节能。

【思考与启示】

1. 为什么国家现在这么重视绿色、环保？
2. 低碳生活，从我做起。结合自身情况谈谈如何践行绿色生活方式。

Proteus 仿真实例
（低功耗）

15.7 强化练习

1. 参考 STC8H 编程手册，使用定时器中断进行低功耗唤醒。
2. 用万用表等测试仪器，测试一下任务在低功耗模式下和不在低功耗模式下端口电流区别。

第16章
使用看门狗

16

看门狗是一种特殊的定时器，可以在检测到程序异常的情况下启动。本章讲述了如何设置看门狗程序。

16.1 情境导入

小白："单片机程序一直开机运行，人也不可能一直盯着，要是出问题怎么办？"

小牛："这种问题不用担心。单片机有看门狗，如果程序出现异常，它就会提醒，然后程序就会重启。一般重要的程序都会设置看门狗，防止程序出错。"

小白："这么神奇，我要学！"

16.2 学习目标

【知识目标】
1. 学习看门狗的理论知识。
2. 掌握看门狗的图形化编程方法。

【能力目标】
1. 理解看门狗含义。
2. 能进行看门狗设置。
3. 能进行看门狗编程。
4. 会利用 Proteus 软件跟踪看门狗内容。

16.3 相关知识

16.3.1 看门狗

前面我们演示的单片机程序，开机后就进入主循环流程，再配合各类中断，协同完成程序。一般来说，如果单片机工作环境不是特殊场景，或者不是需要高可靠性的系统应用，出现问题可以手动重启。

但是在工业控制、汽车电子、航空航天等需要高可靠性的系统中，一些重要的程序必须一直运行，而且还要时时关心它的状态——不能让它出现异常现象。为了防止"系统在异常情况下受到干扰，MCU/CPU 程序出错，导致系统长时间异常工作"，通常引进看门狗。

单片机的看门狗，实际上就是一个自动复位程序，如果一定时间内主程序不给这个自动复位程序发送信号，这个程序就会让单片机自动复位。

16.3.2　STC8 单片机的看门狗结构

STC8 单片机的看门狗复位是热启动复位中的硬件复位之一。STC8 单片机引进此功能，使单片机系统可靠性设计变得更加方便、简洁。STC8 单片机看门狗复位状态结束后，系统固定从 ISP 监控程序区启动，与看门狗复位前 IAP_CONTR 寄存器的 SWBS 位无关（注意：此处与 STC15 单片机不同）。

看门狗主要寄存器是看门狗控制寄存器，其类似一个定时器，如表 16-1 所示。

表 16-1　看门狗控制寄存器

符号	地址	B7	B6	B5	B4	B3	B2	B1	B0
WDT_CONTR	C1H	WDT_FLAG	—	EN_WDT	CLR_WDT	IDL_WDT	WDT_PS[2:0]		

（1）WDT_FLAG：看门狗溢出标志。看门狗发生溢出时，硬件自动将此位置 1，需要软件清 0。

（2）EN_WDT：看门狗使能位。

0：对单片机无影响。

1：启动看门狗定时器。

📖 注意

看门狗定时器可使用软件方式启动，也可以通过硬件自动启动，一旦看门狗定时器启动后，软件将无法关闭，必须对单片机重新上电才可关闭。软件启动看门狗只需要将 EN_WDT 位置 1 即可。若要硬件启动看门狗，则需要在 ISP 下载时进行图 16-1 所示的设置。

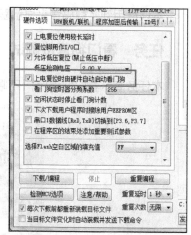

图 16-1　启动看门狗设置

（3）CLR_WDT：看门狗定时器清 0。

0：对单片机无影响。

1：清 0 看门狗定时器，硬件自动将此位复位。

（4）IDL_WDT：IDLE 模式时的看门狗控制位。

0：IDLE 模式时看门狗停止计数。

1：IDLE 模式时看门狗继续计数。

（5）WDT_PS[2:0]：看门狗定时器时钟分频系数。看门狗分频系数和溢出时间如表16-2所示。

表 16-2　看门狗分频系数和对应溢出时间

WDT_PS[2:0]	分频系数	主频为 12MHz 时的溢出时间	主频为 20MHz 时的溢出时间
000	2	≈65.5 ms	≈39.3 ms
001	4	≈131 ms	≈78.6 ms

续表

WDT_PS[2:0]	分频系数	主频为 12MHz 时的溢出时间	主频为 20MHz 时的溢出时间
010	8	≈262 ms	≈157 ms
011	16	≈524 ms	≈315 ms
100	32	≈1.05 s	≈629 ms
101	64	≈2.10 s	≈1.26 s
110	128	≈4.20 s	≈2.52 s
111	256	≈8.39 s	≈5.03 s

看门狗溢出时间计算公式如下：

$$看门狗溢出时间 = \frac{12 \times 32\ 768 \times 2^{(WDT\_PS+1)}}{SYSclk}$$

看门狗本质是一个自动复位的定时器。设置看门狗的图形化指令只有一个，我们将结合任务 1 代码进行讲解。

16.4 项目设计

本项目用到了数码管来显示复位时间。看门狗本身是单片机内部功能，因此不使用外部电路。

任务 看门狗复位测试

本任务演示看门狗程序，"不喂狗"就复位重启。看门狗复位测试的图形化编程如图 16-2 所示。

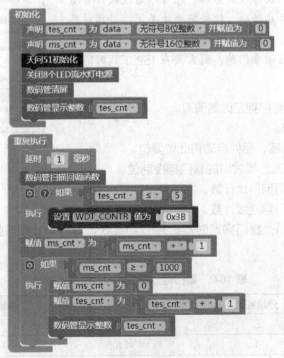

图 16-2 看门狗复位测试的图形化编程

看门狗复位测试的 C 语言关键代码如下。

```
void setup()
{
  /*****本案例程序说明***************************/
  //本案例演示看门狗程序,"不喂狗"就复位重启
  /******************************************/
  twen_board_init();//天问51开发板初始化
  led8_disable();//关闭8个LED流水灯电源
  nix_display_clear();//数码管清屏
  nix_display_num(tes_cnt);//数码管显示整数
}

void loop()
{
  delay(1);
  nix_scan_callback();//数码管扫描回调函数
  // 5s后不喂狗,将复位
  if(tes_cnt <= 5){
    WDT_CONTR = 0x3B;
  }
  ms_cnt = ms_cnt + 1;
  if(ms_cnt >= 1000){
    ms_cnt = 0;
    tes_cnt = tes_cnt + 1;
    nix_display_num(tes_cnt);//数码管显示整数
  }
}
```

对本程序,主要需要理解"WDT_CONTR = 0x3B;"语句。本任务的图形化编程非常简单,C 语言代码结合看门狗寄存器的功能说明也很容易理解。

16.5 项目实现

16.5.1 开发板演示

开发板任务演示步骤和第 3 章的基本类似,略去。具体操作请扫描二维码观看。

开发板演示
(看门狗)

16.5.2 Proteus 仿真实例

为便于观察 Proteus 仿真运行状态,在"Configure Diagnosis"对话框中将看门狗定时器设置为"Full Trace"模式,如图 16-3 所示。

当达到时间"不喂狗",系统就重新启动。如图 16-4 所示,我们可以看到 Proteus 运行时间并没有达到 5s,和实际效果还是有区别的,另外仿真平台是 STC15,如果是 STC8 平台应该会准确些,但是程序运行逻辑没有问题。另外,注意仿真复位后不能重新启动。

Proteus 仿真实例
(看门狗)

Configure Diagnostics
Trace Categories:
STC15W4K32S4 (U2)
Model Initialization
Program Loader
Instruction Execution
Interrupt Events
Watchdog Timer Module
Timer 0 Module
Timer 1 Module
Timer 2 Module
Timer 3 Module
Timer 4 Module
UART1 Module
UART2 Module
UART3 Module
UART4 Module
Trace Information Level:
Disabled
Warnings Only
Full Trace
Debug
Suspend simulation whenever an event is logged?
Log from 0
for 60
seconds.
OK
Cancel

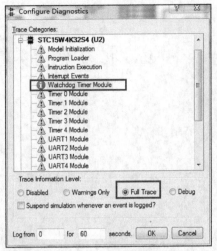

图 16-3　Proteus 设置全程跟踪看门狗

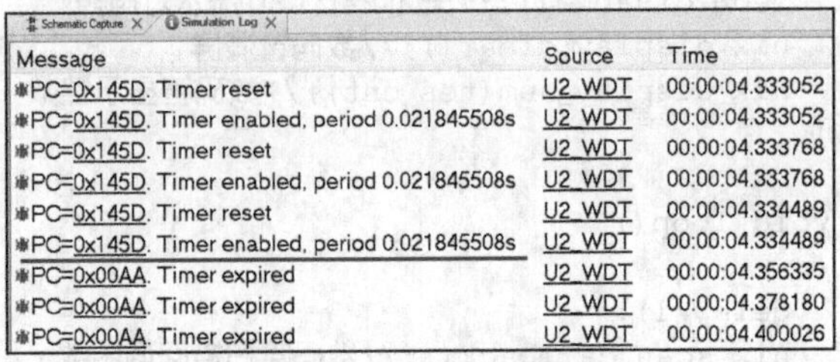

Schematic Capture
Simulation Log
Message
Source
Time
PC=0x145D. Timer reset	U2_WDT	00:00:04.333052
PC=0x145D. Timer enabled, period 0.021845508s	U2_WDT	00:00:04.333052
PC=0x145D. Timer reset	U2_WDT	00:00:04.333768
PC=0x145D. Timer enabled, period 0.021845508s	U2_WDT	00:00:04.333768
PC=0x145D. Timer reset	U2_WDT	00:00:04.334489
PC=0x145D. Timer enabled, period 0.021845508s	U2_WDT	00:00:04.334489
PC=0x00AA. Timer expired	U2_WDT	00:00:04.356335
PC=0x00AA. Timer expired	U2_WDT	00:00:04.378180
PC=0x00AA. Timer expired	U2_WDT	00:00:04.400026

图 16-4　看门狗运行状态

16.6　知识拓展——【案例】单片机看门狗机制的启示

单片机在进行看门狗程序设计时，必须设置好看门狗的溢出时间，以决定在合适的时候“清”看门狗，“清”看门狗也不能太过频繁，否则会造成资源浪费。

另外，看门狗会启动最高级别中断，导致机器重启。所以在一些重要场合，还是要手动确定是否响应，不能完全依赖机器，因为重启有时候比程序跑飞问题更严重。

【思考与启示】

1. 举出几个生活中采用看门狗机制的例子。
2. 如何理解“不能完全依赖机器”？

16.7　强化练习

1. 分别在 12MHz 和 24MHz 的单片机的主频下，设计程序检测看门狗的运行时间。
2. 用单片机的定时器功能实现软件看门狗。

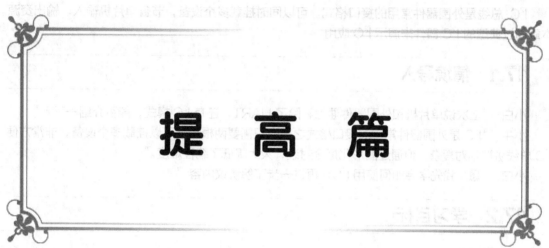

提 高 篇

第17章
使用I²C总线

17

I²C 总线是外围器件常用的接口格式。可以同时挂载多个设备，节省单片机输入、输出资源。本章通过典型的 I²C 器件来演示 I²C 应用。

17.1 情境导入

小白："上次说单片机和外围器件通信，除了 UART，还有 I²C 模式，能否介绍一下？"

小牛："I²C 是外围器件常用的接口格式之一，只需要两根线就可以挂载多个设备，非常方便。I²C 总线协议相对复杂，但通过图形化指令封装，大大降低了编程难度。"

小白："嗯，我先学会如何使用 I²C，再进一步了解协议内容。"

17.2 学习目标

【知识目标】

1. 学习 I²C 的理论知识。
2. 了解常用寄存器。
3. 掌握硬件 I²C 和软件 I²C 的区别。

【能力目标】

1. 会使用 I²C 接口 OLED 屏。
2. 会使用 I²C 接口 RTC 模块。
3. 能进行 I²C 图形化编程。

17.3 相关知识

17.3.1 I²C 简介

内部集成电路（Inter-Integrated Circuit，I²C，又称 IIC）总线是由飞利浦（Philips）公司开发的一种简单的双向二线制同步串行总线，只需要两根线即可在连接于总线上的器件之间传送信息。

1. 整体架构

I²C 总线包含 SCL 时钟线和 SDA 数据线。由于只有一根数据线，因此 I²C 只能进行半双工通信。如图 17-1 所示，总线通过线与方式连接多个器件。主器件用于启动总线传送数据，并产生时钟信号以开放传送的器件，此时任何被寻址的器件均被认为是从器件。在总线上主和从、发和收的关系不是恒定的，而是取决于此时数据传送方向。如果主器件要发送数据给从器件，则主器件首先寻址从器件，然后主动发送数据至从器件，最后由主器件终止数据传送；如果主器件要接收从器件的数据，首先由主器件寻址从器件。然后主器件接收从器件发送的数据，最后由主器件终止接收过程。在这种情况下，主器件负责产生定时时钟和终止数据传送。协议规定了 4 个双向传输速率：100kbit/s、400kbit/s、1Mbit/s、3.4Mbit/s，分别对应标准、快速、快速+、高速模式。如果是单向传输，对应超快速模式可以达到 5Mbit/s。

2. 起始和结束条件

当 SCL 为高电平的时候，SDA 线上由高到低的跳变被定义为起始信号 S；当 SCL 为高电平的时候，SDA 线上由低到高的跳变被定义为结束信号 P。总线在起始信号发出之后才传输有效信号，在结束信号发出之后被视为空闲状态，如图 17-2 所示。

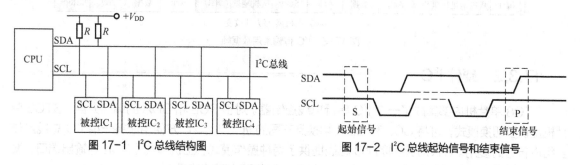

图 17-1 I²C 总线结构图   图 17-2 I²C 总线起始信号和结束信号

3. 地址码

发送起始信号后传送的第一字节数据非常重要，这就是 I²C 器件的地址码。地址码是由种类型号及寻址码组成的，共 7 位。因此，理论上 I²C 可以接入 127 个（加上单片机主机，一共 2^7=128 个）设备。I²C 总线地址码如表 17-1 所示。

表 17-1 I²C 总线地址码

I²C 总线地址码	B7	B6	B5	B4	B3	B2	B1	B0

（1）器件类型：B7～B4 共 4 位。这是由飞利浦定义好的标准，也就是说这 4 位已是固定的。比如存储器件 1010，模数转换器件 1001，显示器件 0111 等。

（2）用户自定义地址码：B3～B1 共 3 位。这是由用户自己设置的，通常如 EEPROM 这些器件是由外部 IC 的 3 个引脚所组合的电平（常用的名字如 A0、A1、A2）决定的，也就是寻址码。同一型号的 IC 只能最多共挂 8 片同种类芯片。

（3）最低一位 B0 就是 R/W 读写位。当主器件对从器件执行读操作时为 1，执行写操作时为 0。总线操作时，由器件地址、引脚地址和读写位组成的从地址为主器件发送的第一字节。

4. 应答信号 Ack

I²C 总线数据传送时，每传送一个字节数据后都必须有应答信号 Ack。主器件接收数据时，如果要结束通信，将在停止位之前发送非应答信号。每当主器件向从器件发送完一个字节的数据，主器件总是需要等待从机给出一个应答信号，以判断从机是否成功接收到了数据。从器件应答主器件所需要的时钟仍是主器件提供的，应答出现在每一次主器件完成 8 个数据位传输后紧跟着的时钟周期，低电平 0 表示应答，高电平 1 表示不应答。

5. 数据帧格式

在总线的一次数据传输过程中可以有以下几种格式（深色表示主器件控制 SDA，白色表示从器件），如图 17-3 所示。

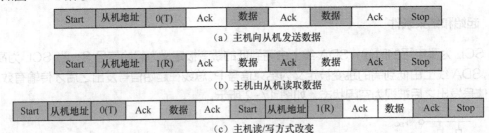

图 17-3　I²C 传输常用数据帧

17.3.2　硬件 I²C

STC8 单片机内部集成了一个 I²C 串行总线控制器。对于 SCL 和 SDA 的端口分配，STC8 单片机提供了切换模式，可将 SCL 和 SDA 切换到不同的 I/O 口上，以方便用户将一组 I²C 总线当作多组进行分时复用。STC8 系列的 I²C 总线提供了两种操作模式：主机模式（SCL 为输出端口，发送同步时钟信号）和从机模式（SCL 为输入端口，接收同步时钟信号）。

I²C 的编程涉及 9 个寄存器，如表 17-2 所示，编程复杂。还好可通过图形化模块编程，其封装了相关寄存器设置。建议从实验入手，结合 I²C 数据帧格式，慢慢地深入了解底层代码。图形化库默认使用 P14、P15 两个硬件 I²C 引脚，使用代码编程可以自定义选择引脚。

表 17-2　I²C 编程相关的寄存器

符号	描述	位地址与符号							
		B7	B6	B5	B4	B3	B2	B1	B0
I2CCFG	I²C 配置寄存器	ENI2C	MSSL	MSSPEED[5:0]					
I2CMSCR	I²C 主机控制寄存器	EMSI	—	—	—	MSCMD[3:0]			
I2CMSST	I²C 主机状态寄存器	MSBUSY	MSIF	—	—	—	—	MSACKI	MSACKO
I2CSLCR	I²C 从机控制寄存器	—	ESTAI	ERXI	ETXI	ESTOI	—	—	SLRST
I2CSLST	I²C 从机状态寄存器	SLBUSY	STAIF	RXIF	TXIF	STOIF	TXING	SLACKI	SLACKO
I2CSLADR	I²C 从机地址寄存器	I2CSLADR[7:1]							MA
I2CTXD	I²C 数据发送寄存器								
I2CRXD	I²C 数据接收寄存器								
I2CMSAUX	I²C 主机辅助控制寄存器	—	—	—	—	—	—	—	WDTA

和 UART 串口涉及的寄存器相比，I²C 的寄存器设置要复杂一些。

17.3.3 软件 I²C

在单片机没有硬件 I²C 时，可以通过软件模拟 I²C，用两个 GPIO 端口来控制 SDA 和 SCL 两条线的电平状态产生信号，如起始信号、停止信号等，严格遵守 I²C 总线协议实现通信。软件 I²C 性能不如硬件 I²C，无法实现高速传输，且会占用 CPU 资源。实际上经典 51 单片机等旧款单片机都是采用软件模拟 I²C。

17.3.4 I²C 图形化指令

I²C 的图形化指令如表 17-3 所示，目前只支持主机模式。

表 17-3 I²C 的图形化指令

常用指令	图形化指令实例
I²C 总线初始化	硬件I2C初始化
I²C 读数据	硬件I2C设备地址 1 寄存器地址 1 读取 1 个字节数据到 buf
I²C 写数据	硬件I2C设备地址 1 寄存器地址 1 写入 1 个字节数据从 buf

17.3.5 I²C 和 UART 区别

两者主要区别如下。

（1）通信线路。I²C 和 UART 都是两根线。UART 一根发送另一根接收，可以实现全双工通信。I²C 接口也是两根线，一根时钟线，另一根数据线，不能同时收发，只能实现半双工通信。

（2）通信对象。UART 是一对一的，I²C 可以一对多。

（3）通信距离。UART 不需要同步时钟，所以通信距离更远，通常单片机和计算机连接都是使用 UART 模式。而 I²C 通信距离短，一般在电路板内部器件之间。

（4）通信速率。UART 通信速率较低，而且随着距离增加，传输速率下降。I²C 通信速率较高，还有高速模式。

鉴于 I²C 可以进行一对多通信的优势，目前采用 I²C 接口的外设也非常普遍。本章结合任务介绍常用的外设：RTC 模块、OLED 模块和 QMA7981 加速度模块。

17.3.6 RTC 模块

BM8563 是一款低功耗 CMOS 实时时钟/日历芯片，它提供一个可编程的时钟输出，一个中断输出和一个掉电检测器，所有的地址和数据都通过 I²C 总线接口串行传递，最大总线传输速率为 400kbit/s，每次读写数据后，内嵌的字地址寄存器会自动递增。其图形化指令如表 17-4 所示。

表 17-4 RTC 的图形化指令

常用指令	图形化指令实例
RTC 初始化	RTC初始化
RTC 读取数据	RTC读取数据

续表

常用指令	图形化指令实例
RTC 读取时间选取，可选择年、月、日、周、时、分、秒	
RTC 设置时间和日期	

17.3.7 OLED 显示模块

有机发光二极管（Organic Light-Emitting Diode，OLED），又称有机电激光显示（Organic Electroluminescence Display，OELD）。OLED 同时具备自发光、不需背光源、对比度高、厚度薄、视野广、反应速度快、可用于挠曲性面板、适用温度范围广、构造及制程较简单等优异特性。OLED 显示模块具有以下特点。

（1）尺寸小。显示尺寸为 0.91 英寸，屏幕尺寸为 30mm×11.5mm。

（2）高分辨率。分辨率为 128×32 像素。

（3）使用 I²C 通信。只需 2 根线即可控制 OLED 显示模块。

OELD 图形化指令如表 17-5 所示。

表 17-5 OLED 图形化指令

常用指令	图形化指令实例
OLED 初始化	OLED初始化
OLED 关闭显示	OLED关闭显示
OLED 更新显示	OLED更新显示
OLED 清屏	OLED清屏
OLED 在坐标 x, y 显示一个像素点	OLED显示点坐标X 0 Y 0
OLED 在坐标 x, y 清除像素点	OLED清除点坐标X 0 Y 0
OLED 在坐标 x, y 显示一个字符	OLED显示字符 a 坐标X 0 Y 0
OLED 在坐标 x, y 显示一个字符串	OLED显示字符串 abcd 坐标X 0 Y 0
OLED 在坐标 x, y 显示一个数字	OLED显示数字 123 坐标X 0 Y 0
OLED 在坐标 x, y 显示一个指定字体大小的汉字	OLED显示汉字 好好搞搞 坐标X 0 Y 0 字体大小 12
OLED 在一个范围内显示图片	OLED显示图片 bmp 坐标X 0 Y 0 到X 0 Y 0

17.3.8 QMA7981 加速度模块

QMA7981 是一个单芯片三轴加速度传感器，具有 14 位 ADC 采样精度，内置常用运动算法，提供标准 I²C/SPI 接口，支持低功耗模式，广泛应用于手机、运动手表等设备。QMA7981 图形化指令如表 17-6 所示。

表 17-6　QMA7981 图形化指令

常用指令	图形化指令实例
QMA7981 初始化	QMA7981初始化
QMA7981 刷新数据	QMA7981刷新数据
QMA7981 读 x/y/z 轴加速度	QMA7981读 X 轴加速度
QMA7981 获取步数	QMA7981获取步数
QMA7981 启用运动检测算法中断	QMA7981启用 抬手唤醒 中断 ✓ 抬手唤醒 任何运动检测 无动作 步数检测 大幅动作
QMA7981 读中断	QMA7981读中断
QMA7981 判断中断类型	抬手唤醒 中断

17.4　项目设计

RTC 模块如图 17-4 所示。I²C 的时钟引脚连 P1_5，数据引脚连 P1_4。

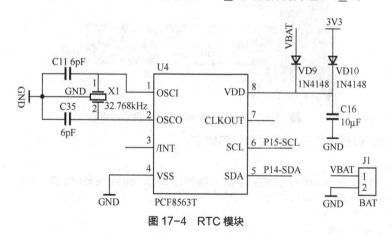

图 17-4　RTC 模块

OLED 和 QMA7981 模块如图 17-5 所示。它们都采用相同的 I²C 总线，时钟引脚连 P1_5，数据引脚连 P1_4。

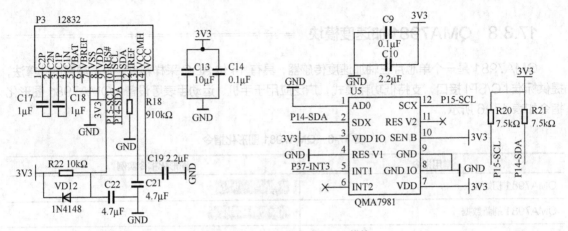

图 17-5　OLED 和 QMA7981 模块

任务 1　用 OLED 显示屏显示

用 OLED 显示屏显示的图形化编程如图 17-6 所示。

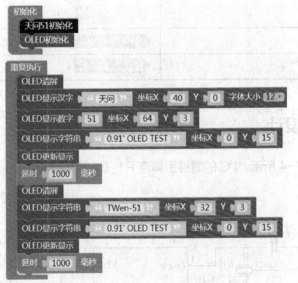

图 17-6　用 OLED 显示屏显示的图形化编程

用 OLED 显示屏显示的 C 语言关键代码如下。

```
#include <STC8HX.h>
uint32 sys_clk = 24000000;//设置 PWM、定时器、串口、EEPROM 频率参数
#include "lib/twen_board.h"
#include "lib/oled.h"
#include "lib/delay.h"
void setup()
{
  twen_board_init();//天问 51 开发板初始化
  oled_init();//OLED 初始化
}
```

```
void loop()
{
  oled_clear();//OLED 清屏
  oled_show_font12("天问",40,0);
  oled_show_num(64,3,51);
  oled_show_string(0,15,"0.91\' OLED TEST");
  oled_display();//OLED 更新显示
  delay(1000);
  oled_clear();//OLED 清屏
  oled_show_string(32,3,"TWen-51");
  oled_show_string(0,15,"0.91\' OLED TEST");
  oled_display();//OLED 更新显示
  delay(1000);
}
```

显然显示函数都进行了封装，我们打开"oled.h"头文件，对主要函数进行分析。

```
#include <STC8HX.h>
#include "delay.h"
#include "hardiic.h"
#include <string.h>
#include <stdio.h>
#include "oledfont.h"
#include <stdlib.h>
#define OLED_ADDR     0x78  //写地址
#define OLED_CMD      0     //写命令
#define OLED_DATA     1     //写数据
#define OLED_MODE     0

#define OLED_MAX_COLUMN     128
#define OLED_MAX_ROW    32

static uint8 xdata _oled_disbuffer[128][4];
void oled_init();   //初始化 OLED
void oled_display_off();   //关闭 OLED 显示
void oled_display_on();    //开启 OLED 显示
void oled_display();   //缓存显示
void oled_clear();   //清屏
void oled_set_pixel(uint8 x, uint8 y,uint8 pixel); //在指定位置显示一个点
//X个像素点，y 行
void oled_show_char(int8 x,int8 y,uint8 chr);//在指定位置显示一个字符，字符高 8，宽 5
void oled_show_string(int8 x,int8 y,uint8 *chr); //在指定位置显示字符串，字符高 8，间距 8
void oled_show_num(int8 x,int8 y,int16 num); //在指定位置显示数字，字符高 8，间距 8
void oled_show_float(int8 x, int8 y, float num, uint8 precision); //在指定位置显示小数
void oled_show_font12(uint8 lenth,const uint8* hz,int x,int y);//在指定位置显示 12x12 汉字
void oled_show_font16(uint8 lenth,const uint8* hz,int x,int y);//在指定位置显示 16x16 汉字
void oled_show_font24(uint8 lenth,const uint8* hz,int x,int y);//在指定位置显示 24x24 汉字
void oled_show_font32(uint8 lenth, const uint8* hz, int x, int y);//在指定位置显示 32x32 汉字
void oled_fill(uint8 x0, uint8 y0, uint8 x1, uint8 y1, uint8 pixel);    //填充
void oled_show_line(uint8 x0, uint8 y0, uint8 x1, uint8 y1, uint8 pixel);   //绘制线段
void oled_show_rectangle(uint8 x0, uint8 y0, uint8 x1, uint8 y1, uint8 pixel);//绘制矩形框
void oled_fill_rectangle(uint8 x0, uint8 y0, uint8 x1, uint8 y1, uint8 pixel);//填充矩形
void oled_show_circle(int16 xc, int8 yc, int8 r, uint8 pixel, uint8 fill);   //绘制圆
void oled_show_triangel(uint8 x0, uint8 y0, uint8 x1, uint8 y1, uint8 x2, uint8
y2, uint8 pixel);    //绘制三角形
```

177

```
  void oled_fill_triangel(uint8 x0, uint8 y0, uint8 x1, uint8 y1, uint8 x2, uint8
y2, uint8 pixel);    //填充三角形
  void oled_show_bmp(uint8 x0, uint8 y0,uint8 x1, uint8 y1,uint8* BMP);  //显示 BMP 图片
```

#include "hardiic.h"说明 OLED 库包含了硬件 I^2C 库，#include "oledfont.h"说明包含了 OLED 字符库。

OLED 的从机地址为什么是 0x78（0b01111000）？因为 Philips 公司定义的 I^2C 中，显示器件 I^2C 地址是 01111XXX，而最后一位是 0，表示写地址。

由于 OLED 的库函数调用了硬件 I^2C 库，我们打开 "hardiic.h" 头文件继续分析。

```
#ifndef __HARDIIC_H
#define __HARDIIC_H

#include <STC8HX.h>
#include "delay.h"

#define   HARDIIC_IICX          0x80              //将 IIC 设置为 P1_5,P1_4
#define   HARDIIC_SCL_OUT       {P1M1|=0x20;P1M0|=0x20;}    //开漏输出
#define   HARDIIC_SDA_OUT       {P1M1|=0x10;P1M0|=0x10;}    //开漏输出

void hardiic_init();
void hardiic_read_nbyte(uint8 device_addr, uint8 reg_addr, uint8 *p, uint8 number);
void hardiic_write_nbyte(uint8 device_addr, uint8 reg_addr, uint8 *p, uint8 number);

//=====================================================================
// 描述: 等待以及清除中断标志位.
// 参数: none.
// 返回: none.
//=====================================================
void hardiic_wait()
{
    while(!(I2CMSST &0x40));
    I2CMSST &= ~0x40;
}


//=====================================================
// 描述: IIC 初始化.
// 参数: none.
// 返回: none.
//=====================================================
void hardiic_init()
{
    HARDIIC_SCL_OUT;                      //开漏输出
    HARDIIC_SDA_OUT;                      //开漏输出
    P_SW2 |= HARDIIC_IICX;                //外设端口切换控制寄存器
    I2CCFG = 0xe0;                        //使能 I²C 主机模式
    I2CMSST = 0x00;                       //I²C 主机状态寄存器清 0
}


//=====================================================
// 描述: IIC 发送 start 信号.
// 参数: none.
// 返回: none.
//=====================================================
```

```
void hardiic_start()
{
    I2CMSCR = 0x01;                    //发送开始命令
    hardiic_wait();
}


//========================================================
// 描述：IIC 发送 stop 信号.
// 参数：none.
// 返回：none.
//========================================================
void hardiic_stop()
{
    I2CMSCR = 0x06;                    //发送结束命令
    hardiic_wait();
}


……
//========================================================
// 描述：I²C 写 n 个字节数据.
// 参数：设备地址（8 位模式，7 位地址需要左移一位），寄存器地址，缓存数据地址，数量
// 返回：none.
//========================================================
void hardiic_write_nbyte(uint8 device_addr, uint8 reg_addr, uint8 *p, uint8 number)
{
    hardiic_start();                        //开始信号
    hardiic_send_byte(device_addr);         //发送器件写地址
    hardiic_wait_ack();
    hardiic_send_byte(reg_addr);            //发送寄存器地址
    hardiic_wait_ack();
    do
    {
        hardiic_send_byte(*p++);            //发送数据
        hardiic_wait_ack();
    }while(--number);
    hardiic_stop();                         //发送停止命令
}

#endif              //hardiic
```

经过层层追踪发现 I²C 的各类寄存器设置都封装在 "hardiic.h" 头文件里面。读者结合前面的总线时序能很容易看懂代码，这里就不全面展开讲解了。想继续深入了解的读者可以结合 STC8H 数据手册进一步学习。从这里我们可看出图形化编程带来的便利，它可避免底层寄存器相关设置内容。

另外，SCL 和 SDA 端口初始化设置成了开漏输出，这一点强调一下，大部分输出如 LED 灯、数码管等都是推挽输出，但是 I²C 因为会连接多个设备，需要实现"线与"功能，这时就要设置成开漏输出模式。

任务 2　读取 RTC 时间数码管显示

读取 RTC 时间数码管显示的图形化编程如图 17-7 所示。RTC 读取时间，并使用数码管显示出来。可以自行设置时间。

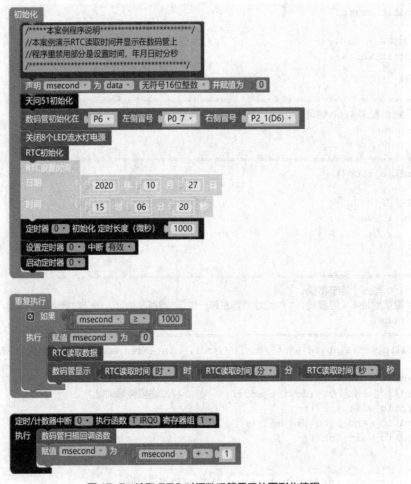

图 17-7　读取 RTC 时间数码管显示的图形化编程

读取 RTC 时间数码管显示的关键代码分析如下。

引入头文件。

```
#include "lib/pcf8563.h"
void pcf8563_init();       //RTC 初始化
void pcf8563_read_rtc(struct pcf8563_Time *tim);     // 设置时间
void pcf8563_write_rtc(struct pcf8563_Time *tim);    // 读取时间
```

设置初始化时间。

```
void setup()
{
……
  _mytime.year = 2020;
  _mytime.month = 12;
  _mytime.day = 20;
  _mytime.hour = 20;
  _mytime.minute = 20;
  _mytime.second = 20;
  pcf8563_write_rtc(&_mytime);    //RTC 设置时间
}
```

主程序相对简单，为了进一步分析，我们打开"pcf8563.h"头文件对 RTC 读取函数进行跟踪。

```
//=========================================================
// 描述: 读取 rtc 数据.
// 参数: none.
// 返回: none.
//=========================================================
void pcf8563_read_rtc(struct pcf8563_Time *tim)
{
    uint8  tmp[7];

    pcf8563_read_nbyte(2, tmp, 7);

    tim->second = ((tmp[0] >> 4) & 0x07) * 10 + (tmp[0] & 0x0f);      //秒钟
    tim->minute = ((tmp[1] >> 4) & 0x07) * 10 + (tmp[1] & 0x0f);      //分钟
    tim->hour   = ((tmp[2] >> 4) & 0x03) * 10 + (tmp[2] & 0x0f);      //小时

    tim->day = ((tmp[3] >> 4) & 0x07) * 10 + (tmp[3] & 0x0f);         //日
    tim->weekday = tmp[4] + 1;                                        //星期
    tim->month = ((tmp[5] >> 4) & 0x07) * 10 + (tmp[5] & 0x0f);       //月
    tim->year = 2000 + ((tmp[6] >> 4) & 0x07) * 10 + (tmp[6] & 0x0f); //年
}
//继续在 pcf8563.h 中跟踪 pcf8563_read_nbyte()函数
//=========================================================
// 描述: 读取多个数据.
// 参数: addr:读取的寄存器地址; p:读回来的数据; number:需要读的数据个数.
// 返回: none.
//=========================================================
void pcf8563_read_nbyte(uint8 addr, uint8 *p, uint8 number)
{
    hardiic_start();                            //开始信号
    hardiic_send_byte(PCF8563_ADDR_W);          //发送器件写地址
    hardiic_wait_ack();
    hardiic_send_byte(addr);                    //发送寄存器地址
    hardiic_wait_ack();

    hardiic_start();                               //重复开始信号
    hardiic_send_byte(PCF8563_ADDR_W | 0x01);   //发送器件读地址
    hardiic_wait_ack();
    do
    {
        *p = hardiic_read_byte();
         p++;
         if(number != 1) hardiic_ack();

    }while(--number);
    hardiic_nack();
    hardiic_stop();
}
```

到这里就基本明白了 RTC 的 I²C 调用模式。另外我们还知道了 RTC 对应的设备地址。结合 I²C 协议内容，RTC 器件属于存储器类，所以地址是 0xAX（0b1010×××× ）。

```
#define     PCF8563_ADDR_W          0xA2
#define     PCF8563_ADDR_R          0xA3
```

以上就是使用 I²C 总线的方法。

任务 3 I²C 读写 RTC 时间

用硬件 I²C 模式读写 RTC，即可直接读写 0xA2 硬件地址。由于部分 RTC 读取函数没有封装，图形化代码太多，此处略去。直接看 C 语言关键代码，注意加粗的函数部分。

```c
#define HARDIIC_IICX 0x80 //将 IIC 设置为 P1_5,P1_4
#define HARDIIC_SCL_OUT {P1M1|=0x20;P1M0|=0x20;} //开漏输出
#define HARDIIC_SDA_OUT {P1M1|=0x10;P1M0|=0x10;} //开漏输出
#define NIXIETUBE_PORT P6
#define NIXIETUBE_PORT_MODE {P6M1=0x00;P6M0=0xff;}//推挽输出
#define NIXIETUBE_LEFT_COLON_PIN P0_7//左侧数码管冒号
#define NIXIETUBE_LEFT_COLON_PIN_MODE {P0M1&=~0x80;P0M0|=0x80;}//推挽输出
#define NIXIETUBE_RIGHT_COLON_PIN P2_1//右侧数码管冒号
#define NIXIETUBE_RIGHT_COLON_PIN_MODE {P2M1&=~0x02;P2M0|=0x02;}//推挽输出

#include <STC8HX.h>
uint32 sys_clk = 24000000;//设置 PWM、定时器、串口、EEPROM 频率参数
#include "lib/twen_board.h"
#include "lib/hardiic.h"
#include "lib/led8.h"
#include "lib/nixietube.h"

uint8 B_1ms = 0;
uint16 msecond = 0;
void RTC_write_time(uint8 hour, uint8 minute, uint8 second);
uint8 RTC_read_hour();
uint8 RTC_read_minute();
uint8 RTC_read_second();

uint8 writebuf[3]={0,0,0};
void Timer0Init(void) //1000µs（24.000MHz）
{
  AUXR &= 0x7f;        //定时器时钟 12T 模式
  TMOD &= 0xf0;        //设置定时器模式
  TL0 = 0x30;          //设定定时初值
  TH0 = 0xf8;          //设定定时初值
}

void T_IRQ0(void) interrupt 1 using 1{
  B_1ms = 1;
}

void RTC_write_time(uint8 hour, uint8 minute, uint8 second){
  writebuf[(int)(0)] = ((second / 10)<<4) + second % 10;
  writebuf[(int)(1)] = ((minute / 10)<<4) + minute % 10;
  writebuf[(int)(2)] = ((hour / 10)<<4) + hour % 10;
  hardiic_write_nbyte(0xA2,0x02,writebuf,3);//I²C 写入 n 个字节数据
}
uint8 buf[1]={0};
uint8 RTC_read_hour(){
```

```
    hardiic_read_nbyte(0xA2,0x04,buf,1);//I²C 读取 n 个字节数据
    return ((buf[(int)(0)]>>4)&0x03) * 10 + (buf[(int)(0)]&0x0f);
}
uint8 RTC_read_minute(){
    hardiic_read_nbyte(0xA2,0x03,buf,1);//I²C 读取 n 个字节数据
    return ((buf[(int)(0)]>>4)&0x07) * 10 + (buf[(int)(0)]&0x0f);
}
uint8 RTC_read_second(){
    hardiic_read_nbyte(0xA2,0x02,buf,1);//I²C 读取 n 个字节数据
    return ((buf[(int)(0)]>>4)&0x07) * 10 + (buf[(int)(0)]&0x0f);
}

void setup()
{
    /*****本案例程序说明************************/
    //本案例演示用硬件 I²C 模式读写 RTC，直接读写 0xA2 硬件地址
    /***************************************/
    twen_board_init();//天问 51 开发板初始化
    hardiic_init();
    led8_disable();//关闭 8 个 LED 流水灯电源
    nix_init();//数码管初始化
    hardiic_write_nbyte(0xA2,0,writebuf,1);//I²C 写入 n 个字节数据
    RTC_write_time(15, 19, 7);
    Timer0Init();
    EA = 1;  // 控制总中断
    ET0 = 1; // 控制定时器中断
    TR0 = 1;// 定时器 0 开始计时
}

void loop()
{
    if(B_1ms == 1){
        B_1ms = 0;
        nix_scan_callback();//数码管扫描回调函数
        msecond = msecond + 1;
        if(msecond >= 1000){
            msecond = 0;
            nix_display_clear();//数码管清屏
            nix_display_time2((RTC_read_hour()),(RTC_read_minute()),(RTC_read_second()
));//数码管显示时间
        }
    }
}
```

其实程序逻辑不复杂，I²C 读取数据也清楚。但是读出的数据转换成时间需要设置函数。建议后面可以将其设置成图形化指令，这样就更清晰了。

任务 4　使用加速度传感器

设置 QMA7981 读取 x、y、z 方向的加速度值，并用数码管显示，其图形化编程如图 17-8 所示。图形化编程其实很简单，底层程序复杂就不展开了。有兴趣的读者可以继续研究。

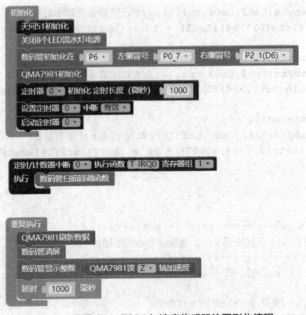

图 17-8　设置 QMA7981 加速度传感器的图形化编程

17.5　项目实现

17.5.1　开发板演示

开发板任务演示步骤和第 3 章的基本类似，略去。具体操作可扫描二维码观看。

开发板演示
（OLED 显示）

开发板演示
（I²C）

开发板演示（加速度传感器）

17.5.2　Proteus 仿真实例

由于硬件 I²C 是 STC8 新的功能。STC15 是没有硬件 I²C 功能的，无法提供硬件 I²C 仿真。但是 I²C 接口又极其重要，天问 Block 也自带软件 I²C 库函数。我们以任务 3 为例，用软件 I²C 读写实时时钟进行仿真实验。

1. 仿真图

RTC 传感器是 PCF8563，其功能和任务 3 的 BM8563 相同，都是基于 I²C 接口，地址都是 0xA2。其仿真电路图如图 17-9 所示。对比图 17-4，省略了 VDD 和 VSS 几个引脚的接线，实际电路必须接上。

Proteus 仿真实例
（用软件 I²C 读写实时时钟）

为了测试 I²C 总线，我们连接了 I²C 调试器（I²C Debugger），I²C 调试器添加方法如图 17-10 所示。在虚拟仪器列表中可以找到 I²C 调试器并添加到原理图窗口中。

2. 编写代码

（1）将硬件 I²C 切换成软件 I²C
将任务 3 的代码切换到字符模式下，然后将里面的"hard"全部替换成"soft"（可以用天问

Block 自带的"Ctrl+F"组合键弹出查找替换窗口进行操作,如图 17-11 所示)。

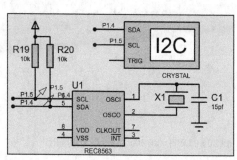

图 17-9 仿真电路图

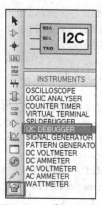

图 17-10 I²C 调试器

```
void setup()
{
    /*****本案例程序说明*****************************/
    //本案例演示用硬件I2C模式读写RTC,直接读写0xA2硬件地址
    /*********************************************/
    twen_board_init();//天问51初始化
    softiic_init();
    led8_disable();//关闭8个LED流水灯电源
    nix_init();//数码管初始化
    hardiic_write_nbyte(0xA2,0,writebuf,1);//I2C写入n个字节数据
    RTC_write_time(15, 19, 7);
    Timer0Init();
    EA = 1; // 控制总中断
    ET0 = 1; // 控制定时器中断
    TR0 = 1;// 定时器0开始计时
}
```

hard	⟨ ⟩ All ✕
soft	Replace All
- 9 of 9	.* Aa \b S

图 17-11 硬件 I²C 替换成软件 I²C

编译后没有错误,而且开发板运行正常。说明硬件 I²C 库文件已经很方便地换成了软件 I²C 库文件。这也说明了天问 Block 的库函数设计得非常好,可复用性强。

新程序的前面部分的代码如下。

```
#define softIIC_IICX 0x80 //将 IIC 设置为 P1_5,P1_4
#define softIIC_SCL_OUT {P1M1|=0x20;P1M0|=0x20;} //开漏输出
#define softIIC_SDA_OUT {P1M1|=0x10;P1M0|=0x10;} //开漏输出
#define NIXIETUBE_PORT P6
#define NIXIETUBE_PORT_MODE {P6M1=0x00;P6M0=0xff;}//推挽输出
#define NIXIETUBE_LEFT_COLON_PIN P0_7//左侧数码管冒号
#define NIXIETUBE_LEFT_COLON_PIN_MODE {P0M1&=~0x80;P0M0|=0x80;}//推挽输出
#define NIXIETUBE_RIGHT_COLON_PIN P2_1//右侧数码管冒号
#define NIXIETUBE_RIGHT_COLON_PIN_MODE {P2M1&=~0x02;P2M0|=0x02;}//推挽输出

#include <STC8HX.h>
uint32 sys_clk = 24000000;//设置 PWM、定时器、串口、EEPROM 频率参数
#include "lib/twen_board.h"
#include "lib/softiic.h"
#include "lib/led8.h"
#include "lib/nixietube.h"
```

有人会质疑前面的#define softIIC_IICX 代码是否有问题,其实不用担心。因为这些都在软件

I²C 库文件 "softiic.h" 中定义了，在主程序中可以删除掉。以下是 "softiic.h" 部分代码。

```
#ifndef __SOFTIIC_H
#define __SOFTIIC_H

#include <STC8HX.h>
#include "delay.h"

#ifndef SOFTIIC_SCL
#define SOFTIIC_SCL              P1_5
#endif

#ifndef SOFTIIC_SCL_OUT
#define SOFTIIC_SCL_OUT          {P1M1|=0x20;P1M0|=0x20;}      //开漏输出
#endif

#ifndef SOFTIIC_SDA
#define SOFTIIC_SDA              P1_4
#endif

#ifndef  SOFTIIC_SDA_IN
#define SOFTIIC_SDA_IN           {P1M1|=0x10;P1M0&=~0x10;}    //INPUT 高阻输入
#endif

#ifndef   SOFTIIC_SDA_OUT
#define SOFTIIC_SDA_OUT          {P1M1|=0x10;P1M0|=0x10;}     //开漏输出
#endif

void softiic_init(); //IIC 初始化
void softiic_start(); //IIC 发送 start 信号
void softiic_stop(); //IIC 发送 stop 信号
uint8 softiic_wait_ack(); //IIC 等待 ack 信号
void softiic_ack(); //IIC 发送 ack 信号
void softiic_nack(); //IIC 发送 NAck 信号
void softiic_send_byte(uint8 IIC_Byte); //IIC 发送一个字节数据
uint8 softiic_read_byte(); //IIC 读取一个字节数据
void softiic_read_nbyte(uint8 device_addr, uint8 reg_addr, uint8 *p, uint8 number);
//IIC 读取 n 个字节数据
void softiic_write_nbyte(uint8 device_addr, uint8 reg_addr, uint8 *p, uint8 number);
//IIC 写 n 个字节数据
```

可以看出，"softiic.h" 的内容和 "hardiic.h" 接口相同，只是在函数执行层面上，软件 I²C 全部都是对端口的操作，硬件 I²C 则是调用寄存器操作。

（2）仿真测试

仿真运行虽然有数码管显示，但是相关 I²C 调试器表明 PCF8563 并没有工作。如图 17-12 所示，I²C 总线只有启动信号和结束信号。图 17-12 中 S 表示启动，P 表示结束。

（3）问题分析

为了进一步分析结果，我们加入了示波器分析 I²C 时序，结果如图 17-13 所示。SCL 的电平一直都是高位，没有被拉低。SDA 有高低电平变化。

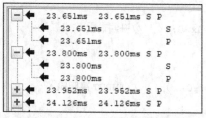

图 17-12 I²C 调试器启动后没有工作

图 17-13 I²C 时序图分析

（4）解决问题

分析 softiic_init()函数。

```
//=============================================================
// 描述：IIC 初始化.
// 参数：none.
// 返回：none.
//=============================================================
void softiic_init()
{
    SOFTIIC_SCL_OUT;//开漏输出
    SOFTIIC_SDA_OUT;//开漏输出
    SOFTIIC_SDA = 1;
    SOFTIIC_SCL = 1;
}
```

显然现在 SDA 和 SCL 都是高电平，符合实际波形。

下面我们再分析 softiic_start()。

```
//=============================================================
// 描述：IIC 发送 start 信号.
// 参数：none.
// 返回：none.
//=============================================================
void softiic_start()
{
    SOFTIIC_SDA_OUT;        //SDA 线输出
    SOFTIIC_SDA=1;
    SOFTIIC_SCL=1;
    delay_us(4);
    SOFTIIC_SDA=0;      //当 CLK 为高电平时，SDA 发送一个下降沿代表一个起始信号
    delay_us(4);
    SOFTIIC_SCL=0;          //嵌住 I²C 总线，准备发送或者接收数据
}
```

显然这里出现了问题，我们有拉低 SCL 的电平的命令，但是 SCL 没有实际拉低。既然这段代码在开发板测试没有问题，那么只能是 Proteus 软件的问题。其 STC15 的开漏输出无法实现拉低实际电平的效果。

（5）软件修改

我们需要将端口全部设置成准双向口模式。直接修改"softiic.h"是不允许的。绝对不要养成修改库函数的习惯！因为库函数都是经过严格测试才入库的。另外，库函数也设置了"只读"属性，防止被意外更改。

我们可以在 notepad++ 中将"softiic.h"另存为"softiic_proteus.h"，然后对新的头文件修改端口。

```
#ifndef   SOFTIIC_SCL_OUT
#define   SOFTIIC_SCL_OUT     // {P1M1|=0x20;P1M0|=0x20;}    //开漏输出
#endif

#ifndef   SOFTIIC_SDA_IN
#define   SOFTIIC_SDA_IN      // {P1M1|=0x10;P1M0&=～0x10;}   //INPUT 高阻输入
#endif

#ifndef   SOFTIIC_SDA_OUT
#define   SOFTIIC_SDA_OUT     //    {P1M1|=0x10;P1M0|=0x10;}   //开漏输出
#endif
```

这里用了一个小技巧，即将所有端口预定义的语句注释掉，相当于端口定义的是一个空语句，这样就不用到函数里一个个地注释。因为系统初始化就是准双向口。

（6）仿真成功

重新仿真成功。I²C 调试器运行图如图 17-14 所示。

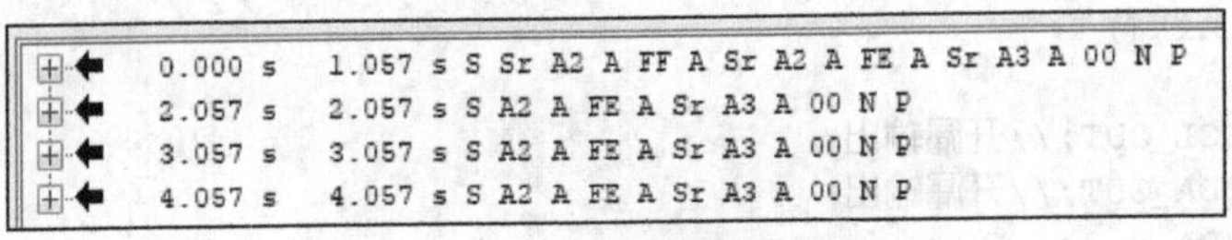

图 17-14　I²C 调试器运行图

I²C 调试器第一行代码含义如下。

0.000s 到 1.057s 有以下 I²C 信号：

S——开始；

Sr——重新开始；

A2——从机地址（也就是 PCF8563 的地址 0xA2）；

A——从机应答；

FE——寄存器地址（这个和程序要求不符，时序有问题）；

A——从机应答；

Sr——重新开始（主机数据没有写到从机）；

A3——读取从机数据（从机写数据给主机，地址码最后一位为 1，也就是 0xA3）；

A——从机应答；

00——发送数据（直接发，不用提供主机寄存器地址）；

N——发送数据停止；

P——结束。

虽然 I²C 总线可以仿真，但是仿真结果还是不对。因为我们的程序是写入寄存器地址"0x00"，而现在 I²C 总线的结果是"EF"，时序分析图如图 17-15 所示。

图 17-15　时序分析图

继续查找问题。主机传递地址没有问题，那就是应答过程出现问题，接下来我们分析等待应答信号函数 softiic_wait_ack()。

```
//=======================================================
// 描述：IIC 等待 ack 信号.
```

```
// 参数: none.
// 返回: 0,接收到应答信号; 1,没有接收到应答信号.
//======================================================================
uint8 softiic_wait_ack()
{
    uint8 ucErrTime=0;
    SOFTIIC_SDA_IN;          //SDA 设置为输入
    SOFTIIC_SDA=1;delay_us(4);
    SOFTIIC_SCL=1;delay_us(4);
    while(SOFTIIC_SDA == 1)
    {
        ucErrTime++;
        if(ucErrTime>250)
        {
            softiic_stop();
            return 1;
        }
    }
    SOFTIIC_SCL=0;//时钟输出 0
    return 0;
}
```

显然是 SOFTIIC_SDA=1 造成的问题。原来代码是设定端口高阻输入,所以给一个高电平后会因为相应应答而回到低电平。现在是准双向口,给了高电平就一直保持高电平,导致后续的数据传递错误。

我们去掉该语句后重新编译运行,其修正后 I²C 调试器运行图和时序分析图分别如图 17-16 和图 17-17 所示,读写的地址和数据和程序一致。

图 17-16　修正后的 I²C 调试器运行图

图 17-17　修正后的 I²C 调试器时序分析图

但是我们仿真的演示结果还是和开发板的运行效果有差别,主要是 PCF8563 需要设置。

如图 17-18 所示,在 "Automaticly Initialize from PC Clock(自动初始化为计算机时钟)" 选项中将默认的选项去除即可。

最后的演示结果如图 17-19 所示,仿真时间由零开始演示截图。同时图中包含了 PCF8563 的显示,看到两者时间是一致的。由于数码管显示是调用定时器,仿真速度慢会出现显示乱闪问题。读者可以修正延时完善效果。

3. 难点剖析

Proteus 软件的 STC15 端口开漏输出有问题,在实际应用中我们还是优先考虑开漏输出,因为其可以挂多个 I²C 设备,实现 "线与" 模式。本章用了这么多篇幅来设计修改仿真程序,并不是因为仿真程序本身的价值,而是希望给读者设计一些程序移植的训练。在实际工作中,我们经常需要将程序移植到各种不同型号的单片机,那么代码需要不断地进行修改和优化。显然 Proteus 软件的 STC15 就可以看成是一个需要适配程序的新单片机,其不支持硬件 I²C,端口设置和实际不符。需要我们反复测试,逐步移植代码,并为新单片机构建新的库函数。在本章中,时序分析图和 I²C

调试器的使用方法非常方便，实际开发中真实测试仪器的使用方法要复杂很多，也不太可能很容易就分析出问题，需要个人的经验积累。

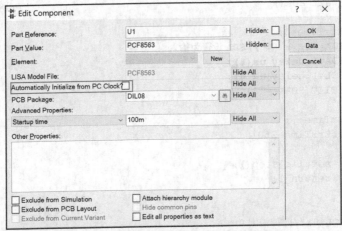

图 17-18　设置 PCF8563 属性不与计算机同步

图 17-19　数码管显示和 PCF8563 时钟一致

17.6　知识拓展——【科普】国产 OLED 驱动芯片取得突破

与 LCD 屏幕不同，OLED 屏幕主要通过控制电源的变化来影响显示屏成像质量。而控制电源的关键部件就是附着在 OLED 屏幕上的 OLED 驱动芯片。

随着人们对全球 OLED 屏幕市场的关注升温，国内厂商也逐渐在 OLED 驱动芯片上开始有所尝试。最近，华为海思自研 OLED 驱动芯片取得突破，已经实现试产。华为的入局，也许会加速国内厂商对 OLED 驱动芯片的研发进程。

【思考与启示】

1. OLED 驱动芯片为何如此重要？
2. 如何加速 OLED 研发进程？

17.7　强化练习

1. 在任务 2 的基础上，改用 OLED 模块显示 RTC。
2. 参考任务 1，用 OLED 模块显示图片。
3. 用 PCF8563 库函数实现任务 2 的仿真。

第18章
使用SPI总线

18

SPI 总线是除 I²C 外的另一种主流接口总线，两者各有优势。本章通过两个典型的 I²C 器件 Flash 模块和 SD 卡来演示 SPI 的应用。

18.1 情境导入

小白："I²C 可以支持多个设备和单片机通信，但是只有一根数据线。如果多一根数据线，是不是就可以进行更快速率的传输了？"

小牛："是的，一根数据线没有办法进行双向同时通信。SPI 是单片机和外围器件通信的另外一种常用的接口，可以进行全双工通信，传输速率也比 I²C 快。"

小白："嗯，那请给我讲讲 SPI 的应用吧。"

18.2 学习目标

【知识目标】
1. 学习 SPI 的理论知识。
2. 了解 SPI 常用寄存器。
3. 掌握 SPI 和 I²C 的区别。

【能力目标】
1. 会使用 SPI 接口 Flash 模块。
2. 会使用 SPI 接口 SD 卡。

18.3 相关知识

18.3.1 SPI 概述

SPI 是由摩托罗拉（Motorola）公司开发的全双工同步串行总线，是微处理控制单元（MCU）和外部设备之间进行通信的同步串行端口。SPI 主要应用在 EEPROM、Flash、实时时钟、数模转换器、网络控制器、数字信号处理器（Digital Signal Processor，DSP）以及数字信号解码器之间。

如图 18-1 所示，SPI 总线可直接与各个厂商生产的多种标准外部器件直接相连，一般使用 4

条线。

　　SCLK：串行时钟线 Serial Clock。

　　MOSI/MISO：主机输出/从机输入数据线（Master Output/Slave Input）。

　　MISO；SOMI：主机输入/从机输出数据线（Master Input/Slave Output）。

　　SS：从机选择线（Slave Select）（低电平有效）。

　　SPI 是单主设备通信协议，这意味着总线中只有一个中心设备能发起通信。当 SPI 主设备想读/写从设备时，它首先拉低从设备对应的 SS 线（SS 线是低电平有效），接着开始发送工作脉冲到时钟线上，在相应的脉冲时间，主设备把信号发送到 MOSI 实现"写"，同时可对 MISO 采样而实现"读"。

　　SPI 不规定最大传输速率，没有地址方案，也没规定通信应答机制和流控制规则。

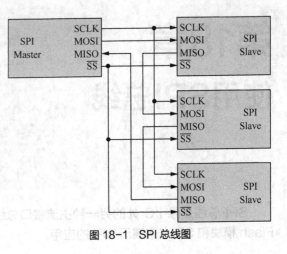

图 18-1　SPI 总线图

18.3.2　硬件 SPI

　　STC8 系列单片机内部集成了一种高速串行通信接口——SPI 接口。SPI 是一种全双工的高速同步通信总线。STC8 系列集成的 SPI 接口提供了两种操作模式：主模式和从模式。

　　SPI 的编程涉及 3 个寄存器，如表 18-1 所示，和 I²C 的 9 个寄存器相比要简单。可通过图形化模块编程，其封装了相关寄存器设置。建议从实验入手，慢慢深入理解底层代码。

表 18-1　SPI 相关的寄存器

符号	描述	地址	位地址与符号							
			B7	B6	B5	B4	B3	B2	B1	B0
SPSTAT	SPI 状态寄存器	CDH	SPIF	WCOL	—	—	—	—	—	—
SPCTL	SPI 控制寄存器	CEH	SSIG	SPEN	DORD	MSTR	CPOL	CPHA	SPR[1:0]	
SPDAT	SPI 数据寄存器	CFH								

　　以上寄存器这里就不展开讲述了，简单来说就是确定 SPI 数据传输模式。即通过配置 SPI 控制寄存器 SPCTL 中的 CPOL（时钟极性）和 CPHA（时钟相位）的值确定 SPI 接口的数据收发模式。

　　CPOL = 0 时，时钟在逻辑 0 处空闲。

　　模式 0: CPOL = 0，CPHA = 0，会在 SCK 的上升沿采样，下降沿变化。

　　模式 1: CPOL = 0，CPHA = 1，会在 SCK 的下降沿采样，上升沿变化。

　　CPOL = 1 时，时钟在逻辑高电平处空闲。

　　模式 2: CPOL = 1，CPHA = 0，会在 SCK 的下降沿采样，上升沿变化。

　　模式 3: CPOL = 1，CPHA = 1，会在 SCK 的上升沿采样，下降沿变化。

　　SPI 的端口可以通过外设端口切换控制寄存器 1（P_SW1）切换，如表 18-2 所示。

表 18-2　外设端口切换控制寄存器 1（P_SW1）

符号	地址	B7	B6	B5	B4	B3	B2	B1	B0
P_SW1	A2H	S1_S[1:0]		—	—	SPI_S[1:0]		0	—

S1_S[1:0]：串口 1 功能脚选择位。

SPI_S[1:0]：SPI 功能脚选择位，端口变化设置如表 18-3 所示。

表 18-3　SPI 端口变化设置

SPI_S[1:0]	SS	MOSI	MISO	SCLK
00	P1.2/P5.4	P1.3	P1.4	P1.5
01	P2.2	P2.3	P2.4	P2.5
10	P5.4	P4.0	P4.1	P4.3
11	P3.5	P3.4	P3.3	P3.2

18.3.3　图形化指令

SPI 图形化指令如表 18-4 所示。

表 18-4　SPI 图形化指令

常用指令功能	图形化指令实例
硬件 SPI 初始化	硬件SPI初始化通信速率(0~3)　0
硬件 SPI 写数据	硬件SPI写1个字节数据　1
硬件 SPI 读数据	硬件SPI读取1个字节数据
硬件 SPI 写数据同时返回读取数据	硬件SPI写入1个字节　0xff　并且返回1个读取的字节

18.3.4　I²C 和 SPI 的区别

同作为主流的接口方式之一，I²C 和 SPI 有着明显的区别。其主要区别如表 18-5 所示。

表 18-5　I²C 和 SPI 主要区别

指标	I²C	SPI
主机数量	可以多个主机和从机连接	只能有一个主机连接到 SPI 总线
通信方式	半双工通信	全双工通信
通信线路	使用两根线进行通信	需要四根线进行通信
通信速率	慢	快
功耗	需要上拉电阻器，功耗高	不需要上拉电阻器，功耗低
成本	低	高
可靠性	高。有确认机制、验证机制	低。不支持确认位，不会验证数据
通信选择	发送从机的地址才能进行通信	使用从机选择引脚来选择从机并进行通信
多机通信	支持同一总线上的多个设备，无需任何额外的选择线	需要额外的信号线（从选择线）来管理同一总线上的多个设备
通信距离	适合长距离通信	适合短距离通信

18.3.5 Flash 模块

W25Q32JV 有 16 384 个可编程页,每页有 256 个字节。一次最多 256 字节被编程。也可以按 16 组(4KB 扇区擦除)、128 组擦除(32KB 块擦除)、256 组(64KB 块擦除)或整个芯片(芯片擦除)。W25Q32JV 已经分别有 1 024 个可擦扇区和 64 个可擦块。小的 4KB 扇区允许更大的需要数据和参数存储的应用程序的灵活性。

W25Q32JV 支持标准串行外设接口和高性能双/四输出,以及双/四 I/O SPI:串行时钟、芯片选择、串行数据 I/O0(DI)、I/O1(DO)、I/O2 和 I/O3。SPI 时钟频率高达 133MHz,支持 266MHz 等效时钟频率(133MHz x 2)用于双 I/O 和 532MHz 等效时钟频率(133MHz x 4)用于四 I/O 时,使用快速读双/四 I/O 指令。它们的传输速率可以超过标准的异步 8 位和 16 位并行 Flash 记忆。此外,该设备支持 JEDEC 标准制造商、设备 ID、SFDP 寄存器,一个 64 位唯一序列号和 3 个 256 字节安全寄存器。图形化指令如表 18-6 所示。

表 18-6　Flash 图形化指令

常用指令功能	图形化指令实例
芯片型号,配合读取芯片 ID 模块一起使用	W25Q16 W25Q80 ✓ W25Q16 W25Q32 W25Q64 W25Q128
Flash 初始化引脚	Flash初始化引脚 P2_2
Flash 读取芯片 ID	Flash读取芯片ID
把 buf 的数据写入 Flash 中	Flash在地址 0 开始写入长度 1 的数据从 buf
读取 Flash 数据到 buf	Flash在地址 0 开始读取长度 1 的数据到 buf
Flash 擦除指定扇区	Flash擦除指定扇区 1
Flash 全片擦除	Flash全片擦除,需等待很长时间
Flash 进入掉电模式	Flash进入掉电模式
Flash 唤醒	Flash唤醒

18.3.6 SD 存储卡

安全数字存储卡(Secure Digital Memory Card,SDMC,SD 存储卡)是一种基于半导体快闪存储器的新一代高速存储设备。SD 存储卡的技术是从 MMC 卡(MultiMedia Card)格式发展而来,在兼容 SD 存储卡基础上发展了 SDIO(SD Input/ Output)卡,此兼容性包括机械,电子,电力,信号和软件几个方面,通常将 SD 卡、SDIO 卡称为 SD 存储卡。

SD 存储卡具有高记忆容量、快速数据传输速率、极大的移动灵活性以及很好的安全性,它被广泛应用于便携式装置上,例如数码相机、平板电脑和多媒体播放器等。目前一般用 Micro SD 卡替代 SD 存储卡。其图形化指令如表 18-7 所示。

表 18-7　SD 存储卡图形化指令

常用指令功能	图形化指令实例
SD 存储卡初始化	SD卡初始化
从 buff 写入字节长度，到第几个扇区	SD卡写数据扇区 〔1〕 字节长度 〔1〕 从 buff
从 SD 卡中的第几个扇区，偏移量是多少，读取多少个字节到 buff 中	SD卡读数据扇区 〔1〕 偏移 〔1〕 字节长度 〔1〕 到 buff

<hr/>

18.4　项目设计

　　天问 51 开发板上的 Flash 芯片引脚连到 P22-P25，Flash 芯片型号为 W25Q32，ID 为 EF15H，对应的十进制数值为 61205。Flash 模块电路图如图 18-2 所示。

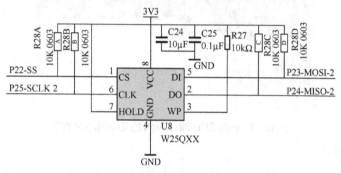

图 18-2　Flash 模块电路图

　　SD 存储卡也采用 SPI 协议，片选信号 CS 和 P26 相连。其他引脚和 Flash 芯片共用。通过 SPI 总线进行片选，就可以同时操作 Flash 芯片和 SD 存储卡了。

任务 1　硬件 SPI 读取 Flash 的 ID

　　硬件 SPI 读取 Flash 的 ID 的图形化编程如图 18-3 所示。
　　硬件 SPI 读取 Flash 的 ID 的 C 语言关键代码如下。

```
void setup()

  twen_board_init();//天问 51 开发板初始化
  led8_disable();//关闭 8 个 LED 流水灯电源
  nix_init();//数码管初始化
  P2M1&=~0x04;P2M0|=0x04;//推挽输出
  P2_2 = 1;
  hardspi_init(0);//硬件 SPI 初始化
  P2_2 = 0;
  hardspi_write_byte(0x90);//硬件 SPI 写 1 个字节数据
  hardspi_write_byte(0);//硬件 SPI 写 1 个字节数据
  hardspi_write_byte(0);//硬件 SPI 写 1 个字节数据
  hardspi_write_byte(0);//硬件 SPI 写 1 个字节数据
  flash_id = ((hardspi_read_byte())<<8);
  flash_id = (flash_id|(hardspi_read_byte()));
  nix_display_num(flash_id);//数码管显示整数
  ……
```

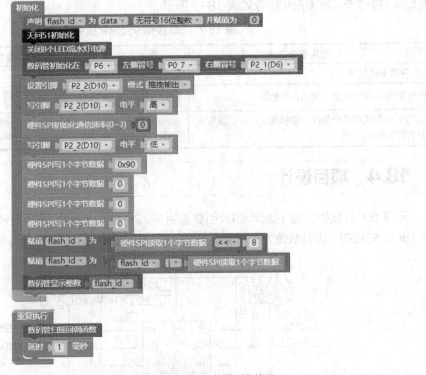

图 18-3　硬件 SPI 读取 Flash 的 ID 的图形化编程

调用函数的代码。

```
//引入头文件
#include "lib/hardspi.h"

//定义硬件 SPI 引脚
#define HARDSPI_SPI_SCK_PIN P2_5
#define HARDSPI_SCK_PIN_MODE {P2M1&=~0x20;P2M0&=~0x20;} //双向 I/O 口
#define HARDSPI_SPI_MISO_PIN P2_4
#define HARDSPI_MISO_PIN_MODE {P2M1&=~0x10;P2M0&=~0x10;} //双向 I/O 口
#define HARDSPI_SPI_MOSI_PIN P2_3
#define HARDSPI_MOSI_PIN_MODE {P2M1&=~0x08;P2M0&=~0x08;} //双向 I/O 口

void hardspi_init(uint8 speed);          //spi 初始化
void hardspi_write_byte(uint8 out);      //spi 写一个字节
uint8 hardspi_read_byte();               //spi 读取一个字节
uint8 hardspi_wr_data(uint8 data);       //spi 写入一个字节并且返回一个读取的字节
```

进入"hardspi.h"头文件查看相关函数。

```
//===================================================================
// 描述: SPI 写一个字节.
// 参数: none.
// 返回: none.
//===================================================================
void hardspi_write_byte(uint8 out)

    SPDAT = out;
    while((SPSTAT & HARDSPI_SPIF) == 0) ;
    SPSTAT = HARDSPI_SPIF + HARDSPI_WCOL;    //清 0 SPIF 和 WCOL 标志
```

```
//==========================================================
// 描述: SPI 读一个字节.
// 参数: none.
// 返回: none.
//==========================================================
uint8 hardspi_read_byte()
{
    SPDAT = 0xff;
    while((SPSTAT & HARDSPI_SPIF) == 0) ;
    SPSTAT = HARDSPI_SPIF + HARDSPI_WCOL;    //清 0 SPIF 和 WCOL 标志
    return (SPDAT);
}
```

从寄存器使用层面来看，以上实例中采用的都是查询方式。如果用中断方式，效率会更高一些。而且 STC8 本身也支持 SPI 中断。

头文件"hardspi.h"里面的库函数都封装了 SPI 相关寄存器设置，可以结合 SPI 寄存器定义去理解相关代码。

任务 2　Flash 读写实验

将 buf 的数据写入 Flash 当中，然后将写入的数据读取到 readbuf 中，并且用数码管显示。读写 Flash 的图形化编程如图 18-4 所示。

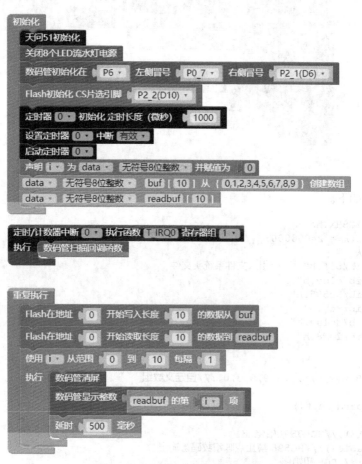

图 18-4　读写 Flash 的图形化编程

本例代码和任务 1 类似，就不进行 C 语言分析了。

任务 3　读写 SD 卡

读写 SD 卡的图形化编程如图 18-5 所示，将 buff 中的 9 个字节数据写入 SD 卡的第一个扇区当中，然后在 SD 卡的第一个扇区中读取 9 个字节长度的数据到 mylist 的数组中。用 OLED 显示屏来显示读取到的 9 个数据。

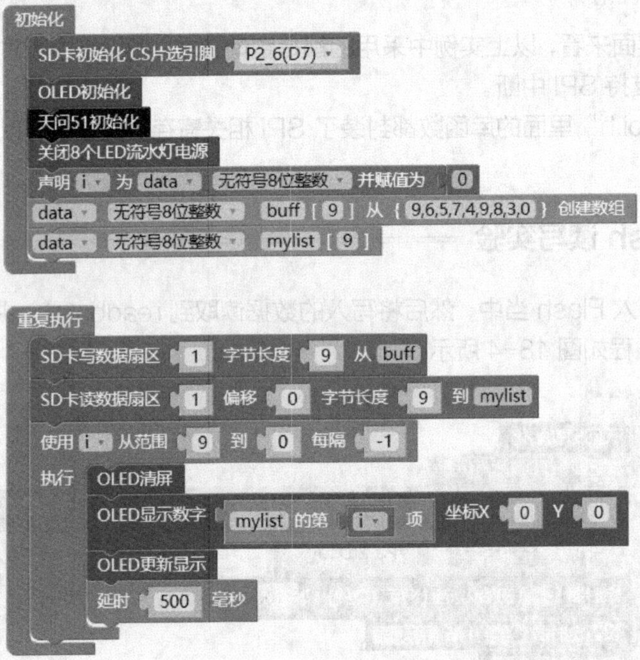

图 18-5　读写 SD 卡的图形化编程

相关 C 代码如下。

```c
#include <STC8HX.h>
uint32 sys_clk = 24000000;
//系统时钟确认
#include "lib/pff.h"    //引入文件系统头文件
#include "lib/oled.h"
#include "lib/hc595.h"
#include "lib/rgb.h"
#include "lib/delay.h"
#include "lib/led8.h"

uint8 i = 0;
uint8 buff[9]={9,6,5,7,4,9,8,3,0};//自定义数组

void twen_board_init()
{
  hc595_init();//HC595 初始化
  hc595_disable();//HC595 禁止点阵和数码管输出
  rgb_init();//RGB 初始化
  delay(10);
```

```
    rgb_show(0,0,0,0);//关闭 RGB
    delay(10);
}

uint8 mylist[9]; //自定义数组

void setup()
{
    disk_initialize();
    oled_init();//OLED 初始化
    twen_board_init();//天问 51 开发板初始化
    led8_disable();//关闭 8 个 LED 流水灯电源
}

void loop()
{
    disk_writep(0,1);//0 代表启动完成扇区写入，1 代表写入扇区 1
    disk_writep(buff,9);//buff 为写入的数据地址，9 代表写入的字节数 9
    disk_writep(0,0);//0，0 代表写入完成
    disk_readp(mylist,1,0,9); //读取第一个扇区的 9 个字节数据，缓存到 mylist 的数组当中
    for (i = 0; i < 9; i = i + (1)) {
        oled_clear();//OLED 清屏
        oled_show_num(0,0,mylist[(int)(i)]); //OLED 显示 mylist 数组内容
        oled_display();//OLED 更新显示
        delay(500);
    }
}

void main(void)
{
    setup();
    while(1){
        loop();
    }
}
```

从上面代码看不到 SPI 的调用。但是在 loop 主循环中我们看到两个关键函数 disk_writep()和 disk_readp()。先分析 disk_writep()。

```
DRESULT disk_writep (
    const uint8 *buff,    /*指向写地址指针，0 代表初始化写入或者写操作完成 */
    uint32 sc      /* 写入的字节数，0 代表写入完成 */
)
{
    DRESULT res;
    uint16  bc;
    static uint16 xdata wc;   /* Sector write counter */
    res = RES_ERROR;
    if (buff) {        /* Send data bytes */
        bc = sc;
        while (bc && wc) {/* Send data bytes to the card */
            hardspi_wr_data(*buff++);
            wc--; bc--;
        }
        res = RES_OK;
```

```
    } else {
        if (sc) {  /* Initiate sector write process */
    if (!(CardType & CT_BLOCK)) sc *= 512;/* Convert to byte address if needed */
            if (send_cmd(CMD24, sc) == 0) {/* WRITE_SINGLE_BLOCK */
                hardspi_wr_data(0xFF); hardspi_wr_data(0xFE);/* Data block header */
                wc = 512;/* Set byte counter */
                res = RES_OK;
            }
        } else {/* Finalize sector write process */
            bc = wc + 2;
            while (bc--) hardspi_wr_data(0);/* Fill left bytes and CRC with zeros */
            if ((hardspi_wr_data(0xff) & 0x1F) == 0x05) {/* Receive data resp and
wait for end of write process in timeout of 500ms */
                for (bc = 5000; hardspi_wr_data(0xff) != 0xFF && bc; bc--)/*
Wait for ready */
                    delay100us();
                if (bc) res = RES_OK;
            }
            DESELECT();
            hardspi_wr_data(0xff);
        }
    }
    return res;
}
```

可以看到 hardspi 已经在本函数里调用。这里需要注意：disk_writep()函数位于库函数 sdcard.h 中，但是此库函数并没有出现在主程序头文件定义里。那么唯一的可能性就是它在 pff.h 中。

```
#include "lib/pff.h"    //引入文件系统头文件
```

打开 pff.h，果然发现了 sdcard.h 定义。

```
#include "sdcard.h"
```

这里就弄清楚了天问 Block 库函数的逻辑。对于 SD 卡来说，用 pff.h 定义直接读写 SD 卡的 sdcard.h 库函数，也包含了 SD 文件系统的库函数。

18.5　项目实现

开发板任务演示步骤和第 3 章的基本类似，此处略去。具体操作请扫描二维码观看。

Proteus 软件目前的这款 STC15W4K32S4 芯片有 SPI 硬件仿真功能，但是其端口定义和 STC8 的是不一样的，没有办法直接调用 STC8 的库函数编写。如果用端口模拟的软件 SPI 方式，代码移植方式和第 17 章的 I²C 过程类似，可以借助 SPI 调试器和虚拟示波器进行相关代码移植，这里就不重复叙述了。

开发板演示
（SPI）

18.6　知识拓展——【科普】Flash 的存储结构

Flash 按照内部存储结构不同，可分为两种类型：Nor 和 Nand。这两种 Flash 具有相同的存储单元，但 Nor 和 Nand 不是英文缩写。Nor 代表"或非"（Not+or），Nand 代表"与非"（Not +and）。

也就是说，Nor 类型的 Flash 各存储单元之间是并联的，而 Nand 类型的 Flash 各存储单元之间是串联的。

了解了这个结构，两者的区别就很容易理解了。Nor 类型的 Flash 的每个存储单元以并联的方式连接到位线，方便对每一位进行随机存取；具有专用的地址线，可以实现一次性的直接寻址。但每个存储单元与位线相连，增加了芯片内位线的数量，不利于存储密度的提高。

Nand 类型的 Flash 通过存储单元串联到位线，缩小了单元尺寸，减少了位线数量，存储容量大大增加。虽然不能对每一位进行随机存取。但是可以整字节、整块存取。在面积和工艺相同的情况下，Nand 类型的 Flash 的容量比 Nor 大得多，生产成本更低，也更容易生产大容量的芯片。SD 卡就是典型的 Nand 类型的 Flash。

【思考与启示】

1. 任务 1 用的 Flash 芯片类型是 Nor 还是 Nand？
2. 说说生活中 Nor 类型和 Nand 类型的 Flash 的使用情况。

18.7　强化练习

1. 在 W25Q32JV 写入"我爱你中国"。
2. 读取在 W25Q32JV 里写入的内容并用 OLED 显示屏显示。

第19章
使用单总线

19

单总线也是目前广泛使用的一种通信手段。本章通过介绍常用单总线模块的程序编写方法，让读者熟悉其工作流程。

19.1 情境导入

小白："单片机是不是可以用一根线来通信？"

小牛："当然可以，这种通信方式我们称为单总线，数据传输和控制都通过同一根线完成，可以节省 I/O 资源。但是传输速率不如 I^2C 和 SPI。"

小白："嗯，那请给我讲讲单总线的使用方法吧。"

19.2 学习目标

【知识目标】

1. 学习单总线的理论知识。
2. 学习单总线常用模块。
3. 理解单总线技术。

【能力目标】

1. 能进行 WS2812 彩灯模块编程。
2. 能进行 DHT11 温湿度传感器模块编程。
3. 能进行 DS18B20 测温模块编程。

19.3 相关知识

19.3.1 单总线技术

单总线就是将地址线、数据线、控制线合为一根的信号线，具有节省 I/O 资源、结构简单、成本低廉、便于总线扩展维护等优点。单总线说的是数据线，有的传感器甚至将 VCC 电源线也集成到单总线里，这称为"寄生模式"。这使得接线更加简单。

显然，节约 I/O 资源是要付出代价的。传输速率受到影响，不适合密集数据和大数据传输。另外软件编程要复杂一些，毕竟数据和控制都是复用同一线路。

另外，不同于 I²C 和 SPI 总线的标准协议，单总线主要是指物理层面。不同的传感器的协议是不一样的，需要根据其数据手册的时序说明来编写代码。本章介绍常用的几个单总线模块，包括 WS2812 彩灯模块、DHT11 温湿度传感器和 DS18B20 数字温度计。

19.3.2 RGB 彩灯模块

WS2812 只需一根信号线就能控制灯带上所有 LED。多条灯带间可以通过串联轻松延长。在 30Hz 的刷新频率下，一根信号线能够控制最多 500 个 LED。

如图 19-1 所示，数据协议采用单线归零码的通信方式。像素点在上电复位以后，DIN 端接收从控制器传输过来的数据，首先传送过来的 24 位数据被第一个像素点提取后，再传送到像素点对应的数据锁存器，剩余的数据经过内部整形处理电路整形放大后，通过 DO 端口开始转发，传送给下一个级联的像素点，每经过一个像素点，信号减少 24 位。像素点采用自动整形转发技术，使得该像素点的级联个数不受信号传输的限制，仅受限于信号传输速度要求。其图形化指令如表 19-1 所示。

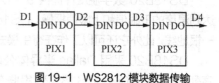

图 19-1 WS2812 模块数据传输

表 19-1 RGB 彩灯模块图形化指令

常用指令功能	图形化指令实例
初始化 RGB 的控制引脚和总共 RGB 灯的数量	初始化RGB引脚 P4_5 ▾ 共 1 个
设置第几个灯显示指定 RGB 颜色值	第 1 个RGB写入 (0~255) R 0 G 0 B 0
在第几个灯显示下拉列表内设置常用颜色和亮度	第 1 个RGB写入 亮度 (0-255) 50

19.3.3 DHT11 温湿度传感器

DHT11 温湿度传感器是一款含有已校准数字信号输出的温湿度复合传感器，它应用专门的数字模块采集技术和温湿度传感技术，确保产品具有极高的可靠性和卓越的长期稳定性。该传感器包括一个电阻式感湿元件和一个 NTC 测温元件，并与一个高性能 8 位单片机相连。因此该产品具有品质卓越、响应超快、抗干扰能力强、性价比极高等优点。每个 DHT11 温湿度传感器都在极为精确的湿度校验室中进行校准。校准系数以程序的形式存储在 OTP 内存中，传感器内部在检测信号的处理过程中要调用这些校准系数。单线制串行接口使系统集成变得简易、快捷。超小的体积、极低的功耗，使其成为该类器件中可在苛刻场合应用的最佳选择。该产品为 4 针单排引脚封装，连接方便。

DHT11 检测到主机的开始、延时信号后，要进行响应。首先是响应信号（一定时间的低电平），然后是延时准备输出信号（一定时间的高电平），再是每隔固定时间的低电平（间隔信号），具体的数据是不同间隔时间的（高电平）代表 0 和 1。信号传输完成后，DHT11 拉低电平。其图形化指令如表 19-2 所示。

表 19-2　DHT11 图形化指令

常用指令功能	图形化指令实例
初始化 DHT11 的控制引脚	DHT11初始化在　P4_6 ▾
设置读取温度	读DHT11 温度 ▾
设置读取湿度	读DHT11 湿度 ▾

19.3.4　DS18B20 温度传感器

DS18B20 数字温度计提供 9～12 位分辨率的温度测量，可以通过可编程非易失性存储单元实现达到温度的下限值和上限值报警。DS18B20 采用单总线协议与上位机进行通信，只需要一根信号线和一根地线。此外它还可以工作在寄生模式下，直接通过信号线对芯片供电，从而不需要额外的供电电源。

DS18B20 采用 Dallas 半导体公司的单总线协议。每个 DS18B20 都有一个全球唯一的 64 位序列号，可以将多个 DS18B20 串联在同一根单总线上进行组网，只需要一个处理器就可以控制分布在大面积区域中的多个 DS18B20。这种组网方式特别适合用于环境控制，建筑、设备、粮情测温和工业测温，以及过程监测控制等应用领域。其图形化指令如表 19-3 所示。

表 19-3　DS18B20 图形化指令

常用指令功能	图形化指令实例
初始化 DS18B20 的控制引脚	DS18B20初始化在　P4_7 ▾
设置读取温度	读DS18B20温度 ▾

19.4　项目设计

WS2812 彩灯模块电路如图 19-2 所示，6 颗彩灯串联接在 P45 引脚上。

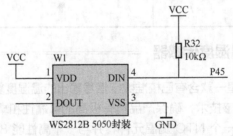

图 19-2　WS2812 彩灯模块电路

如图 19-3 所示，DHT11 模块接的是 P4_6 引脚，其中引脚 1 接电源，引脚 4 接地。

如图 19-4 所示，DS18B20 模块接的是芯片的 P4_7 引脚，其中引脚 1 接地，引脚 3 接电源。

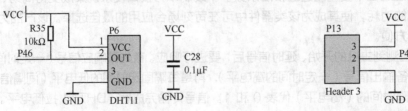

图 19-3　DHT11 模块电路　　　　图 19-4　DS18B20 模块电路

任务 1　操作 WS2812 彩灯模块

WS2812 彩灯模块图形化代码非常简单，也便于演示，如图 19-5 所示。

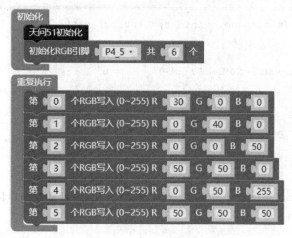

图 19-5　WS2812 彩灯模块的图形化编程

WS2812 彩灯模块的 C 语言关键代码分析如下。主程序其实就两个相关函数。

```c
void rgb_init();
void rgb_show(uint8 num, uint8 r, uint8 g, uint8 b);
```

进入"rgb.h"头文件分析函数内容。

```c
#define RGB_PIN_MODE   {P4M1&=~0x20;P4M0|=0x20;}//推挽输出
void rgb_init()
{
    RGB_PIN_MODE;//推挽输出
}

void rgb_show(uint8 num, uint8 r, uint8 g, uint8 b)
{
    rgb_rst();
    rgb_hal_delay(30);
    rgb_set_color(num,r,g,b);
}
```

使用 rgb_rst() 和 rgb_set_color(num,r,g,b) 这两个函数继续追踪。

```c
//================================================================
// 描述：复位.
// 参数：none.
// 返回：none.
//================================================================
void rgb_rst()
{
    RGB_PIN = 0;
    delay50us();
```

```
}
//========================================================================
// 描述：设置指定点的显示颜色.
// 参数：第几个 RGB 灯, R 值, G 值, B 值.
// 返回: none.
//========================================================================
void rgb_set_color(uint8 num, uint8 r, uint8 g, uint8 b)
{
    uint8 i;
    for (i = 0; i < RGB_NUMLEDS; i++)
    {
        _rgb_buf_R[num] = r;//缓冲
        _rgb_buf_G[num] = g;
        _rgb_buf_B[num] = b;
    }
    for (i = 0; i < RGB_NUMLEDS; i++)
    {
        rgb_write(_rgb_buf_G[i], _rgb_buf_R[i], _rgb_buf_B[i]);//发送显示
    }
}
```

显然，核心代码在发送显示的 rgb_Write()函数里，继续分析。

```
//========================================================================
// 描述：发送 24 位数据.
// 参数：绿色 8 位, 红色 8 位, 蓝色 8 位.
// 返回: none.
//========================================================================
void rgb_write(uint8 G8, uint8 R8, uint8 B8)
{
    unsigned int n = 0;
    //发送 G8 位
    EA = 0;
    for (n = 0; n < 8; n++)
    {

        if ((G8 & 0x80) == 0x80)
        {
            rgb_set_up();
        }
        else
        {
            rgb_set_down();
        }
        G8 <<= 1;
    }
    //发送 R8 位
    for (n = 0; n < 8; n++)
    {

        if ((R8 & 0x80) == 0x80)
        {
```

```
                rgb_set_up();
        }
        else
        {
                rgb_set_down();
        }
        R8 <<= 1;

    }
    //发送 B8 位
    for (n = 0; n < 8; n++)
    {

        if ((B8 & 0x80) == 0x80)
        {
                rgb_set_up();
        }
        else
        {
                rgb_set_down();
        }
        B8 <<= 1;
    }
    EA = 1;
}
```

再追踪一次，即可看到 RGB 彩灯的单总线编码。

```
//======================================================================
// 描述: 1 码, 高电平 850ns 低电平 400ns 误差正负 150ns.
// 参数: none.
// 返回: none.
//======================================================================
void rgb_set_up()
{
    RGB_PIN = 1;
    //经过逻辑分析仪调试的延时
    _nop_(); _nop_(); _nop_(); _nop_(); _nop_(); _nop_(); _nop_(); _nop_(); _nop_(); _nop_();
    _nop_(); _nop_(); _nop_(); _nop_(); _nop_(); _nop_(); _nop_();
    RGB_PIN = 0;
}


//======================================================================
// 描述: 0 码, 高电平 400ns 低电平 850ns 误差正负 150ns.
// 参数: none.
// 返回: none.
//======================================================================
void rgb_set_down()
{
    RGB_PIN = 1;
    //经过逻辑分析仪调试的延时
    _nop_(); _nop_(); _nop_(); _nop_(); _nop_(); _nop_(); _nop_();
```

```
        RGB_PIN = 0;
}
```

至此我们就把这种单总线的协议分析清楚了。这个相对来说比较简单，就是单向传输，而且没有地址码，比起后面的 DS18B20 单总线协议要简单很多。

虽然逻辑简单，但是单总线对延时要求非常严格，如果代码要移植到其他单片机，需要用逻辑分析仪调试延时。

后面的 DHT11 和 DS18B20 模块单总线协议更加复杂，限于篇幅这里不进行层层分析。读者可以自行研究。其实用经典 51 单片机一样可以驱动这些模块，唯一需要注意的就是延时，这是单总线译码的关键。

任务 2　OLED 显示屏轮流显示温度和湿度

OLED 显示屏轮流显示温度和湿度的图形化编程如图 19-6 所示。DHT11 每次读需要间隔 2s，不然数据会出错。

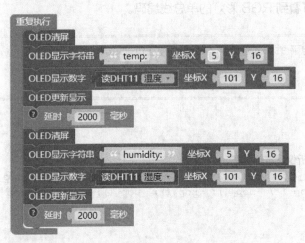

图 19-6　OLED 显示屏轮流显示温度和湿度的图形化编程

其 C 语言代码在本章程序实现部分详细分析。

任务 3　DS18B20 实验

DS18B20 实验的图形化编程如图 19-7 所示，设置 DS18B20 读取温度，并用数码管显示。本任务没有提供 C 语言代码，因为相关协议和寄存器设置全部都封装在底层了。读者可以进一步研究。

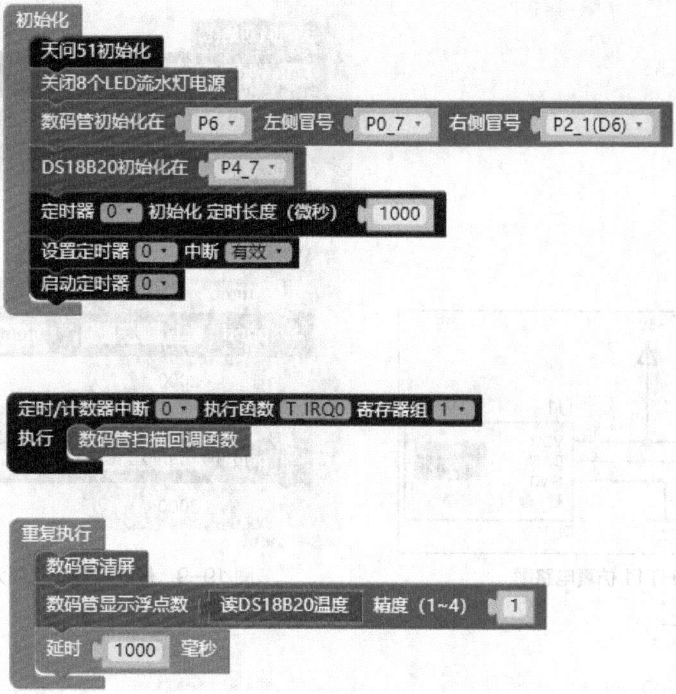

图 19-7　DS18B20 模块实验的图形化编程

19.5　项目实现

19.5.1　开发板演示

开发板任务演示步骤和第 3 章的基本类似，略去。

19.5.2　Proteus 仿真

开发板演示（单
总线：DHT11）

Proteus 软件包含 DHT11，我们以此为例演示其仿真流程。

1. 绘制 DHT11 仿真图

DHT11 仿真电路图如图 19-8 所示，仿真的 DHT11 的默认值分别是 80（代表湿度 80%）和温度 27（代表温度 27℃），采用单总线方式，由 DATA 端口连接 STC15 单片机的 P4.6 引脚，和图 19-3 的 DHT11 实际电路图一致。

Proteus 仿真实例
（单总线：DHT11）

2. 修改任务 2 代码

由于任务 2 对应的 OLED 显示屏暂时没有对应规格器件，我们改用串口输出方式实现。修改代码如图 19-9 所示。

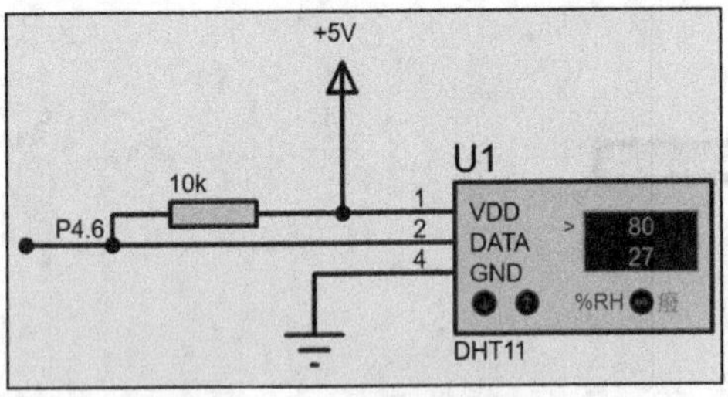

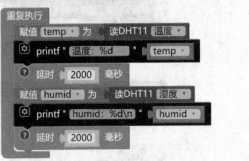

图 19-9　修改任务 2 代码为串口输出

图 19-8　DHT11 仿真电路图

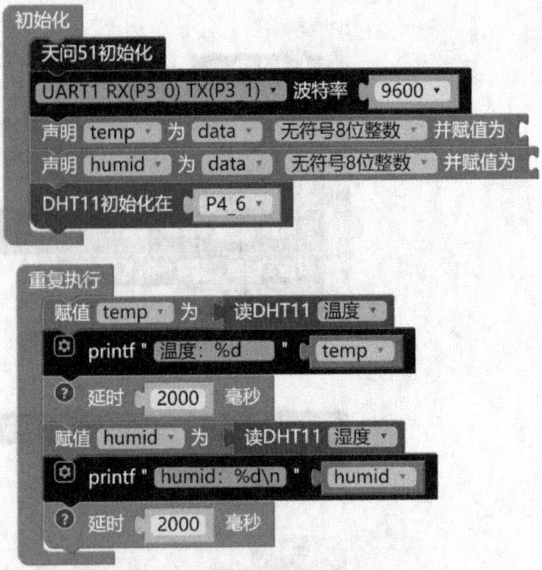

C 语言代码如下。

```
#define DHT11_DQ P4_6
#define DHT11_DQ_MODE {P4M1&=~0x40;P4M0&=~0x40;}//P4_6双向IO口

#include <STC8HX.h>
uint32 sys_clk = 24000000;//设置 PWM、定时器、串口、EEPROM 频率参数
#include "lib/twen_board.h"
#include "lib/UART.h"
#include "lib/dht11.h"
#include <stdio.h>
#include "lib/delay.h"

uint8 temp = 0;
uint8 humid = 0;

void putchar(char c)
{
  if (c == '\n')
  {
    uart_putchar(UART_1, 0x0d);
    uart_putchar(UART_1, 0x0a);
  } else {
    uart_putchar(UART_1, (uint8)c);
  }
}

void setup()
{
  twen_board_init();//天问 51 开发板初始化
  uart_init(UART_1, UART1_RX_P30, UART1_TX_P31, 9600, TIM_1);//初始化串口
  dht11_init();
}
```

```
void loop()
{
  temp = dht11_read_temp();
  printf_small("温度: %d      ", temp);
  // DHT11 连续读取操作需要间隔 2s
  delay(2000);
  humid = dht11_read_humidity();
  printf_small("humid: %d\n", humid);
  // DHT11 连续读取操作需要间隔 2s
  delay(2000);
}

void main(void)
{
  setup();
  while(1){
    loop();
  }
}
```

串口输出方式在第 12 章使用串口中提到过。这次结合具体例子可使读者更方便地理解其图形化编程对应的 C 语言语句。我们需要加入"stdio.h"头文件，同时需要用 putchar()来识别"\n"转义字符。另外，串口输出和串口中断无关，只要初始化了就可以调用，不用一定打开串口中断。另外，初始化函数隐藏了产生波特率的定时器中断，但是主程序没有显示，需要注意。

采用开发板通过天问 Block 串口监视器的结果如图 19-10 所示。由于真实环境存在干扰，因此会显示部分乱码，尤其是中文字符。建议输出还是用英文字符比较好。

然后我们对程序进行仿真，默认 24MHz 主频。设置虚拟终端串口输出。仿真结果如图 19-11 所示。仿真显然不存在干扰，输出中文字符也不影响。但是仿真数据都是错误的（单片机和嵌入式应用开发常用 255 作为错误代码返回值）。

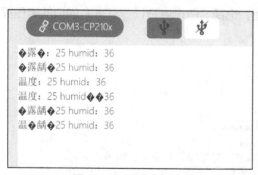

图 19-10　真实串口输出

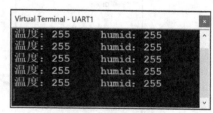

图 19-11　仿真串口输出

为了能够仿真成功，我们需要对仿真单总线进行分析。在 Proteus 软件中，对总线分析需要用到的工具是图表 Graph。

3. 图表 Graph 的使用方法

在第 8 章定时器的使用方法的讲解中，我们介绍了虚拟示波器 Oscilloscope 的使用方法。用示波器分析波形非常直观，也能进行简单测量。但是其主要功能是查看某个瞬时的波形，不方便分析一段时间的波形。而且界面不能全屏显示，对于长时间的时序分析功能有限。

图表是 Proteus 软件的另一类仿真工具。我们前面所有的仿真属于交互式仿真，能看到器件运行效果，注重结果。图表仿真则是将电路的各种数据（数字、电压、阻抗等）生成图表进行分析，方便读者了解电路的过程。Proteus 软件中图表功能很多，包括模拟电路、数字电路、混合电路、频率分析、噪声分析等，这里主要讲解针对总线的时序分析应用。

（1）设置图表

单击左边的"Graph Mode"（图表模式）工具栏，在出现的 GARPHS（图表）选项框里选择"DIGITAL"（数字），在绘图区用鼠标拖动出一个"DIGITAL ANALYSIS"（数字电路分析）窗口，如图 19-12 所示。

（2）为 DHT11 添加电压探针

如图 19-13 所示，我们为电路的 DHT11 数据端口，也就是与单片机相连的 P4.6 端口添加电压探针。

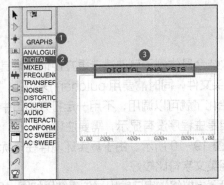

图 19-12　拖动出"DIGITAL ANALYSIS"窗口

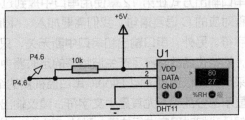

图 19-13　添加电压探针

（3）将电压探针加入图表跟踪对象

如图 19-14 所示，在图表快捷菜单中选择"Add Traces"（组合键 Ctrl+T），在弹出的"Add Transient Trace"（增加暂时跟踪对象）对话框里，选择"Probe P1"为 P4.6 端口的电压探针。

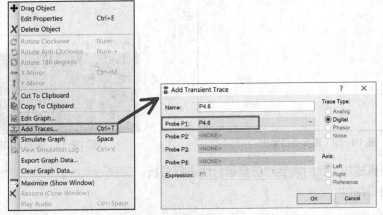

图 19-14　增加跟踪对象 P4.6 探针

（4）图表仿真

在图表快捷菜单中选择"Simulate Graph"仿真图表（快捷键为 Space 键），将电压探针作为图表的数据源仿真运行，此时图表中出现波形，为了便于观察，在图表快捷菜单选择"Maxmize（Show

Window）"最大化显示窗口，系统默认显示出 P4.6 端口电压探针一个周期内的完整波形，如图 19-15 所示。

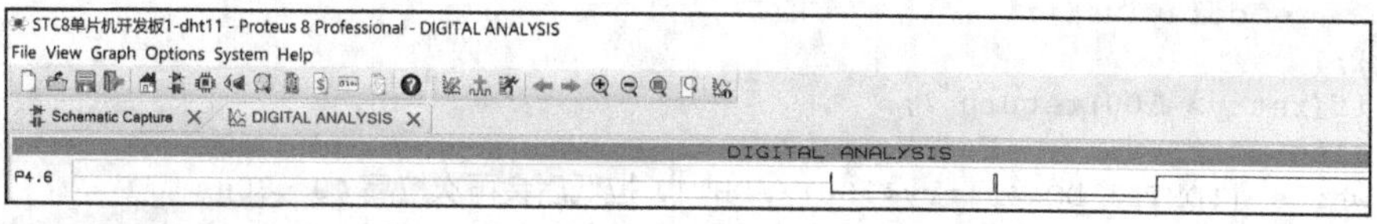

图 19-15　P4.6 端口电压探针仿真波形图

（5）结合代码分析

首先查看修改任务 2 的关键代码。

```
void setup()
{
  twen_board_init();//天问 51 开发板初始化
  uart_init(UART_1, UART1_RX_P30, UART1_TX_P31, 9600, TIM_1);//初始化串口
  dht11_init();
}
```

继续到天问 Block 的库函数 dht111.h 中跟踪 dht11_init()函数。

```
//============================================================
// 描述：DHT11 初始化.
// 参数：none.
// 返回：识别到 DHT11 返回 0，否则返回 1.
//============================================================
uint8 dht11_init()
{
    DHT11_DQ_MODE;  //设置 P4.6 为准双向口
    DHT11_DQ = 1;    //初始化 P4.6 为高电平
    dht11_rst();
    return dht11_check();
}


//============================================================
// 描述：DHT11 复位.
// 参数：none.
// 返回：none.
//============================================================
void dht11_rst()
{
    DHT11_DQ = 0;                    //主机发送开始工作信号
    delay(20);                       //延时 18ms 以上
    DHT11_DQ = 1;
    delay40us();
}


//============================================================
// 描述：等待 DHT11 的回应.
// 参数：none.
// 返回：超时返回 1，否则返回 0.
//============================================================
uint8 dht11_check()
{
    uint8 retry=0;
```

```
        while (DHT11_DQ&&retry<100)//DHT11 会拉低 40～80μs
        {
                retry++;
                delay1us();
        };
        if(retry>=100)return 1;
        else retry=0;
        while (!DHT11_DQ&&retry<100)//DHT11 拉低后会再次拉高 40～80μs
        {
                retry++;
                delay1us();
        };
        if(retry>=100)return 1;
        return 0;
}
```

从 dht11_rst()复位函数看出，DHT11 是将 P4.6 端口从高电平拉到低电平，持续 20ms 后再拉到高电平，然后设置 40μs 延时等待 DHT11 的反馈。按照库文件注释的描述，P4.6 端口从高电平拉到低电平，至少持续 18ms。

从 dht11_check()可以看出，DHT11 没有反馈，超时了返回 1。

那么通过仿真的波形可否看出有没有达到 18ms 的要求设置呢？

（6）测量波形

图表提供了方便的测量功能，只要单击起始点 1，然后按下 Ctrl 键后单击结束点 2，就可测量出两点的时长，并在窗口右下角显示数值。如图 19-16 所示，两个高电平之间的低电平持续时间是 13.4ms，显然没有达到 18ms 的要求。那么这是不是 DHT11 不响应的主要原因呢？

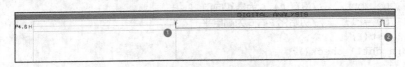

图 19-16　P4.6 端口电压探针波形测量

4．调整仿真系数

显然是仿真条件和真实条件出现了偏差，在代码中库函数 dht11_rst()设定的是 20ms，但是仿真条件下 delay(20)函数只有 13.4ms。库函数都是经过测试的，参数不能更改。而这些延时函数又是在库函数中调用的，没有办法在主函数中更改。这如何处理呢？

既然仿真程序不能更改，我们就只能更改仿真的器件配置参数，让其能响应软件的功能实现仿真效果。就像我们第 1 章论述的例子，在 RC 复位电路中的电阻应该是较大值，但是只有设成较小值才能实现仿真效果。

打开 DHT11 的属性设置对话框，如图 19-17 所示。我们发现其中一项"Time Select Low"（时

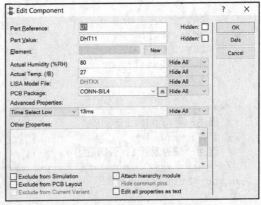

图 19-17　调制 DHT11 参数

间选择低电平）的默认值是 18ms，和库函数 dht11_rst()定义一致。看来这个值就是 dht11_rst()
要求的效果。我们现在将其改为 13ms，刚好在我们之前测量
的 13.4ms 的范围之内。

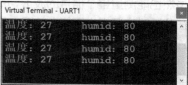

5. 仿真成功

再次运行仿真，我们得到了正确的仿真结果，如图 19-18
所示。

图 19-18　正确的仿真结果

现在的图表仿真如图 19-19 所示。读者可以结合此图和库函数代码，对 DHT11 单总线协议
进行全面分析，提升器件协议解析和编程能力。

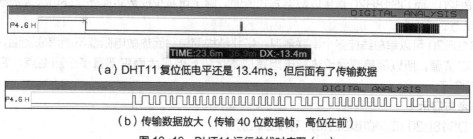

（a）DHT11 复位低电平还是 13.4ms，但后面有了传输数据

（b）传输数据放大（传输 40 位数据帧，高位在前）

图 19-19　DHT11 运行总线时序图（一）

6. 难点剖析

其实我们也不见得一定要改变 DHT11 的仿真参数。我们从第 8 章定时器知道仿真的 STC15
单片机的时间通过示波器测量是很准确的。那我们可不可以改变单片机的主频达到效果呢？按照现
在实际 STC8 单片机在 24MHz 主频下，其 20ms 的延时相当于仿真 STC15 单片机 24MHz 主频下
13.4ms 的延时，那么仿真 STC15 单片机如果工作在 12MHz 主频的情况下，其延时是不是应该
达到 26.8ms，这样就满足了 DHT11 的持续低电平 18ms 以上才能开启单总线服务的时间？

复位低电平 26.8ms 时，DHT11 运行总线时序图如图 19-20 所示，显然 DHT11 仿真正常。

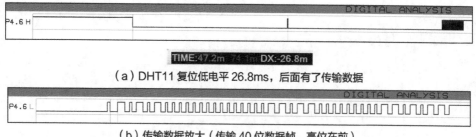

（a）DHT11 复位低电平 26.8ms，后面有了传输数据

（b）传输数据放大（传输 40 位数据帧，高位在前）

图 19-20　DHT11 运行总线时序图（二）

不过，串口的输出变成了乱码，如图 19-21 所示。分析
其原因，串口的波特率和主频相关，大家可以结合第 12 章的
内容仔细体会。

其他任务的仿真均可依照以上图表仿真分析方式处理。简
单理解，这里图表就相当于现实中的电路逻辑分析仪，但其应

图 19-21　改变主频导致串口输出乱码

用更偏向于数字电路的时序逻辑分析，并不关注信号本身的波形结构。相对来说，现实中的示波器虽然也能测量整个信号的波形，从中分析出信号的异常和干扰，但无法长时间记录信号的时序逻辑，在分析时序逻辑方面能力较弱。将图表仿真和示波器结合，则可以解决很多仿真难题。

19.6 知识拓展——【科普】DS18B20 测温工作原理

DS18B20 虽然只是一个简单的温度传感器，却蕴含了很多创新。

与传统的热敏电阻器相比，DS18B20 测温方式更复杂。DS18B20 通过对低温度系数振荡器产生的时钟脉冲进行计数，进而完成温度测量。从电路来说，热敏电阻器需要进行模数转换，效率不如 DS18B20。而 DS18B20 直接以数字方式传输，除了可减少模数转换外，还可大大提高系统的抗干扰能力。

DS18B20 可以单总线挂多个串联测温，拓扑结构简单。而热敏电阻器不能串联测温，需要更多 I/O 口资源。所以简单测温用热敏电阻有成本优势，但是大面积部署多个测温点，它就不如 DS18B20 了。

【思考与启示】

1. DS18B20 和热敏电阻器相比有哪些区别？
2. 如何对已有的传感器进行模式创新？

19.7 强化练习

1. 实现彩灯流水灯功能。
2. 根据 DHT11 数据手册理解其测温程序。

第20章
使用并行总线

并行总线主要用于显示器件。本章通过介绍常用并行总线模块的程序编写方法，让读者熟悉其工作流程。

20.1 情境导入

小白："前面学的单片机通信方式都是串行的，有没有并行总线通信？"

小牛："当然有，但是现在已经不多了，这种通信方式主要用在显示器件上。因为显示需要不断同时刷新数据。以前串行总线传输速率不高，需要采用并行总线。"

小白："嗯，那请给我讲讲并行总线的使用吧。"

20.2 学习目标

【知识目标】

1. 了解并行总线。
2. 掌握单总线常用模块。
3. 理解并行总线协议。

【能力目标】

1. 能进行 LCD1602 模块编程。
2. 能进行 LCD12864 模块编程。
3. 能进行 TFT 彩屏模块编程。

20.3 相关知识

20.3.1 并行总线

并行总线可用于 I/O 口同时传输多个数据，和串行总线相比，它的效率更高；主要用在对并行数据要求较高的显示器件上。如本章涉及的 LCD1602、LCD12864 和 TFT 彩屏。严格来说，我们以前提到的数码管也算并行总线。

并行总线需要多线传输，占用引脚过多，而且并行总线需要考虑数据的协同性，这就导致了使用并行总线传输数据的频率不能很高。

而使用串行总线可以把频率设置得很高，从而提高传输速率。串口传输速率的提高能够弥补"一次只能传输一个数据"的缺陷。现在的趋势就是并行总线逐渐被边缘化，很多并行接口器件都改成了串行接口模式。比如在计算机端，并行接口很早就被 USB 串行接口替代了。在单片机领域，LCD1602 等显示器件也开始支持 I^2C 方式的连接。

20.3.2 LCD1602 显示模块

LCD1602 字符型液晶显示模块是专门用于显示字母、数字、符号等的点阵型液晶显示模块。它具有 4 位和 8 位数据传输方式；提供"5×7 点阵＋游标"的显示模式；提供显示数据缓冲区 DDRAM、字符发生器 CGROM 和字符发生器 CGRAM，可以使用 CGRAM 来存储自己定义的最多 8 个 5×8 点阵的图形字符的字模数据；提供了丰富的指令设置，如清屏显示、游标回原点、显示开/关、游标开/关、显示字符闪烁、游标移位、显示移位等。其外观图如图 20-1 所示。引脚定义如表 20-1 所示，其图形化指令如表 20-2 所示。

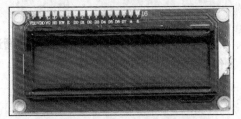

图 20-1 LCD1602 模块外观图

表 20-1 LCD1602 模块引脚定义

标号	符号	引脚说明	标号	符号	引脚说明
1	VSS	电源地	9	D2	数据
2	VDD	电源正极	10	D3	数据
3	VL	液晶显示偏压	11	D4	数据
4	RS	数据/命令选择	12	D5	数据
5	R/W	读/写选择	13	D6	数据
6	E	使能信号	14	D7	数据
7	D0	数据	15	BLA	背光源正极
8	D1	数据	16	BLK	背光源负极

表 20-2 LCD1602 模块图形化指令

常用指令功能	图形化指令实例
初始化 LCD1602 的控制引脚	LCD1602初始化RS [P1_3 ▾] RW [P1_0 ▾] E [P1_1 ▾] Data [P6 ▾]
LCD1602 显示单个字符在第几行第几列	LCD1602显示字符 " a " 在第 [0] 行第 [0] 列
LCD1602 显示字符串在第几行第几列	LCD1602显示字符串 " abcd " 在第 [0] 行第 [0] 列
LCD1602 显示数字在第几行第几列	LCD1602显示数字 [123] 在第 [0] 行第 [0] 列
LCD1602 清屏	LCD1602清屏

20.3.3　LCD12864 显示模块

LCD12864 显示模块外形如图 20-2 所示,是一种具有 4 位或 8 位并行、2 线或 3 线串行接口方式,内部含有国标一级、二级简体中文字库的点阵图形液晶显示模块;其显示分辨率为 128×64,内置 8 192 个 16×16 点汉字,和 128 个 16×8 点 ASCII 字符集。利用该模块灵活的接口方式和简单、方便的操作指令,可设计全中文人机交互图形界面。可以显示 8×4 行 16×16 点阵的汉字,也可完成图形显示,低电压、低功耗是其又一显著特点。由该模块构成的液晶显示方案与同类型的图形点阵液晶显示模块相比,不论是硬件电路结构还是显示程序都要简洁得多,且该模块的价格略低于相同点阵的图形液晶模块。其引脚定义如表 20-3 所示。

图 20-2　LCD12864 模块外观图

表 20-3　LCD12864 模块引脚定义

标号	符号	引脚说明	标号	符号	引脚说明
1	VSS	电源地	11	D4	数据
2	VDD	电源正极	12	D5	数据
3	VL	液晶显示偏压	13	D6	数据
4	RS	数据/命令选择	14	D7	数据
5	R/W	读/写选择	15	PSD	H:并口方式; L:串口方式
6	E	使能信号	16	NC	空脚
7	D0	数据	17	/RESET	复位端
8	D1	数据	18	VOUT	LCD 驱动电压输出端
9	D2	数据	19	BLA	背光源正极
10	D3	数据	20	BLK	背光源负极

LCD12864 显示模块的图形化指令如表 20-4 所示。

表 20-4　LCD12864 显示模块的图形化指令

常用指令功能	图形化指令实例
初始化 LCD12864 的控制引脚	LCD12864初始化RS ｛ P1_3 ▾ ｝ RW ｛ P1_0 ▾ ｝ E ｛ P1_1 ▾ ｝ RST ｛ P5_4 ▾ ｝ Data ｛ P6 ▾ ｝
LCD12864 清屏	LCD12864清屏
LCD12864 显示单个字符在第几行第几列	LCD12864显示字符 ｛ " a " ｝ 在第 ｛ 0 ｝ 行第 ｛ 0 ｝ 列
LCD12864 显示字符串在第几行第几列	LCD12864显示字符串 ｛ " abcd " ｝ 在第 ｛ 0 ｝ 行第 ｛ 0 ｝ 列
LCD12864 显示数字在第几行第几列	LCD12864显示数字 ｛ 123 ｝ 在第 ｛ 0 ｝ 行第 ｛ 0 ｝ 列

20.3.4　TFT 彩屏模块

如图 20-3 所示，通过薄膜应晶体管（Thin Film Transistor，TFT）可以"主动地"对屏幕上的各个独立的像素进行控制，这样可以大大提高反应时间。一般 TFT 的反应比较快，反应时间约 80ms，而且可视角度大，一般可达到 130°左右，主要运用在高端产品。从而可以做到高速度、高亮度、高对比度显示屏幕信息。TFT 彩屏属于有源矩阵液晶显示器，在技术上采用了"主动式矩阵"的方式来驱动，方法是利用薄膜技术所做成的电晶体电极，用扫描的方法"主动拉"控制任意一个显示点的开与关，光源照射时先通过下偏光板向上透出，借助液晶分子传导光线，通过遮光和透光来达到显示的目的。其图形化指令如表 20-5 所示。

图 20-3　TFT 模块外观图

表 20-5　TFT 彩屏图形化指令

常用指令功能	图形化指令实例
TFT 彩屏各引脚初始化	TFT彩屏初始化DATAPORTH P6 ▾ DATAPORTL P2 ▾ RESET P1_5 ▾ CS P1_3 ▾ RS P0_3 ▾ WR P1_1 ▾ RD P1_0 ▾
TFT 彩屏清屏并设置背景颜色	TFT彩屏清屏并设置背景颜色 白色 ▾
TFT 彩屏显示数字、坐标、字体颜色、背景颜色、字体大小、有无叠加设置	TFT彩屏显示数字 0 坐标X 0 Y 0 字体颜色 黑色 ▾ 背景颜色 白色 ▾ 字体大小 12 无叠加 ▾
TFT 彩屏显示字符串、坐标、字体颜色、背景颜色、字体大小、有无叠加设置	TFT彩屏显示字符串 " abcd " 坐标X 0 Y 0 字体颜色 黑色 ▾ 背景颜色 白色 ▾ 字体大小 12 无叠加 ▾
TFT 彩屏显示汉字、坐标、字体颜色、背景颜色、字体大小、有无叠加设置	TFT彩屏显示汉字 " 好好搭搭 " 坐标X 0 Y 0 字体颜色 黑色 ▾ 背景颜色 白色 ▾ 字体大小 12 无叠加 ▾
颜色选择	白色 ▾

20.4　项目设计

LCD1602 模块电路如图 20-4 所示，数据端口在 P6 端口，RS 在 P13 引脚，RW 在 P10 引脚，E 在 P11 引脚。VO 接到电位器，可以调节对比度。因为数据在 P6 端口，所以使用时需要关闭流水灯电源。

LCD12864 模块电路如图 20-5 所示，可以看出两者的通信方式基本一致。

TFT 模块如图 20-6 所示，数据端口在 P6 端口，RSt 在 P15 引脚，CS 在 P13 引脚，RS 在 P03 引脚，WR 在 P11 引脚，RD 在 P10 引脚。因为数据在 P6 端口，所以使用时需要关闭流水灯电源。

📖 **注意**

为了兼容 TFT 彩屏的信号电平，我们需要把电源切换跳线帽切换到 3V 上。

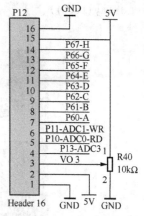

图 20-4　LCD1602 模块电路

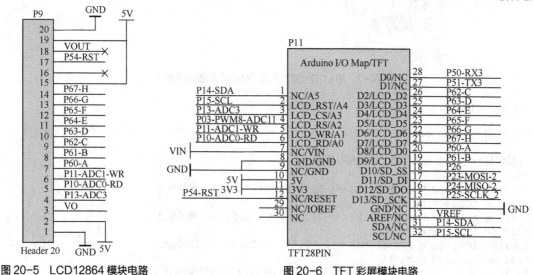

图 20-5　LCD12864 模块电路　　　　图 20-6　TFT 彩屏模块电路

任务 1　操作 LCD1602 模块

用 LCD1602 显示"abcd"的图形化编程如图 20-7 所示。

用 LCD1602 显示"abcd"的 C 语言关键代码分析如下。

```
void setup()
{
 twen_board_init();
 led8_disable();//关闭 8 个 LED 流水灯电源
 lcd1602_init();//LCD1602 初始化
}
void loop()
{
 lcd1602_show_char(0,0,'a');
 lcd1602_show_num(8,0,123);
 lcd1602_show_string(0,1,"abcd");
 delay(1000);
 lcd1602_clear();//LCD1602 清屏
```

```
    delay(1000);
}
```

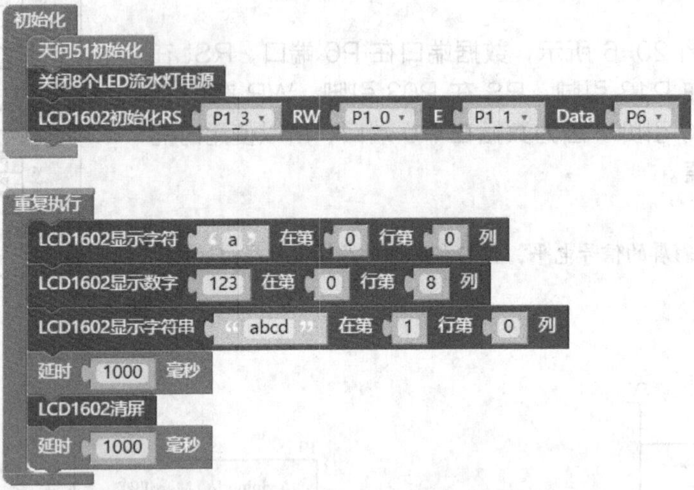

图 20-7　用 LCD1602 显示 "abcd" 的图形化编程

分析头文件。

```
#include "lib/lcd1602.h"

//预定义 LCD1602 连接引脚，引脚预处理输出
#define LCD1602_RS P1_3
#define LCD1602_RS_OUT {P1M1&=~0x08;P1M0|=0x08;}//推挽输出
#define LCD1602_RW P1_0
#define LCD1602_RW_OUT {P1M1&=~0x01;P1M0|=0x01;}//推挽输出
#define LCD1602_E P1_1
#define LCD1602_E_OUT {P1M1&=~0x02;P1M0|=0x02;}//推挽输出
#define LCD1602_Data P6
#define LCD1602_Data_OUT {P6M1=0x00;P6M0=0xff;}//推挽输出

void lcd1602_init()//LCD1602 初始化函数，参数无

void lcd1602_show_char(uint8 x, uint8 y, char c)
//LCD1602 显示一个字符,参数 x 显示在第几行,参数 y 显示在第几列,参数 c 显示的字符

void lcd1602_show_string(uint8 x, uint8 y, uint8 *str)
//LCD1602 显示字符串,参数 x 显示在第几行,参数 y 显示在第几列,参数 str 显示的字符//串

void lcd1602_show_num(uint8 x,uint8 y,int num)
//LCD1602 显示数字,参数 x 显示在第几行,参数 y 显示在第几列,参数 num 显示的数字

void lcd1602_clear();//LCD1602 清屏函数，参数无
```

接下来，分析其中一个字符显示函数。

```
//==================================================================
// 描述: LCD1602 按指定位置显示一个字符
// 参数: x,y:坐标; c:显示的字符.
// 返回: none.
//==================================================================
void lcd1602_show_char(uint8 x, uint8 y, char c)
```

```
{
    y &= 0x1;
    x &= 0xF;                        //限制 X 不能大于 15，Y 不能大于 1
    if (y) x |= 0x40;                //当要显示第二行时地址码+0x40;
    x |= 0x80;                       //算出指令码
    lcd1602_write_command(x);        //这里不检测忙信号，发送地址码
    lcd1602_write_data(c);
}
```

继续分析 lcd1602_write_command(x)和 lcd1602_write_data(c);，再结合时序图读者就能
理解 LCD1602 协议了。

```
//================================================================
// 描述：LCD1602 写数据
// 参数：dat:写的数据.
// 返回：none.
//================================================================
void lcd1602_write_data(uint8 dat)
{
    LCD1602_E = 0;
    LCD1602_RS = 1;
    LCD1602_RW = 0;

    LCD1602_Data = dat;
    delay(1);

    LCD1602_E = 1;
    delay(5);
    LCD1602_E = 0;

    LCD1602_Data = dat << 4;
    delay(1);

    LCD1602_E = 1;
    delay(5);
    LCD1602_E = 0;
}

//================================================================
// 描述：LCD1602 写指令
// 参数：com:写的指令.
// 返回：none.
//================================================================
void lcd1602_write_command(uint8 com)
{
    LCD1602_E = 0;
    LCD1602_RS = 0;
    LCD1602_RW = 0;

    LCD1602_Data = com;
    delay(1);

    LCD1602_E = 1;
    delay(5);
    LCD1602_E = 0;

    LCD1602_Data = com << 4;
```

```
    delay(1);

    LCD1602_E = 1;
    delay(5);
    LCD1602_E = 0;
}
```

任务 2   LCD12864 模块显示

LCD12864 模块显示的图形化编程如图 20-8 所示。显示中文字符"天问 51"和英文"LCD12864 TEST"。LCD12864 显示方式和 LCD1602 的雷同，此处不展开分析。

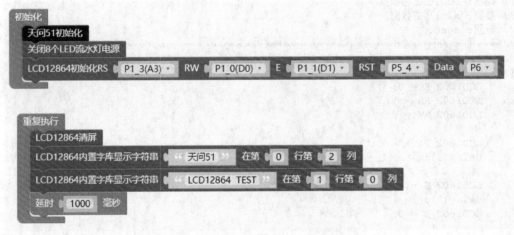

图 20-8   LCD12864 模块显示的图形化编程

任务 3   TFT 彩屏实验

TFT 彩屏实验的图形化编程如图 20-9 所示。

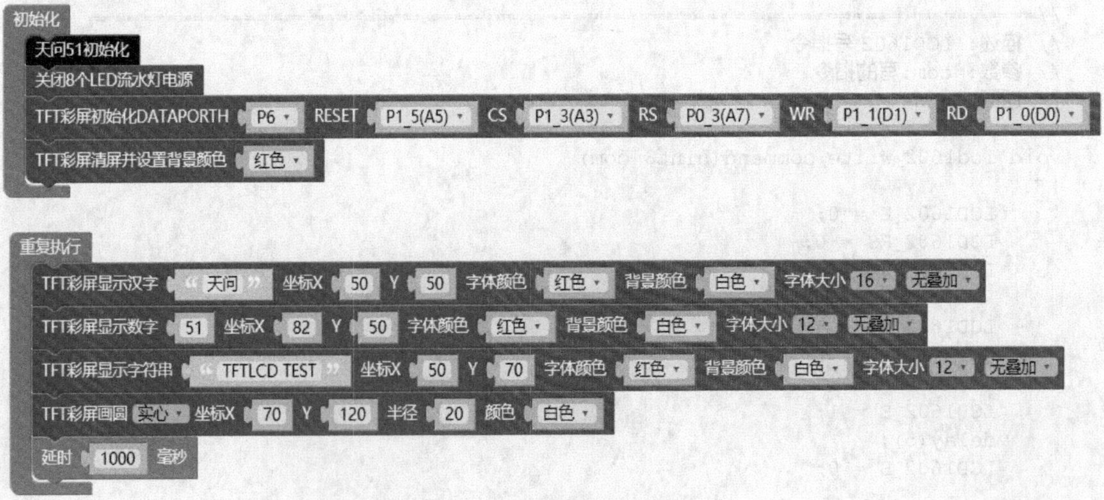

图 20-9   TFT 彩屏实验的图形化编程

TFT 彩屏显示更复杂，不光有显示数据，还有颜色的操作，但就本质而言，它和 LCD1602 还是类似的。

20.5　项目实现

20.5.1　开发板演示

开发板任务演示步骤和第 3 章的基本类似，为避免重复此处略去。

开发板演示（并行总线：LCD1602）

20.5.2　Proteus 仿真实例

3 种器件功能类似，我们仅以 LCD1602 作为主要例子进行演示。

1．绘制 LCD1602 仿真图

由于 LCD1602 是最常用的显示外设之一，所以我们不用从头开始，只需要找到 Proteus 软件的 sample 样例中的 LCD1602 例子，就可以直接将相关图复制过来。在菜单栏选择 "File"（文件）→ "Open Sample Project"（打开样例工程）命令，在弹出的样例浏览框中搜索 "1602"，如图 20-10 所示。然后在打开的 1602 样例工程中，如图 20-11 所示，用鼠标框选 LCD（注意将连接导线也选上），复制后就可以在新工程中选择器件，然后只要更改端口导线连接属性即可，其仿真电路图如图 20-12 所示。

Proteus 仿真实例（并行总线：LCD1602）

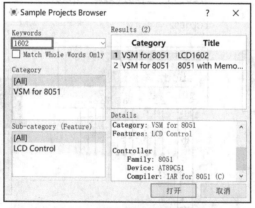

图 20-10　打开样例浏览框搜索 "1602"

2．仿真结果

任务 2 演示效果如图 20-13 所示，和开发板相比，闪烁的时间略长。

3．拓展实验

我们在第 19 章测试过用 STC15 进行仿真时采用 12MHz 主频串口显示温度和湿度为乱码的情况。现在我们将数据导入 LCD1602 中进行显示，代码比较简单，此处不展示。演示效果如图 20-14 所示。显然它验证了我们的结论。更改主频会导致串口传输错误。另外可以看出 LCD1602 确实不支持中

文显示，"温度"这两个字显示为乱码。

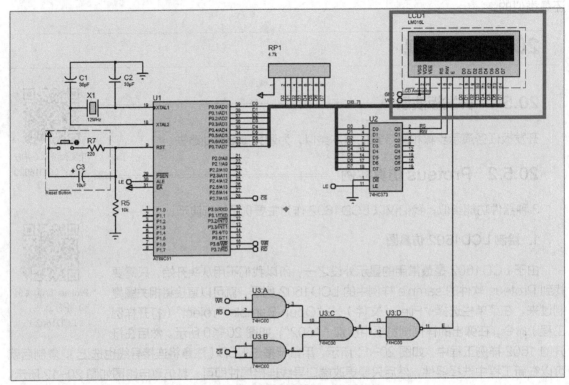

图 20-11　在样例中选择 LCD1602

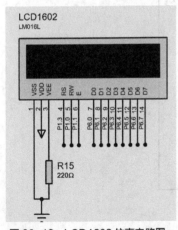

图 20-12　LCD1602 仿真电路图

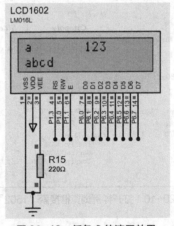

图 20-13　任务 2 的演示效果

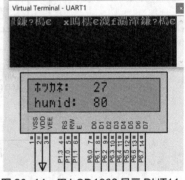

图 20-14　用 LCD1602 显示 DHT11
数据（使用 STC15/12MHz）

图 20-15 是加入了 LCD1602 的图表仿真，结合库函数代码和 LCD1602 数据手册里的时序图可以进一步理解 LCD1602 相关通信协议。

4．难点剖析

目前我们在仿真实验中常用到的显示方式包含数码管、虚拟终端（串口输出）和 LCD1602。体验最好的就是 LCD1602。和数码管相比，因为它自带存储和刷新单元，可以显示字符和数字，又不会出现数码管动态显示刷新不稳定的情况。和串口输出相比，它的显示更快更直接，也不用担心串口的波特率传输问题。而且 LCD1602 时序要求不高，适应各类不同速度的单片机驱动。但是 LCD1602 的显示不支持中文，有没有办法解决呢？

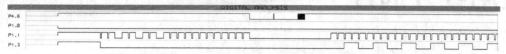

图 20-15　加入了 LCD1602 的图表仿真

前面介绍 LCD1602 时讲到可以使用 CGRAM（字符图形随机存储区）来存储自己定义的最多 8 个 5×8 点阵的图形字符的字模数据。它的字符码是 00000000～00000111 这 8 个地址，CGRAM 的字符码规定 0～2 位为地址，第 3 位无效，4～7 位全为零（表上的高位）。因此 CGRAM 的字符码只有最后 3 位能用。等效为 0000X111，X 为无效位，最后 3 位为 000～111 共 8 个。

我们可以利用自定义字节来达到显示汉字的效果。一般用字模软件获取汉字的字符图形码，然后将其写入 CGRAM，就可以与其他 CGROM 的字符图形码（默认为 ASCII 码）一样调用了。

20.6　知识拓展——【科普】触摸屏

触摸屏（Touch Screen）又称为"触控屏""触控面板"，是一种可接收触点等输入信号的感应式液晶显示装置，当人接触了屏幕上的图形按钮时，屏幕上的触觉反馈系统可根据预先编好的程序驱动各种连接装置，可用于取代机械式的按钮面板，并借由液晶显示画面实现生动的效果。

触摸屏作为一种最新的计算机输入设备，它是简单、方便、自然的一种人机交互方式。它赋予了多媒体以崭新的面貌，是极富吸引力的全新多媒体交互设备。它主要应用于公共信息的查询、工业控制、军事指挥、电子游戏、多媒体教学等。

【思考与启示】

1. 触摸屏有哪些优点？
2. 试调研当前触摸屏技术的新进展。

20.7　强化练习

1. 根据演示教程，实现 TFT 彩屏触摸功能。
2. 根据 LCD1602 协议理解其程序。

第21章
使用红外遥控

21

红外遥控是目前使用得较广泛的一种通信和遥控手段。本章通过讲解红外发射模块和红外接收模块的程序编写方法，使读者熟悉整个发射接收流程。

21.1　情境导入

小白："单片机的主要功能是控制，但是有线连接还是不方便，是不是可以无线遥控？"

小牛："是的。单片机有多种无线连接模式，其中最方便、实用的就是红外遥控。技术也很成熟，家电控制基本都是采用红外遥控。"

小白："嗯，那请给我讲讲如何使用红外遥控吧。"

21.2　学习目标

【知识目标】
1. 学习红外线的理论知识。
2. 学习红外遥控的图形化指令。
3. 理解红外 NEC 协议。
4. 理解红外信号调制。

【能力目标】
1. 能进行红外发射编程。
2. 会进行红外接收编程。

21.3　相关知识

21.3.1　红外线

在光谱中波长为 760nm～400μm 的电磁波称为红外线，它是一种不可见光。自然界中的一切物体，只要它的温度高于绝对零度（−273℃）就存在分子和原子的无规则运动，其表面就会不停地辐射红外线。当然，虽然是都辐射红外线，但是不同的物体辐射的强度是不一样的，而我们正是利用了这一点把红外技术应用到实际开发中。常用的红外设备例子有：红外理疗机使用远红外线的热效应治疗；红外夜视仪可探测人体热量，红外线成像；红外测距仪是以红外线作为载波的一种测量距离的精密仪器；红外遥控器是以红外线作为载波的一种无线通信设备。

21.3.2　红外遥控

红外遥控体积小、功耗低、功能强、成本低。目前几乎所有的视频和音频设备都可以通过红外遥控的方式进行遥控，在家用电器中，彩电、录像机、录音机、音响设备、空调机等产品中应用非常广泛。工业设备中，在高压、辐射、有毒气体、粉尘等环境下，采用红外遥控不仅完全可靠而且能有效地隔离电气干扰。

红外遥控需要红外发射模块和红外接收模块。

（1）红外发射模块由红外发射电路中的红外发光二极管组成，通常情况下为了提高抗干扰能力与降低电源消耗，我们需要将遥控信号（二进制脉冲码）调制发送至红外发光二极管，再由红外发光二极管转换为红外信号发送出去。

红外发光二极管通常使用砷化镓（GaAs）、砷铝化镓（GaAlAs）等材料，采用全透明或浅蓝色、黑色的树脂封装，产生的光波波长为 940nm 左右，为红外光，如图 21-1（a）所示。

（2）红外接收模块内部含有高频的滤波电路，专门用来滤除红外线合成信号的载波信号（38kHz），并送出接收到的信号。当红外线合成信号进入红外接收模块，在其输出端便可以得到原先发射器发出的数字编码信号，只要经过单片机解码程序进行解码，便可以得知按下了哪一个键，再做出相应的控制处理，完成红外遥控的动作。成品红外接收模块［见图 21-1（b）］的封装大致有两种：一种采用铁皮屏蔽；另一种采用塑料封装。均有 3 只引脚，即电源正（VCC）、电源负（GND）和数据输出（OUT）。

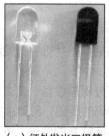 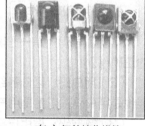

（a）红外发光二极管　　　　（b）红外接收模块

图 21-1　红外发射模块和红外接收模块

红外发送 NEC 码的数据图形化指令如图 21-2 所示。其中用户码和键码对应 NEC 协议（红外遥控协议）。

图 21-2　红外发送 NEC 码的数据图形化指令

红外接收图形化指令如表 21-1 所示，单片机用内置的红外代码库进行解码。红外代码库默认使用红外 NEC 协议。

表 21-1　红外接收图形化指令

常用指令功能	图形化指令实例
红外接收初始化	红外接收初始化 引脚 P3_6(D9)
红外接收回调函数	红外接收回调函数
判断是否接收到红外信号	是否接收到红外信号
获取红外 NEC 协议的用户码	红外接收到的用户码
获取红外 NEC 协议的键码	红外接收到的键码

21.3.3 红外 NEC 协议

图形化指令对红外 NEC 协议进行了封装，为了方便读者理解底层代码，我们对红外 NEC 协议进行一些基础描述，其数据格式如图 21-3 所示。

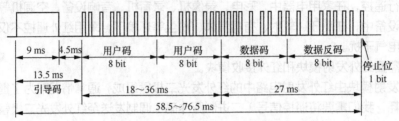

图 21-3 红外 NEC 协议的数据格式

红外 NEC 协议的数据格式是：引导码，用户码，用户码，数据码，数据反码。共 4 个字节 32 位，最后加一个停止位，停止位主要起隔离作用，一般不会被判断。

1. 各种编码的作用

（1）引导码：是一把钥匙，单片机只有检测到了引导码才确认接收后面的数据，保证接收数据的正确性。

（2）用户码：区分各红外遥控设备，使之不会互相干扰。第一个字节是用户码，第二个字节可能也是用户码，或者是用户码的反码，具体由生产厂商决定。

（3）数据码：指用户实际需要的编码，按下不同的键可产生不同的数据码，也就是指令里的键码，占第三个字节。

（4）数据反码：用于对数据的纠错，提高接收数据的准确性，占第四个字节。

单片机编程主要针对的就是数据码。

2. NEC 协议表示数据的方式

（1）引导码：9ms 的载波（高电平）+ 4.5ms 的空闲（低电平）= 13.5ms。

（2）比特"0"：560μs 的载波（高电平）+ 560μs 的空闲（低电平）= 1.125ms。

（3）比特"1"：560μs 的载波（高电平）+ 1.69ms 的空闲（低电平）= 2.25ms。

21.3.4 红外信号调制

无线信号和有线信号传输的一大区别就是无线信号需要在对应电磁波上传输，这就需要将信号频率调制为对应的载波频率。红外 NEC 协议组成的 32 位二进制码经 38kHz 的载频进行调制后，方便红外接收模块能顺利接收解调（红外一体化接收模块的最佳接收频率为 38kHz 左右）。

这里要理解一个重要概念。很多资料将红外 NEC 协议的实现也称为调制，容易和红外传输的无线信号调制混淆。红外 NEC 协议实现的是对信号源调制，而红外传输实现是传输信道调制。为避免概念混淆，建议将前者直接称为信号编码，不要用调制来定义。

无线信号调制和解调的理论对入门者来说其实非常深奥，这里不展开叙述。就编程来说，STC8 单片机自带 PWM 功能，非常方便实现调制。如果是经典 51 单片机，需要用软件实现调制功能，程序相对复杂一些。

21.4 项目设计

红外发射电路如图 21-4 所示，连在 P20-PWM1 引脚上。

红外接收电路如图 21-5 所示，红外一体化探头自动接收信号并解调红外 NEC 码，然后通过 P36-INT2 解码将信号输入单片机。

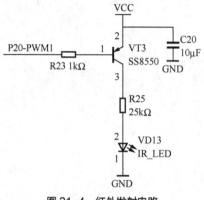

图 21-4 红外发射电路

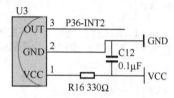

图 21-5 红外接收电路

任务 1 独立按键 KEY1 按下发送红外数据

独立按键 KEY1 按下发送红外数据的图形化编程如图 21-6 所示，图形化代码非常简单。

图 21-6 独立按键 KEY1 按下发送红外数据的图形化编程

调用函数代码如下。

```
//引入头文件
#include "lib/ir.h"

//引脚定义
#define IR_SEND_PIN          P2_0    //红外发射引脚
#define IR_SEND_PIN_OUT      {P2M1&=~0x01;P2M0|=0x01;}  //P20 推挽输出
#define IR_SEND_PIN_INIT     {P2M1|=0x01;P2M0&=~0x01;}   //P20 高阻输入
#define IR_SEND_PWM          PWM1P_P20

void ir_send_nec(uint8 address, uint8 command);      //红外发射
```

示例代码 1 如下。

```
#define PWM_DUTY_MAX 1000
//PWM 最大占空比值
#define IR_SEND_PIN P2_0
#define IR_SEND_PIN_OUT {P2M1&=~0x01;P2M0|=0x01;}//P2_0x01 推挽输出
#define IR_SEND_PIN_INIT {P2M1|=0x01;P2M0&=~0x01;}//P2_0x01 高阻输入
#define IR_SEND_PWM PWM1P_P20

#include <STC8HX.h>
uint32 sys_clk = 24000000;
//系统时钟确认
#include "lib/hc595.h"
#include "lib/rgb.h"
#include "lib/delay.h"
#include "lib/ir.h"

void setup()
{
 twen_board_init();//天问 51 开发板初始化
 P3M1|=0x04;P3M0&=~0x04;//高阻输入
}

void loop()
{
 if(P3_2 == 0){
   ir_send_nec(1,1);//红外 NEC 码
 }
}

void main(void)
{
 setup();
 while(1){
  loop();
 }
}
```

任务 2　数码管显示接收到的红外键码

1. 图形化编程

数码管显示接收到的红外键码的图形化编程如图 21-7 所示。显然解码要复杂一些。

2. C 语言代码

（1）调用函数代码如下。

```
//引入头文件
#include "lib/ir.h"

//引脚定义
#define IR_REC_PIN            P3_6
#define IR_REC_PIN_MODE       {P3M1|=0x40;P3M0&=~0x40;}  //P36 输入
```

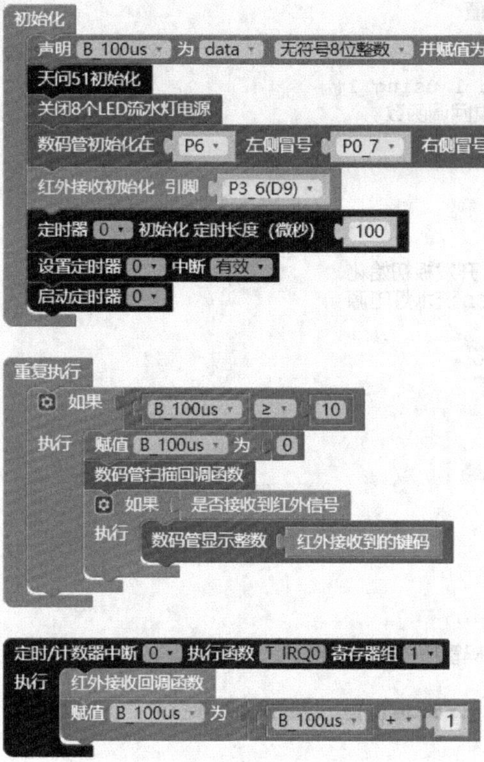

图 21-7　数码管显示接收到的红外键码的图形化编程

（2）示例代码如下。

```
#define NIXIETUBE_PORT P6
#define NIXIETUBE_PORT_MODE {P6M1=0x00;P6M0=0xff;}//推挽输出
#define NIXIETUBE_LEFT_COLON_PIN P0_7//左侧数码管冒号
#define NIXIETUBE_LEFT_COLON_PIN_MODE {P0M1&=~0x80;P0M0|=0x80;}//推挽输出
#define NIXIETUBE_RIGHT_COLON_PIN P2_1//右侧数码管冒号
#define NIXIETUBE_RIGHT_COLON_PIN_MODE {P2M1&=~0x02;P2M0|=0x02;}//推挽输出
#define PWM_DUTY_MAX 1000
//PWM 最大占空比值
#define IR_REC_PIN P3_6
#define IR_REC_PIN_MODE {P3M1|=0x40;P3M0&=~0x40;}//P3_6 高阻输入

#include <STC8HX.h>
uint32 sys_clk = 24000000;
//系统时钟确认
#include "lib/hc595.h"
#include "lib/rgb.h"
#include "lib/delay.h"
#include "lib/led8.h"
#include "lib/nixietube.h"
#include "lib/ir.h"

uint8 B_100us = 0;

void Timer0Init(void) //100μs（24.000MHz 时）
{
  TMOD |= 0x00;    //模式 0
  TL0 = 0x37;     //设定定时初值
```

```
    TH0 = 0xff;     //设定定时初值
}

void T_IRQ0(void) interrupt 1 using 1{
 ir_rec_callback();//红外接收回调函数
 B_100us = B_100us + 1;
}

void setup()
{
 twen_board_init();//天问 51 开发板初始化
 led8_disable();//关闭 8 个 LED 流水灯电源
 nix_init();//数码管初始化
 ir_rx_init();//红外接收初始化
 Timer0Init();
 EA = 1; // 控制总中断
 ET0 = 1; // 控制定时器中断
 TR0 = 1;// 启动定时器
}

void loop()
{
 if(B_100us >= 10){
   B_100us = 0;
   nix_scan_callback();//数码管扫描回调函数
   if(ir_rx_available()){
     nix_display_num((ir_rx_ircode()));//数码管显示整数
   }
 }
}
```

红外发射模块和红外接收模块的头文件 ir.h 包含了红外 NEC 协议说明。其实 I²C、SPI 和各模块的图形化模块编程都不复杂，因为相关协议和寄存器设置全部都封装在底层了。大家只要将协议时序图和代码对照学习，就很容易理解。对于初学者来说，能理解、会调用库函数就可以了。等水平提升、经验积累多了，可以考虑自己建库。

21.5 项目实现

21.5.1 开发板演示

开发板任务演示步骤和第 3 章的基本类似，略去。

开发板演示（红外遥控）

21.5.2 Proteus 仿真实例

Proteus 软件提供了多单片机同时仿真功能，所以我们可以用一个单片机实现任务 1 的红外发射，另外一个单片机实现任务 2 的红外解码接收。第 11 章介绍 PWM 功能时我们说过，STC8 的 PWM 和 Proteus 软件的 STC15 单片机的 PWM 不一样，所以任务 1 利用 PWM 实现红外发射的代码不能在 Proteus 中的 STC15 使用。本小节我们用经典 8051 单片机，通过软件编程方式产生 PWM 信号来调制红外信号。这样读者对 PWM 的知识就能有更进一步的了解。

Proteus 仿真实例（红外遥控）

1. 绘制仿真图

红外发射仿真电路图如图 21-8 所示，我们用一个经典 51（AT89C51）单片机作为发射控制单元，对于发射按键，我们没有采用独立按键，而是采用可交互的计算器键盘（KEYPAD-CALCULATOR），原因是这个键盘的按键比较多，方便实验演示。

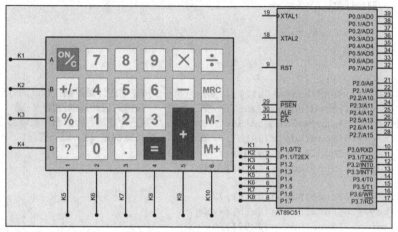

图 21-8　红外发射仿真电路图

红外发射的代码主要是利用经典 51 单片机的定时器功能产生 PWM 信号，并对按键值对应的红外编码进行调制。

红外接收则是直接调用任务 2 代码，通过 P3.6 解码红外信号，并将键值通过数码管进行显示。

2. 发射代码分析

主要发射代码如下。

（1）主函数

主函数开启定时器和按键初始化后，在主循环中利用 getkey() 函数获取按键值，并通过 SendIRdata() 函数发射出去。注意，这里调用的是计算器键盘，对应图 21-8。

```
#include <AT89x51.h>
static bit OP;            //红外发光二极管的亮灭
static unsigned int count;        //延时计数器
static unsigned int endcount;  //终止延时计数
static unsigned char Flag;        //红外发送标志
char iraddr1;   //十六位地址的第一个字节
char iraddr2;   //十六位地址的第二个字节
void SendIRdata(char p_irdata);
void delay();
char getkey();

void main(void)
{
  char key;
  count = 0;
  Flag = 0;
  OP = 0;
```

```
    P3_4 = 1;
    EA = 1; //允许 CPU 中断
    TMOD = 0x11; //设定时器 0 和 1 为 16 位模式 1
    ET0 = 1; //定时器 0 中断允许
    P1=0xff;
    TH0 = 0xFF;
    TL0 = 0xE6; //设定时值 0 为 38K，也就是每隔 26μs 中断一次
    TR0 = 1; //开始计数

    iraddr1=0xff;
    iraddr2=0xff;
    do{
        key=getkey();
        if(key==1)SendIRdata(0x12); //第一行第一个按键对应计算器键盘启动清 0 键
        if(key==11)SendIRdata(0x0b); //第二行第一个按键对应计算器键盘+/-键
        if(key==25||key==35)SendIRdata(0x1a); //第三行或第四行第五个按键都是+键
        if(key==15)SendIRdata(0x1e); //第二行第五个按键都是-键，以下同理。
        if(key==6)SendIRdata(0x0e); //÷
        if(key==16)SendIRdata(0x1d); //MRC

        if(key==26)SendIRdata(0x1f); //M-
        if(key==36)SendIRdata(0x1b); //M+
        if(key==32)SendIRdata(0x00); //0
        if(key==22)SendIRdata(0x01); //1
        if(key==23)SendIRdata(0x02); //2

        if(key==24)SendIRdata(0x03); //3
        if(key==12)SendIRdata(0x04); //4
        if(key==13)SendIRdata(0x05); //5
        if(key==14)SendIRdata(0x06); //6
        if(key==2)SendIRdata(0x07); //7
        if(key==3)SendIRdata(0x08); //8

        if(key==4)SendIRdata(0x09); //9
        if(key==21)SendIRdata(0x2A); //%
        if(key==5)SendIRdata(0x2B); //X
        if(key==33)SendIRdata(0x2C); //.
        if(key==34)SendIRdata(0x2D); //=
        if(key==31)SendIRdata(0x2E); //?

        if(key==41)SendIRdata(0x2F); //以下按键无定义
        if(key==42)SendIRdata(0x30); //
        if(key==43)SendIRdata(0x31); //
        if(key==44)SendIRdata(0x32); //
        if(key==45)SendIRdata(0x33); //
        if(key==46)SendIRdata(0x34); //
    }while(1);
}
```

（2）按键查询函数 getkey()

此处采用最简单的按键行列查询方式完成，其效率不高。第 22 章会专门介绍矩阵按键的行列扫描算法，可以提高效率。

```
char getkey()
{
```

```
        P1=0xfe;P3_6=P3_7=1;P3_3=1;
        if(!P1_4)return 1;    //ON/C  开机/清0
        if(!P1_5)return 2;    //7
        if(!P1_6)return 3;    //8
        if(!P1_7)return 4;    //9
        if(!P3_6)return 5;    //X
        if(!P3_7)return 6;    //÷
        P1=0xfd;
        if(!P1_4)return 11;  //+-
        if(!P1_5)return 12;  //4
        if(!P1_6)return 13;  //5
        if(!P1_7)return 14;  //6
        if(!P3_6)return 15;  //-
        if(!P3_7)return 16;  //MRC
        P1=0xfb;
        if(!P1_4)return 21;  //%
        if(!P1_5)return 22;  //1
        if(!P1_6)return 23;  //2
        if(!P1_7)return 24;  //3
        if(!P3_6)return 25;  //+
        if(!P3_7)return 26;  //M-
        P1=0xf7;
        if(!P1_4)return 31;  //?
        if(!P1_5)return 32;  //0
        if(!P1_6)return 33;  //.
        if(!P1_7)return 34;  //=
        if(!P3_6)return 35;  //+
        if(!P3_7)return 36;  //M+

        P1=0xfF;P3_3=0;
        if(!P1_4)return 41; //
        if(!P1_5)return 42; //
        if(!P1_6)return 43; //
        if(!P1_7)return 44; //
        if(!P3_6)return 45; //
        if(!P3_7)return 46; //
        return 0;
}
```

（3）红外发射函数 SendIRdata()

严格按照红外 NEC 协议格式编码，通过定时器产生的 38kHz 载波发射信号。

```
void SendIRdata(char p_irdata)
{
  int i;
  char irdata=p_irdata;

  //发送 9ms 的起始码
  endcount=223;
  Flag=1;
  count=0;
  P3_4=0;
  do{}while(count<endcount);

  //发送 4.5ms 的结果码
```

```
endcount=117;
Flag=0;
count=0;
P3_4=1;
do{}while(count<endcount);

//发送十六位地址的前 8 位
irdata=iraddr1;
for(i=0;i<8;i++)
{

    //先发送 0.56ms 的 38kHz 红外波（即编码中 0.56ms 的低电平）
    endcount=10;
    Flag=1;
    count=0;
    P3_4=0;
    do{}while(count<endcount);

    //停止发送红外信号（即编码中的高电平）
    if(irdata-(irdata/2)*2)    //判断二进制数个位为 1 还是 0
    {
        endcount=15;    //1 为宽的高电平
    }
    else
    {
      endcount=41;      //0 为窄的高电平
    }
    Flag=0;
    count=0;
    P3_4=1;
    do{}while(count<endcount);

    irdata=irdata>>1;
}

//发送十六位地址的后 8 位
irdata=iraddr2;
for(i=0;i<8;i++)
{
    endcount=10;
    Flag=1;
    count=0;
    P3_4=0;
    do{}while(count<endcount);

    if(irdata-(irdata/2)*2)
    {
        endcount=15;
    }
    else
    {
      endcount=41;
    }
    Flag=0;
    count=0;
```

```
    P3_4=1;
    do{}while(count<endcount);

    irdata=irdata>>1;
}

//发送 8 位数据
irdata=~p_irdata;
for(i=0;i<8;i++)
{
    endcount=10;
    Flag=1;
    count=0;
    P3_4=0;
    do{}while(count<endcount);

    if(irdata-(irdata/2)*2)
    {
        endcount=15;
    }
    else
    {
      endcount=41;
    }
    Flag=0;
    count=0;
    P3_4=1;
    do{}while(count<endcount);

    irdata=irdata>>1;
}
//发送 8 位数据的反码
irdata=p_irdata;
for(i=0;i<8;i++)
{
    endcount=10;
    Flag=1;
    count=0;
    P3_4=0;
    do{}while(count<endcount);

    if(irdata-(irdata/2)*2)
    {
        endcount=15;
    }
    else
    {
      endcount=41;
    }
    Flag=0;
    count=0;
    P3_4=1;
    do{}while(count<endcount);

    irdata=irdata>>1;
```

```
    }

      endcount=10;
      Flag=1;
      count=0;
      P3_4=0;
   do{}while(count<endcount);
      P3_4=1;
      Flag=0;
}
```

（4）其他函数

定时器处理和延时函数。定时器 0 负责产生 38kHz 的脉冲信号，经典 51 单片机的定时器不能自动赋初值，需要在中断里加上。延时函数按照经典 51 单片机的速度进行设置。

```
//定时器 0 中断处理
void timeint(void) interrupt 1
{
    TH0=0xFF;
    TL0=0xE6；ctrl //设定时值为 38K，也就是每隔 26μs 中断一次
    count++;

}

void delay()
{
    int i,j;
    for(i=0;i<400;i++)
    {
        for(j=0;j<100;j++)
        {
        }
    }
}
```

这个发射代码比起任务 1 的代码来说复杂一些，仅多了按键的识别内容，其发射功能基本一样。区别在于经典 51 单片机发射的调制码是由一般定时器产生的，而任务 1 是由 PWM 定时器产生的。

3. 仿真效果

如图 21-9 所示，我们在红外发射器中按数字 6，数码管将通过红外解码获得的键值 6 显示出来。

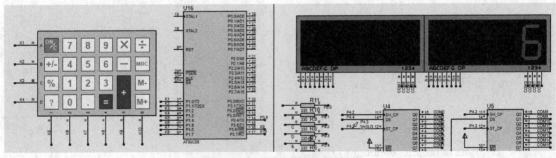

图 21-9　红外接收仿真显示按键值

4. 难点剖析

为了进一步分析,我们在 P3.6 端口接入示波器 A 端,同时为了对比红外解码效果,我们加入一体化红外接收器(器件名为 IRLINK)。此接收器可以将发射出来的红外信号进行解调,恢复没有红外载波的原始信号。将此信号线和示波器 C 端连接,如图 21-10 所示。

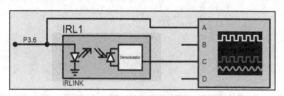

图 21-10 红外接收仿真电路分析图

图 21-11 是 A 端捕获的红外波形的一个完整周期图,可以非常清楚地辨别其中的引导码。

图 21-12 是示波器对用户码波形部分放大后的图。我们可以看出其对应的用户码(01100000)就是"6"(00000110)。解码时从低位到高位,用户码后面就是用户反码(10011111),接收码和反射码反相。注意打开示波器会降低 Proteus 软件的运行速度,数码管显示延迟明细。

图 21-11 红外发射波形

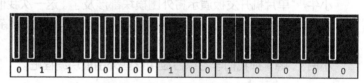

图 21-12 红外发射波形放大图

21.6 知识拓展——【人物】黄立:打造红外"中国芯"

1987 年,黄立从华中工学院(现华中科技大学)毕业,已入党的他心怀"强军梦""强国梦",将全部积蓄及青春投入红外成像"高、精、尖"国防产品和技术的研发中。在他的带领下,高德红外攻克红外探测器核心芯片研发生产技术难关,并达到国际一流水平,摆脱了西方多年的技术封锁,实现完全自主可控。

黄立认为,自己有责任、有义务为国家研制急需的尖端红外核心技术,为国家的红外事业开辟一番新的天地。他曾说:"作为国家培养的科技人才,国家把我们从一无所知的青少年培养成有用的科技人才,首先就是要报效祖国。"

【思考与启示】

1. 黄立为国家做出了哪些贡献?
2. 黄立的故事给我们什么启示?

21.7 强化练习

1. 不用 STC8 自带的 PWM 功能,采用软件定时器产生 PWM 的方式实现红外发射功能。
2. 执行完成红外自发自收程序,通过红外发送按键,单片机接收到数据后用数码管显示。

第22章
综合项目

22

本章讲解一个综合项目，对开发板资源通过程序进行整体演示，同时指出下一步单片机学习的方向。

22.1 情境导入

小白："感觉 STC8 单片机的主要模块都学习差不多了，开发板上还有不少外围模块没有涉及，能否一起讲讲？"

小牛："单片机开发板演示将外围模块都涉及了。这一次我们从项目本身出发，根据项目需求来一步步编写程序。因为涉及的外围模块众多，程序框架相对复杂，图形化编程不适合开展思路，需要直接用 C 语言编写程序。"

小白："嗯，那我们学习综合应用这些外围模块编程吧。"

22.2 学习目标

【知识目标】
1. 了解开发板其他常用模块。
2. 学习多模块程序设计方法。
3. 了解下一步学习的方向。

【能力目标】
1. 能进行常用模块编程。
2. 会进行多模块融合程序的 C 语言编程。

22.3 相关知识

22.3.1 点阵模块

开发板使用的点阵模块如图 22-1 所示，是一个 8×8 LED 点阵模块，内部包含 64 个发光二极管，且每个发光二极管放置在行线和列线的交叉点上，LED 点阵显示模块可显示汉字、图形、图案及英文字符等，需要用取模软件将字符转换成点阵图形后显示。

根据行是 LED 阳极还是阴极，点阵模块分为行共阳和行共阴两种。天问 51 开发板上的点阵为行共阳点阵。

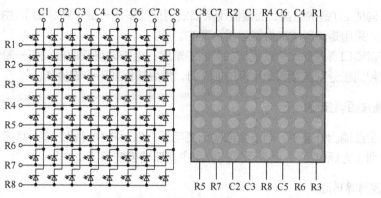

图 22-1　8×8LED 点阵内部图

点阵图形化指令如表 22-1 所示。如果要显示图形，就需要用扫描来实现，其原理和数码管的扫描一样，让每一列轮流显示。天问 51 开发板已经将这一动态扫描过程封装成一个回调函数，直接使用指令 2 即可。

表 22-1　点阵图形化指令

常用指令	图形化指令实例
点阵初始化在 P6 端口	点阵初始化在 P6 ▾
点阵扫描回调函数	点阵扫描回调函数
点阵清屏函数	点阵清屏
点阵屏显示数字	点阵屏显示数字 123
点阵屏显示字符串	点阵屏显示字符串 " abcd "
设置点阵屏在第几行、第几列显示点	点阵屏显示点在第 0 行第 0 列
设置点阵屏在第几行、第几列清除点	点阵屏清除点在第 0 行第 0 列
设置点阵屏显示图案	点阵屏显示图案
点阵更新显示缓存	点阵更新显示缓存 mylist
设置点阵屏显示自带图案	点阵屏显示图案 ♥ (大) ▾

22.3.2　矩阵键盘模块

矩阵键盘是单片机外部设备所使用的排布类似于矩阵的键盘组。键盘中按键数量较多时，为了减少 I/O 口的占用，通常将按键排列成矩阵形式。在矩阵式键盘中，每条水平线和垂直线在交叉处不直接连通，而通过一个按键加以连接。这样，一个端口（如 P7 端口）就可以构成 4×4=16 个按键，比直接将端口线用于键盘构成的按键多出了一倍，而且线数越多，区别越明显，比如再多加一条线就可以构成 20 键的键盘，而直接用端口线则只能多出一键（共 9 键）。由此可见，在需要的键数比较多时，采用矩阵形式来做键盘是合理的。

但是节省端口资源的代价就是增加判断的难度。矩阵键盘获取按键值一般使用行列扫描法，将键盘的行线和列线分别连接到单片机的 I/O 口，然后按照如下步骤操作。

1. 判断是否有按键按下

使行线全部输出低电平，列线全部输出高电平，然后将列线置为输入状态，检测列线的状态，只要有一根列线为低电平，就表示矩阵键盘中有按键被按下了。

2. 按键消除抖动

在第 1 步中如果检测到有按键按下，则使用软件消抖的方法延时 20ms 左右，再次判断是否有列线为低电平，如果仍有列线为低电平，则认为确实有按键被按下，进入到第 3 步处理，否则，认为是抖动，不予识别，回到第 1 步重新开始按键检测。

3. 按键识别

确认有按键被按下后，接下来就是最关键的内容：确定哪个按键被按下。这需要用逐行扫描的方法来确定。先扫描第一行，即将第一行对应的端口输出低电平，然后读每一列的电平，当出现某一列为低电平，说明该列与第一行的交叉点的按键被按下，如果所有列都是高电平，说明第一行的按键都未被按下，那么开始扫描第二行，以此类推，直到找到被按下的键所在的行与列的交叉点。

4. 键值确定

在第 3 步中，当确定有按键被按下，则按照事先确定好的按键序号，根据行与列的交叉位置确定键值。键值一般按照一定的规律排列，例如 1,2,3,4…。若确定第一行第一列的交叉点按键为 1 号按键，第一行与第二列交叉点的按键为 2 号按键，……，第四行与第四列的交叉点的按键为 16 号按键。

这些操作代码用 C 语言编写比较复杂，但是图形化指令都对其进行了封装，方便调用。其图形化指令如表 22-2 所示。

表 22-2　矩阵键盘图形化指令

常用指令功能	图形化指令实例
矩阵键盘初始化	矩阵键盘初始化
矩阵键盘获取按键值	矩阵键盘获取按键值
矩阵键盘扫描回调函数	矩阵键盘扫描回调函数

22.4　项目设计

点阵电路图如图 22-2 所示。天问 51 开发板上的点阵和数码管一样，阳极都连接到了 595 的输出端，阴极连接到了 P6 端口。

矩阵键盘电路如图 22-3 所示，占用了 P70～P77 端口。

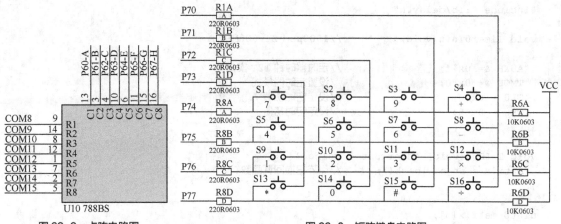

图 22-2 点阵电路图

图 22-3 矩阵键盘电路图

任务 1 点阵显示爱心

用点阵显示跳动的爱心的图形化编程如图 22-4 所示。

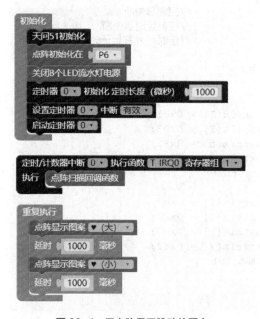

图 22-4 用点阵显示跳动的爱心

相关 C 语言代码如下。

```
#define MATRIX_PORT P6
#define MATRIX_PORT_MODE {P6M1=0x00;P6M0=0xff;}//推挽输出

#include <STC8HX.h>
uint32 sys_clk = 24000000;//设置 PWM、定时器、串口、EEPROM 频率参数
#include "lib/twen_board.h"
#include "lib/matrix.h"
#include "lib/led8.h"
```

```c
#include "lib/delay.h"

void Timer0Init(void)              //1000µs（24.000MHz）
{
  AUXR &= 0x7f;                    //定时器时钟 12T 模式
  TMOD &= 0xf0;                    //设置定时器模式
  TL0 = 0x30;                      //设定定时初值
  TH0 = 0xf8;                      //设定定时初值
}

void T_IRQ0(void) interrupt 1 using 1{
  matrix_scan_callback();          //点阵扫描回调函数
}

uint8 matrix[8];

void setup()
{
  twen_board_init();               //天问 51 开发板初始化
  matrix_init();                   //点阵初始化
  led8_disable();                  //关闭 8 个 LED 流水灯电源
  Timer0Init();
  EA = 1;                          //控制总中断
  ET0 = 1;                         //控制定时器中断
  TR0 = 1;                         //定时器 0 开始计时
}

void loop()
{
  matrix[0] = 0xe3;matrix[1] = 0xc1;
  matrix[2] = 0x81;matrix[3] = 0x03;
  matrix[4] = 0x03;matrix[5] = 0x81;
  matrix[6] = 0xc1;matrix[7] = 0xe3;
  matrix_update_buf(matrix);
  delay(1000);
  matrix[0] = 0xff;matrix[1] = 0xe7;
  matrix[2] = 0xc3;matrix[3] = 0x87;
  matrix[4] = 0x87;matrix[5] = 0xc3;
  matrix[6] = 0xe7;matrix[7] = 0xff;
  matrix_update_buf(matrix);
  delay(1000);
}

void main(void)
{
  setup();
  while(1){
    loop();
  }
}
```

图形化代码很少，但是对应 C 语言代码很长。这很正常，因为点阵显示代码本来就是较高层次的 LED 闪烁灯代码。要控制这些灯显示出各种图案、字符和数字，当然要更多代码。本例中，点阵"大心"和"小心"图案已经预定义在图形化指令中，可以像流水灯一样交替调出来显示。另外，显示模式也采用了和数码管类似的扫描回调函数，在定时器中扫描实现动态显示效果。

图形化模块可以自定义显示图案，相当于内置一个简单的取模软件。这对于点阵应用非常方便。

任务 2　矩阵键盘按键值显示

本任务要获取矩阵键盘的按键值，并在数码管上显示，其图形化编程如图 22-5 所示。

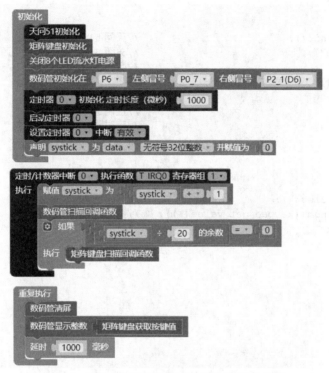

图 22-5　用数码管显示矩阵键盘按键值的图形化编程

主要 C 语言代码如下。

```c
#include <STC8HX.h>
uint32 sys_clk = 24000000;//设置 PWM、定时器、串口、EEPROM 频率参数
#include "lib/twen_board.h"
#include "lib/led8.h"
#include "lib/nixietube.h"
#include "lib/keypad.h"
#include "lib/delay.h"

uint8 systick = 0;

void Timer0Init(void)        //1000μs（24.000MHz）
{
  AUXR &= 0x7f;              //定时器时钟 12T 模式
  TMOD &= 0xf0;             //设置定时器模式
  TL0 = 0x30;               //设定定时初值
  TH0 = 0xf8;               //设定定时初值
}
```

```
void T_IRQ0(void) interrupt 1 using 1{
  systick = systick + 1;
  nix_scan_callback();                     //数码管扫描回调函数
  if(systick % 20 == 0){
    io_key_scan();                         //矩阵键盘扫描回调函数
  }
}

void setup()
{
  twen_board_init();                       //天问 51 开发板初始化
  led8_disable();                          //关闭 8 个 LED 流水灯电源
  nix_init();                              //数码管初始化
  Timer0Init();
  EA = 1;                                  //控制总中断
  ET0 = 1;                                 //控制定时器中断
  TR0 = 1;                                 //定时器 0 开始计时
}

void loop()
{
  nix_display_clear();                     //数码管清屏
  nix_display_num((keypad_get_value()));   //数码管显示整数
  delay(1000);
}

void main(void)
{
  setup();
  while(1){
    loop();
  }
}
```

矩阵键盘需要不断扫描，确定按键是否按下。为了提高代码效率，特别通过定时器中断方式来调用矩阵键盘扫描回调函数 io_key_scan()。同时调用的还有数码管显示回调函数 nix_scan_callback()。由于数码管需要动态显示设定的时间是 1ms，而矩阵键盘按键时间在 20ms 以上（库函数建议 50ms）。代码通过一个累加循环变量和 20 求余的方式实现。其扫描检测到的按键值到主循环 loop 中写入数码管显示。

任务 3　开发板综合测试程序

本任务就是我们的天问 51 开发板演示测试代码，它以任务 2 的代码为基础，通过矩阵键盘不同按键实现不同任务。其基本要求如下。

```
/* *************************************************************
                   天问 51 开发板演示测试程序
 * 开机蜂鸣器响、电机振动、背光 RGB 亮、OLED 显示"天问"，按 7 键测试加速度
 * 按 8 键测试 SPIFlash，按 9 键红外收发，按 5 键测试电位器转动 ADJ 数值变化
 * 按 6 键测试 RTC 读写时间、数码管显示时间，按 1 键数码管轮动测试 8 个数码管
 * 按 2 键测试 8 个流水灯是否正常，按 3 键显示亮度和温度，按 0 键测试点阵
   *************************************************************/
```

我们在第3章介绍开发板时，演示了开发板测试程序。这里我们从零开始，根据软件工程的思想，按照项目要求一步步实现功能，对标实际开发。

1. 绘制流程图

对于流程比较复杂的程序，先绘制基本流程图框架。本程序的基本流程图如图22-6所示。

根据流程图编写出基本框架代码，也就是一般程序的main()函数。

2. 建立新工程

打开天问Block新建工程，自动生成以下代码。

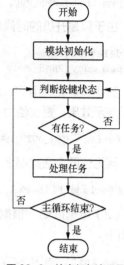

图22-6 综合任务流程图

```
#include <STC8HX.h>
uint32 sys_clk = 24000000;
                       //设置PWM、定时器、串口、EEPROM频率参数
#include "lib/twen_board.h"

void setup()
{
  twen_board_init();  //天问51开发板初始化
}

void loop()
{

}

void main(void)
{
  setup();
  while(1){
    loop();
  }
}
```

3. 实现开机程序

开机蜂鸣器响、电机振动、背光RGB亮、OLED显示"天问"。开机程序都是用setup()函数实现的。

（1）开机蜂鸣器响。因为天问51开发板初始化所有端口都是准双向口模式。虽然该模式驱动能力弱，但是对LED和数码管等器件还是有影响的，首先需要关闭。

初始化函数Setup()加入代码如下。

```
led8_disable();                    //关闭LED
hc595_init();
hc595_disable();                   //关闭数码管
```

然后开始蜂鸣器初始化，找到蜂鸣器对应接口P00，加入代码如下。

```
pwm_init(PWM5_P00, 523, 512);          //蜂鸣器初始化
```

由于只是开机的时候响，蜂鸣器发声代码也放入 setup() 函数。需要放入的代码如下。

```
delay(1000);                           //PWM 必须有延时，这里设置 1s
pwm_duty(PWM5_P00, 0);                 //PWM 调整 3 个参数分别是引脚、频率、占空比
```

该函数需要调用 PWM_DUTY_MAX，默认数值 10000，调速太慢。因为只是开机演示，为保证演示效果，更改值为 1000。在头文件后面加入代码如下。

```
#define PWM_DUTY_MAX 1000              //pwm_duty()需调用该参数
```

因为这两个函数都是 PWM 头文件定义的，需要加入头文件代码如下。

```
#include "lib/PWM.h"
```

（2）电机振动。根据天问 51 开发板电路图，电机连接 P27 的 PWM4，在 setup() 加入代码如下。

```
pwm_init(PWM4N_P27, 1000, 800);        //电机
pwm_duty(PWM4N_P27, 0);                //注意这个也要延时，放在 delay（1000）后面
```

代码调试通过。

（3）背光 RGB。为了调用 RGB 模块，我们先加入相关头文件和灯的个数，代码如下。

```
#include "lib/rgb.h"
#define RGB_NUMLEDS 6                   //RGB 灯的个数
```

RGB 模块在 P45，点灯应该设置成推挽输出。我们在 setup() 函数中加入初始化和点亮彩灯代码。

```
P4M1|=0x02;P4M0&=~0x02;
  rgb_init();
  rgb_show(0, 150,150, 150);
  rgb_show(1, 150,150, 150);
  rgb_show(2, 150,150, 150);
  rgb_show(3, 150,150, 150);
  rgb_show(4, 150,150, 150);
  rgb_show(5, 150,150, 150);
```

我们只是测试，不用使 RGB 模块一直亮。我们加入如下灭灯函数的代码，也放在 delay(1000) 后面。

```
  rgb_show(0,0,0,0);
  rgb_show(1,0,0,0);
  rgb_show(2,0,0,0);
  rgb_show(3,0,0,0);
  rgb_show(4,0,0,0);
  rgb_show(5,0,0,0);
```

（4）OLED 显示。加入 "lib/oled.h" 头文件，初始化函数和显示函数，代码如下。

```
#include "lib/oled.h"
  oled_init();      //初始化 OLED
  oled_clear();
  oled_show_font32("天问 5 1",0,0);
  oled_display();
```

测试通过，开机代码结束。为了避免 PWM 继续输出，更改相关端口，代码如下。

```
P0M1|=0x01;P0M0&=~0x01;          //蜂鸣器引脚设置为高阻输入
 P2M1|=0x80;P2M0&=~0x80;          //电机引脚设置为高阻输入
```

4. 按键任务

基本要求：按 7 键测试加速度，按 8 键测试 SPIFlash，按 9 键测试红外收发，按 5 键测试电位器转动 ADJ 数值变化，按 6 键测试 RTC 读写时间、数码管显示时间，按 1 键数码管轮动测试 8 个数码管，按 2 键测试 8 个流水灯是否正常，按 3 键显示亮度和温度，按 0 键测试点阵。

显然我们要将矩阵键盘初始化，然后在主循环函数中增加按键扫描判断代码，根据确定的按键值来调用不同模块。

（1）矩阵键盘初始化，加入如下代码。

```
#include "lib/keypad.h"
 keypad_init();              //按键初始化
```

先定义变量 key_value，代码如下。

```
xdata int8 tem_value = -1;
 int8 key_value;
```

在主循环函数中加入键盘扫描函数 keypad_get_value()。

```
void loop()
{
  key_value = keypad_get_value();
      switch(key_value)
        {
          case 0:
          break;

          case 1:
          break;
......
          default:
   break;
}
}
```

看上去以上框架没有问题。

（2）做第一个测试。按 7 键测试加速度。需要在 setup()函数中加入加速度初始化代码。同时添加头文件和加速度运行值变量 accData，可以参考天问 Block 自带的加速度范例，直接复制相关语句。

```
#include "lib/qma7981.h"
xdata int32 accData[3];
 qma7981_init();   //加速度初始化
```

然后在 loop()中的 case 7 下面加入加速度值的 OLED 显示代码，如下。

```
case 7:
      qma7981_read_acc(accData);
      oled_clear();
```

```
        oled_show_font12("加速度",0,0);
        oled_show_num(30,15,accData[0]);   //acc_x
        oled_display();
        delay(200);
    break;
```

（3）添加其他任务。添加其他任务就是在主循环函数中增加 case 分支。中间这些模块我们都演示过，这里不再重复，大家可以自行练习。直接到最后一个 case 按 0 键测试点阵。

```
case 0:       //点阵测试
    oled_clear();
    oled_show_string(0,0,"key 0");
    oled_display();
    P6 = 0x00;
    for(i=8;i<16;i++){     //8~15点阵
        hc595_bit_select(i);
        delay(100);
    }
    hc595_disable();
    nix_display_clear();
    tem_value = -1;
    TR0 = 1;
    break;
```

这个程序将众多单片机资源和外设器件集成在一起演示，便于读者理解单片机功能和各个外设器件的使用方法。但客观来说，程序是基于主循环实现的，效率不高。中间使用的定时中断也是因为显示回调函数和红外解码的需要。

22.5 项目实现

22.5.1 开发板演示

开发板任务演示步骤和第 3 章基本类似，略去。

开发板演示
（点阵）

开发板演示
（矩阵键盘）

22.5.2 Proteus 仿真实例

1. 任务 1 仿真

点阵仿真电路图如图 22-7（a）所示（器件名称：MATRIX-8X8-GREEN），其仿真结果如图 22-7（b）所示。仿真显示的图案不如真实开发板显示的"心形"。原因和数码管显示类似，因为仿真条件的和我们在真实条件下设定的动态显示效果不一致。这里没有必要为了仿真效果去改变库函数的延时时间和定时回调函数功能，仿真毕竟只是虚拟的。

Proteus 仿真实例
（点阵和矩阵
键盘）

2. 任务 2 仿真

矩阵键盘仿真电路图如图 22-8 所示。它和真实矩阵键盘电路不同，Proteus 软件中的键盘没有接电源和电阻器。我们在第 17 章 I^2C 总线仿真时候提过相关理由，STC15 的端口接上拉电阻器时容易出现问题，所以用传统的准双向口模式来仿真，单片机可以供电。这样就没有必要加上拉电阻器了。

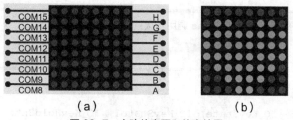

图 22-7　点阵仿真图和仿真结果

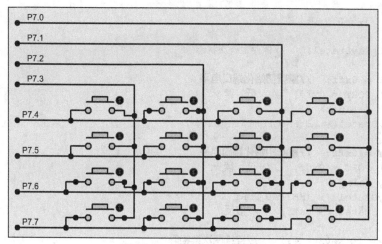

图 22-8　矩阵键盘仿真电路图

而且因为没有了外接电源和上拉电阻器，按键的瞬时电位不能确定。为了保证效果，我们需要在矩阵键盘扫描函数中增加端口电位初始化代码。

但是在天问 Block 中为了仿真效果而改变库函数是错误思路。解决方案有两个：一是重新生成一个专门针对仿真的库函数，我们在第 17 章 I²C 仿真中演示过；另外就是直接将库函数的相关代码合并到主函数文件中实现。这里我们用第二个方案，具体操作如下。

（1）合并库函数

将任务 2 的库函数 keypad.h 里面的内容复制到主函数文件，同时删除对该库函数的引用，代码如下。

```
#include "lib/twen_board.h"
#include "lib/led8.h"
#include "lib/nixietube.h"
//#include "lib/keypad.h"
#include "lib/delay.h"
......
void keypad_init();                //按键初始化
int8 keypad_get_value();           //获取按键值
void io_key_scan();
......
```

运行效果和原来的代码相同。

（2）更改按键扫描函数

相关 C 语言代码如下。

```c
//==================================================================
// 描述：按键扫描函数(需在中断中 50ms 调用一次)
// 参数：none.
// 返回：none.
//==================================================================
void io_key_scan()
{
    static uint8  IO_KeyState, IO_KeyState1, IO_KeyHoldCnt;    //行列键盘变量
    static uint8  KeyHoldCnt; //键按下计时

    uint8  j,x=0,y=0;

    j = IO_KeyState1;    //保存上一次状态

    KEYPAD_PORT = 0xff;    //重新初始化端口电平
    KEYPAD_PORT = 0xf0;    //x低，读y
    io_key_delay();
    IO_KeyState1 = KEYPAD_PORT & 0xf0;

    KEYPAD_PORT = 0xff;    //重新初始化端口电平
    KEYPAD_PORT = 0x0f;    //y低，读x
    io_key_delay();
    IO_KeyState1 |= (KEYPAD_PORT & 0x0f);
    IO_KeyState1 ^= 0xff;    //取反

    if(j == IO_KeyState1)    //连续两次读相等
    {
        j = IO_KeyState;
        IO_KeyState = IO_KeyState1;
        if(IO_KeyState != 0)    //有键按下
        {
            F0 = 0;
            if(j == 0)  F0 = 1; //第一次按下
            else if(j == IO_KeyState)
            {
                if(++IO_KeyHoldCnt >= 20)    //1s 后重新按键
                {
                    IO_KeyHoldCnt = 18;
                    F0 = 1;
                }
            }
            if(F0)
            {
                switch(IO_KeyState >> 4)
                {
                    case 0x01:y=1;break;
                    case 0x02:y=2;break;
                    case 0x04:y=3;break;
                    case 0x08:y=4;break;
                    default:y=0;break;
                }
                switch(IO_KeyState & 0x0f)
```

```
                {
                    case 0x01:x=4;break;
                    case 0x02:x=3;break;
                    case 0x04:x=2;break;
                    case 0x08:x=1;break;
                    default:x=0;break;
                }
                if((x != 0) && (y != 0))
                {
                    _key_code = _keypad_tab[(y-1)*4+(x-1)];
                }
            }
        }
        else    IO_KeyHoldCnt = 0;
    }
    KEYPAD_PORT = 0xff;
}
```

以上代码就是本节开始介绍的矩阵键盘的行列扫描法。在进行行列扫描之前必须用"KEYPAD_ PORT = 0xff;"给仿真电路一个确定的电平状态，否则行列扫描会失败。任务 2 仿真结果如图 22-9 所示，数码管初始化显示-1，按下不同的键就会反馈相应的按键值，比如现在按键 9，再扫描到没有按键时又显示为-1。

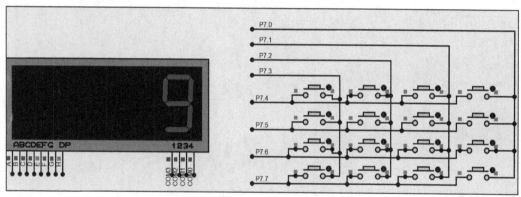

图 22-9 任务 2 矩阵键盘数码管显示效果

有了矩阵键盘，我们就可以一步步仿真任务 3 了。由于器件过多计算量会加大，仿真速度非常慢，并且系统会经常崩溃，所以综合实验尽量仿真时将一些器件去掉。当然，读者也可以自己设计一些单片机项目，综合几个器件完成任务。

22.6 知识拓展——【科普】软件工程思想

单片机实质是对硬件进行相关操作，相对来说编程比较简单。但是对于一些复杂的综合类项目，我们还是需要了解软件工程。

软件工程是应用计算机科学、数学、逻辑学及管理科学等原理开发软件的工程。软件工程借鉴传统工程的原则、方法，以提高质量、降低成本和改进算法。其中，计算机科学、数学用于构建模型与算法，工程科学用于制定规范、设计范型、评估成本及确定权衡，管理科学用于计划、资源、质量、成本等管理。

【思考与启示】

1. 为什么复杂一点的单片机项目需要相关人员有软件工程的思想？
2. 如何将软件工程思想应用到实际项目中？

22.7　强化练习

1. 用点阵设计倒计时显示，从 9 到 0，然后循环。
2. 按照任务 3 要求，一个个地添加按键任务并完成代码。

第23章
使用天问Block高级技能

23

本章在读者掌握了图形化和 C 语言编程单片机技能后，指出了下一步单片机学习的方向。

23.1　情境导入

小白：“学习完了天问 Block 开发新思路和开发板模块使用方法后，下一步该怎么做？”

小牛：“天问 Block 方便初学者快速入门单片机开发。从综合项目可以看出，涉及复杂编程时还是需要以 C 语言为主。在软件方面，我们需要进一步提高 C 语言编程技能。在硬件方面，我们需要掌握不同类型开发板的使用方法。另外天问 Block 还包含一些高级应用。掌握这些我们可以进一步提高单片机的使用技能。”

小白：“嗯，那我们来进一步了解这些技能吧。”

23.2　学习目标

【知识目标】

1. 了解 Keil 仿真。
2. 了解天问 Block 的图形库制作。
3. 了解天问 51 开发板无线下载器。
4. 了解天问 51-mini 开发板。

【能力目标】

1. 能将天问 51 开发板编程代码导入 Keil 中仿真。
2. 会进行图形化编程扩展库制作。
3. 会使用 STC-LINK-WIFI 下载仿真器。
4. 会接入其他开发板。

23.3　相关知识

23.3.1　Keil 仿真

从第 22 章的综合项目可以看出，涉及复杂编程时还是以 C 语言为主。相信经过前面的学习，读者更理解第 2 章关于天问 Block 和 Keil 的描述：对于比较简单的基于 STC 单片机的项目，我们可以全程用天问 Block 取代 Keil 生成执行代码。对于一个相对复杂而且需要调试仿真的单片机项目，由于天问 Block 暂时还不支持，因此还是需要将代码导入 Keil。

天问 Block 的代码编译器是小型设备 C 编译器（Small Device C Compiler，SDCC）。SDCC 的特点是免费、开源和跨平台，其源代码与 Keil 的 C 语言代码的稍许不同，所以不能直接将代码直接复制到 Keil 中使用，需要调整代码才能编译通过。

例如，对于 sfr 和 sbit 的定义，通过天问 Block 的 STC8H 头文件，就可以看到区别了。

```
/*  BYTE Register  */
__sfr __at(0x80) P0;
/*  BIT Register  */
/* P0 */
__sbit __at(0x80) P0_0;
__sbit __at(0x81) P0_1;
__sbit __at(0x82) P0_2;
__sbit __at(0x83) P0_3;
__sbit __at(0x84) P0_4;
__sbit __at(0x85) P0_5;
__sbit __at(0x86) P0_6;
__sbit __at(0x87) P0_7;
```

为了方便地导入 Keil，天问 Block 提供了在线代码导入 Keil 进行仿真，可以和传统的 Keil 开发流程无缝对接。

23.3.2　无线下载器

STC-LINK-WIFI 无线下载器如图 23-1 所示，它在 STC-LINK 的基础上增加了 Wi-Fi 模块，可以远程给设备下载程序，集成了有线下载、无线下载、脱机烧写、仿真 4 种功能。其中有线下载支持全系列 STC 芯片，并支持仿真功能。无线下载和脱机烧写目前仅支持 STC8H 系列芯片，后续会通过 OTA 远程升级功能陆续支持其他芯片。

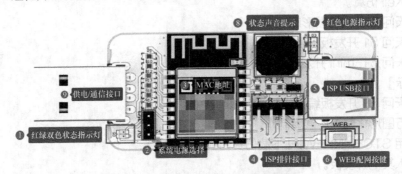

图 23-1　STC-LINK-WIFI 无线下载器

由于使用了 Wi-Fi 技术，因此无线下载不光可以在局域网进行，还可以远程进行。比如可以建立一个服务器版的单片机硬件实训室，让学生远程实操。长期以来，硬件标准化实操考试一直是个难点，无法像软件技能考试一样，只要一台计算机就可以实现。STC-LINK-WIFI 无线下载器提供了这种可能性，给我们的单片机学习带来巨大的操作空间。

脱机烧写是指 STC-LINK-WIFI 无线下载器会保存上一次无线下载过的程序。可以用这个功能代替脱机下载设备，不用计算机就可以给一批单片机烧录程序，对于批量生产非常方便，而且可以随时随地烧录单片机。

23.3.3　天问 51-Mini 开发板

天问 51-Mini 开发板是专为学习开发板的阶段性课程后快速开发小项目而诞生的，板载低成本 STC8H 芯片，接口采用面包板引出，方便焊接分立元器件。通过自己亲手搭建电路、焊接电路、调试电路、编写程序，才能做到真正的融会贯通，学以致用。

芯片采用 STC8H1K08-36I-TSSOP20，8KB Flash、256B RAM、1KB 扩展 RAM、4KB EEPROM；2 路串口、1 路 SPI、1 路 I²C、10 位 ADC，GPIO 多达 17 个。天问 51-Mini 开发板的孔位设计灵感来源于面包板，孔位间距为标准的 2.54mm，能简化焊接时的飞线，如图 23-2 和图 23-3 所示。

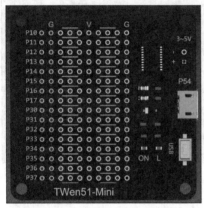

图 23-2　天问 51-Mini 开发板

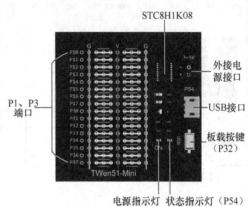

图 23-3　天问 51-Mini 开发板飞线焊接和主要部件

23.4　项目 1　将天问 Block 代码导入 Keil 中仿真

Keil 的仿真不是基于软件本身的仿真，而是基于单片机的硬件仿真。这种硬件仿真是对标实际产品开发场景的，比 Proteus 软件虚拟仿真要真实和有用得多，毕竟通过前面那些基础实验我们也看到了 Proteus 软件的很多局限性。另外 Keil 的硬件仿真功能取决于硬件是否支持，比如 STC8 系列单片机支持硬件仿真，经典 51 单片机是不能进行硬件仿真的。项目 1 将介绍天问 Block 代码导入 Keil 平台仿真的步骤。

将天问 Block 代码
导入 Keil 中仿真

23.4.1　将天问 Block 代码导入 Keil

（1）如图 23-4 所示，将天问 Block 单击①"云保存"后，然后单击②"个人中心"（如果前面没有登录，需要先登录）。

（2）此时个人中心弹出的浏览器页面就出现了刚才保存的项目，如图 23-5 所示。选择①"STC8 打开"。

（3）在弹出的好好搭搭在线页面中，如图 23-6 所示，选择"导出 keil 工程"选项，就会生成一个包含 Keil 工程的压缩文件。

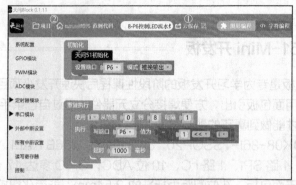

图 23-4　云保存个人代码

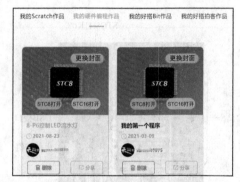

图 23-5　用 STC8 模式打开云代码

图 23-6　导出 Keil 代码

23.4.2　仿真环境设置

（1）参考连接方式，连接 STC8H 设备和下载器到计算机上。

（2）打开 STC-ISP 软件，设置芯片型号 STC8H8K64U 和串口号 Silicon Labs CP210x USB to UA，如图 23-7 所示。

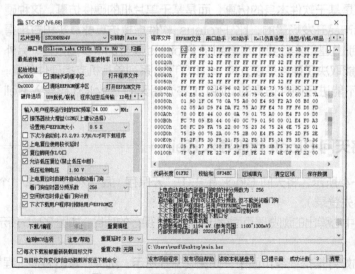

图 23-7　配置好单片机型号和串口号

（3）设置用户程序运行的 IRC 频率，必须与调试程序的主频一致，如图 23-8 所示。

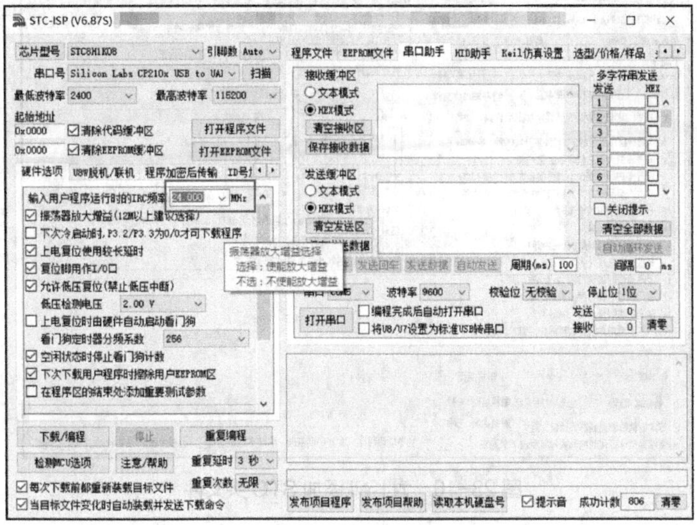

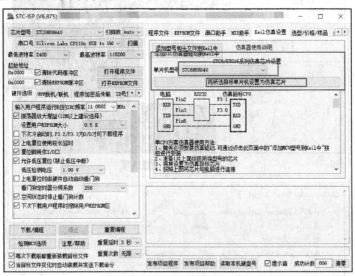

图 23-8　设置 IRC 频率

（4）如图 23-9 所示，选择单片机型号，单击"将所选目标单片机设置为仿真芯片"按钮，系统自动下载仿真监控程序到单片机中。

图 23-9　设置仿真芯片型号

（5）单击"添加型号和头文件到 Keil 中，添加 STC 仿真器驱动到 Keil 中"按钮，如图 23-10 所示，按提示添加，注意文件目录要和 Keil 安装目录一致。

至此，单片机已设置成仿真单片机，Keil 中也添加了 STC8H8K 的头文件，仿真器驱动也安装完成。

（6）打开 Keil 软件，可以使用天问 51 开发板的 Keil 版源码进行编程。设置仿真调试器，如图 23-11 所示，右击"Target1"项目，在弹出的快捷菜单中选择"Options for Target 'Target1'"。

（7）找到 Debug 选项卡，选择"STC Monitor-51 Driver"选项，并单击右侧的"Settings"按钮，如图 23-12 所示。

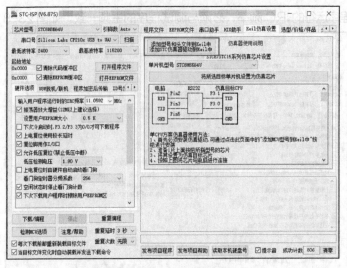

图 23-10　为 Keil 添加 STC 头文件

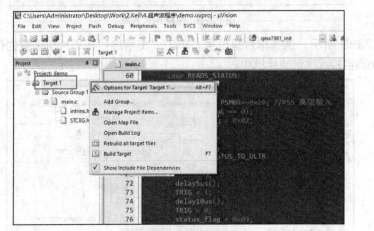

图 23-11　进入设置选项

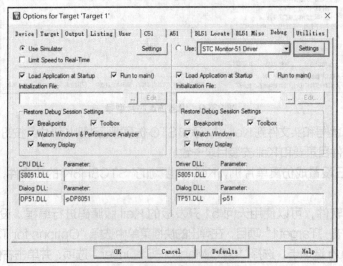

图 23-12　选择 STC 仿真

（8）如图 23-13 所示，在"Target Setup"对话框中根据下载器所在的串口号选择
"COMxx"，单击"OK"按钮，Keil 软件设置完毕。

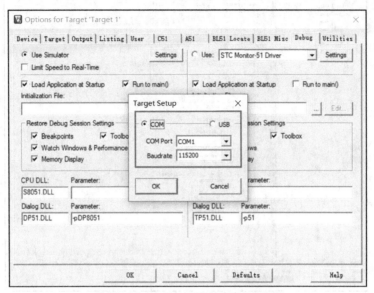

图 23-13　Keil 中 STC 仿真串口号设置

23.4.3　仿真基本操作

（1）给芯片断电再上电（不能遗漏这一步），确保芯片可进入仿真；单击"Start/Stop Debug
Session" ⊕ · 按钮，自动下载程序，并进入仿真调试状态。启动 Keil 仿真如图 23-14 所示。

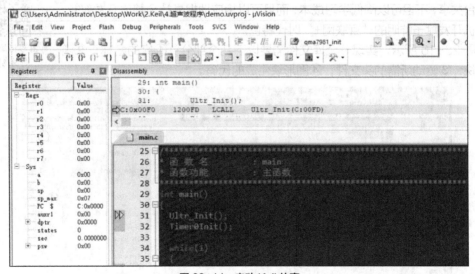

图 23-14　启动 Keil 仿真

（2）在工具栏里根据需要单击"复位" ⦂ |、"全速运行" ▣ 、"停止" ◉ 、"单步运行"
等按钮，还可以自己设置断点，查看变量。Keil 硬件仿真过程如图 23-15 所示。

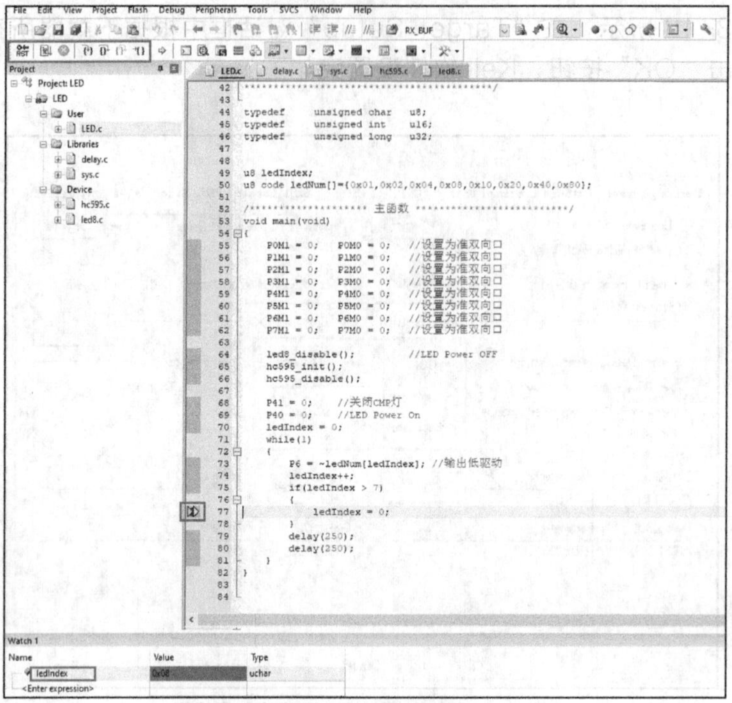

图 23-15　Keil 硬件仿真过程

23.5　项目 2　图形化编程扩展库制作

　　图形库将大量底层寄存器和协议代码封装，方便用户使用。但是现在还有大量的模块没有图形库，使得相关开发过程相对复杂。天问 Block 可以制作图形库并在平台共享，不但可以降低学习成本，而且可以相应地提高社会整体开发效能，为单片机开发赋予鲜明的"互联网+"时代特色。

　　如图 23-16 所示，实现一个库文件需要以下几个部分：①库的名称；②函数图形块；③驱动所需的头文件；④图形块生成的代码。

图形化编程扩展
库制作

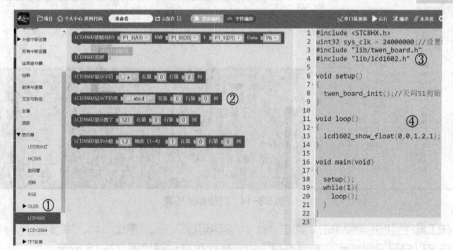

图 23-16　图形库指令代码构成

下面就以 LCD1602 为例，通过库开发工具完成库文件的制作。

23.5.1　库的添加和库开发工具

单击编程界面左下角的"添加扩展"按钮，出现图 23-17 所示的"扩展"界面，顶部的工具栏有"官方库""用户库""新建库"。

"官方库"就是通过官方验证发布的库，编程时可以直接加载使用。如图 23-17 所示，界面包含内容：①库封面；②库项目链接；③库的中文名称和介绍。

"用户库"是用户自己编写的私有库，上传加载使用。

"新建库"即库开发工具。

每个库都有一个封面图，包含项目链接，中文名称和介绍内容。新建库前要规划好以下文件和内容。

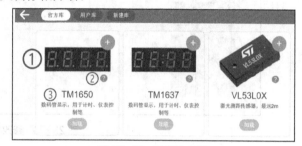

图 23-17　"扩展"界面

（1）分辨率为 262 像素×150 像素的封面图（格式为 jpg 或 png)一张（若没有图片，可用内部默认图片）。

（2）准备好"xxx.h"驱动文件，格式可以从天问 Block 的字符编程模式中查看（若无驱动文件，应确保生成代码内置库文件有）。

（3）规划好库的中文名称、英文名称、库的介绍文字。

（4）规划好库里要使用的图形块名称（英文）和调用函数生成的代码。

根据以上要求，规划库的中文名称为"液晶屏测试"，英文名称为"lcdtest_lib"，介绍文字为"液晶库制作测试使用"。用图形块先制作一个 LCD1602 液晶屏初始化模块（模块名称为"lcdtest_init"），程序模块内容"液晶屏初始化 RS xx RW xx E xx 数据口 xx"，生成代码为"lcd1602_init();"。

头文件采用原库中的"lib/C51_lcd1602.h"，适用单片机为 C51 单片机。

使用的封面图如图 23-18 所示。

这时候单击"新建库"，出现图 23-19 所示界面，其中包含了模块名称、模块外观、连接样式和颜色等参数。

图 23-18　LCD1602 液晶屏库封面图　　　　图 23-19　"新建库"界面

23.5.2　新建库流程

（1）先修改模块名称、外观、连接样式、颜色等内容，如图 23-20 所示。

图 23-20　修改模块参数

（2）添加模块的输入节点：假输入文本、值输入 rs\rw\e\port，如图 23-21 所示。

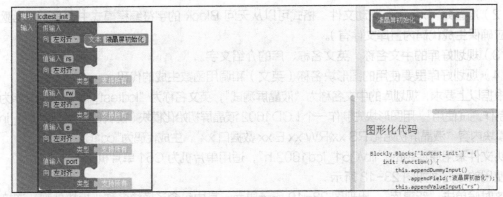

图 23-21　添加模块输入节点

（3）给每个输入节点添加文本：RS、RW、E、数据口，如图 23-22 所示。

图 23-22　给输入节点添加文本

（4）如图 23-23 所示，在声明中添加"声明"模块。单击"设置"按钮添加 5 个"option"，分别用于 4 个声明和 1 个头文件声明。

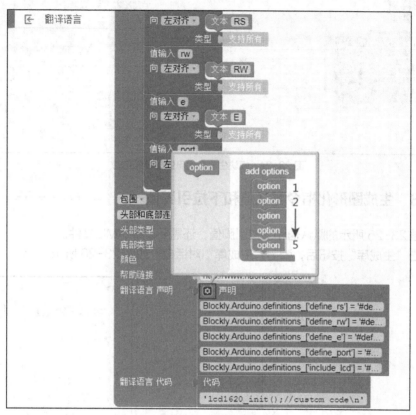

图 23-23　添加声明

第一个声明是"#define LCD1602_RS"，语句如下。

```
Blockly.Arduino.definitions_['define_rs'] = '#define LCD1602_RS '+value_rs;
```

其中'define_rs'是自定义内容，等于号后面是生成代码的内容，value_rs 是 rs 输入框的值，最终可以生成代码：#define LCD1602_RS P1_0。注意'#define LCD1602_RS '，RS 后面要有空格，否则生成的代码会是：#define LCD1602_RSP1_0。

第二、三、四个声明原理和第一个声明一样，语句如下。

```
Blockly.Arduino.definitions_['define_rw'] = '#define LCD1602_RW '+value_rw;
Blockly.Arduino.definitions_['define_e'] = '#define LCD1602_E '+value_e;
Blockly.Arduino.definitions_['define_port'] = '#define LCD1602_Data '+value_port;
```

第五个是头文件声明，语句如下。

```
Blockly.Arduino.definitions_['include_lcd'] = '#include "lib/C51_lcd1602.h"'
```

在代码部分输入：'lcd1620_init();//custom code\n'。

（5）各部分声明、头文件、代码生成输入后如图 23-24 所示，至此图形模块生成和代码生成全部设置完成。

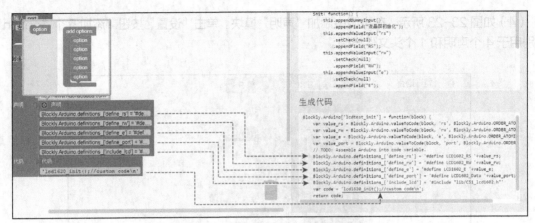

图23-24　模块生成和代码生成设置完成

23.5.3　生成图形化指令默认值和下拉引脚值

要生成图23-25所示的默认值和下拉引脚值，还需要设置XML文件。

（1）单击"生成库"按钮后，弹出"生成库"对话框，如图23-26所示。

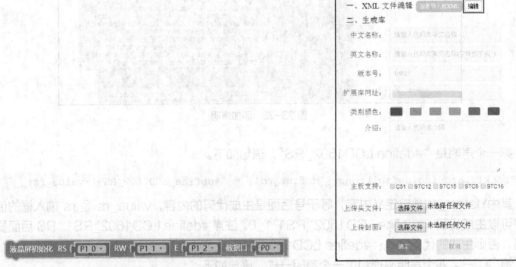

图23-25　图形化模块带默认值和下拉引脚值　　　　图23-26　"生成库"对话框

（2）单击XML文件"编辑"按钮，弹出"XML文件编辑页面"，如图23-27所示。在右上角"插入常用值"下拉菜单中选择"插入引脚"，左边XML编辑器中就会加入"插入引脚"命令对应的XML代码到原来光标对应位置。

（3）如图23-28所示，在XML编辑器中插入3个引脚和1个端口，并修改值输入框的名称。修改后最终结果如图23-29所示。修改完成后，单击"保存"按钮，就会保存XML文件并退回到图23-26的生成库窗口。

（4）在"生成库"对话框中，按图23-30所示设置。单击"确定"按钮，生成库"lcdtest_lib.zip"。至此天问Block中导入了液晶屏测试库，就可以使用这个库了。

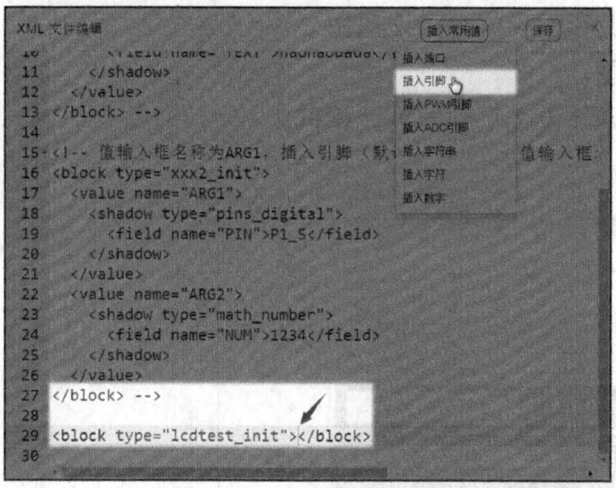

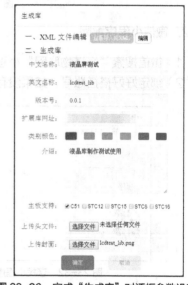

图 23-27　XML 文件编辑页面

图 23-28　修改说明

```
1  <block type="lcdtest_init">
2    <value name="rs">
3      <block type="pins_digital">
4        <field name="PIN">P1_0</field>
5      </block>
6    </value>
7
8    <value name="rw">
9      <block type="pins_digital">
10       <field name="PIN">P1_1</field>
11     </block>
12   </value>
13
14   <value name="e">
15     <block type="pins_digital">
16       <field name="PIN">P1_2</field>
17     </block>
18   </value>
19
20   <value name="port">
21     <block type="ports">
22       <field name="PIN">P0</field>
23     </block>
24   </value>
25 </block>
```

图 23-29　最终的 XML 文件

图 23-30　完成"生成库"对话框参数设定

23.6　项目 3　STC-LINK-WIFI 下载器使用

STC-LINK-WIFI 无线下载器的有线下载和代码仿真部分与有线下载器的基本一致，不赘述。要实现脱机烧写，只需要按无线下载器自带的 WEB 键，就可自动下载程序到设备里。本节重点讲解无线下载功能。

STC-LINK-WIFI
下载器使用

23.6.1　配网

1. 程序设置配网

（1）参考连接方式，连接 STC8H 设备和相关下载器到计算机上。

（2）打开天问 Block，将设备切换到 STC8。

（3）编写配网程序，如图 23-31 所示，并将编写程序烧写到设备里。

（4）下载并安装 STC-LINK-WIFI 无线下载器。

（5）按住 WEB 键，再次插入 STC-LINK-WIFI 无线下载器到计算机。

（6）配置成功后，状态指示灯变蓝色并常亮。

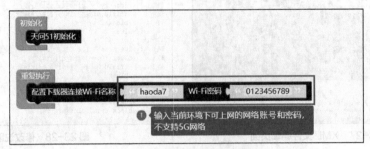

图 23-31　完成 Wi-Fi 配网程序

2. 微信小程序配网

（1）微信搜索"好搭物联网"小程序，如图 23-32 所示。

（2）绑定好好搭搭账号，如果没有则需要先注册，如图 23-33 所示。

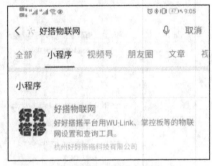

图 23-32　查找小程序

图 23-33　绑定好好搭搭账号

（3）设置 STC-LINK-WIFI 无线下载器进入配网模式，如图 23-34 所示。

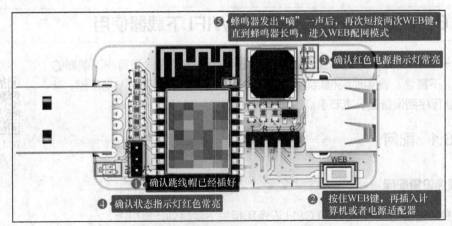

图 23-34　设置无线下载器进入配网模式

① 确认跳线帽已经插好。

② 按住 WEB 键，再插入计算机或者电源适配器。

③ 确认红色电源指示灯常亮。

④ 确认状态指示灯显示红色并常亮。

⑤ 蜂鸣器发出"嘀"一声后，再次短按两次 WEB 键，直到蜂鸣器长鸣，进入 WEB 配网模式。

（4）将微信小程序切换到配置 Wi-Fi 功能页操作配网，如图 23-35 所示。

① 切换到"配置 Wi-Fi"页面。

② 选择配置 Wi-Fi。在 Wi-Fi 列表中选择"haohaodadaXXXX"（不同操作系统的计算机中的地址与实际使用可能不一致）。

③ 配置页面中输入设备对应的 Wi-Fi 名称和密码，只支持 2.4G 频段，不支持 5G 频段。

④ 单击配置按钮开始配置，蜂鸣器发出"嘀"一声，无线下载器的状态指示灯变蓝并常亮。

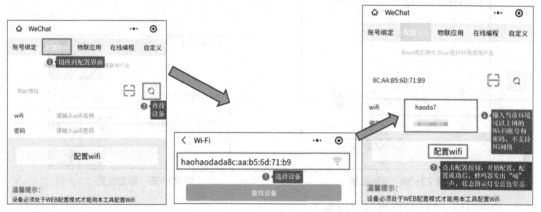

图 23-35　微信小程序配网成功

3. WEB 配网

（1）设置 STC-LINK-WIFI 无线下载器进入配网模式的操作同微信配网模式，此处不再赘述。

（2）打开手机的网络设置界面，确认连接到"haohaodadaXXXX"网络，如图 23-36 所示。

（3）打开浏览器，输入"192.168.4.1"，进入 WEB 配置页面，配置方法和微信小程序类似，具体如图 23-37 所示。

图 23-36　连接无线选择器 Wi-Fi 网络

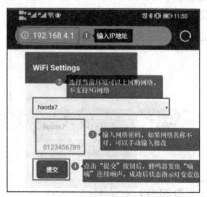

图 23-37　WEB 配网成功

23.6.2 绑定设备

1. 通过微信小程序绑定

（1）微信搜索"好搭物联网"小程序。

（2）绑定好好搭搭账号，如果没有请注册。

（3）在"账号绑定"页面，点击"添加设备"按钮，如图 23-38 所示，进入"绑定设备"页面，进行绑定设备操作，具体如图 23-39 所示。

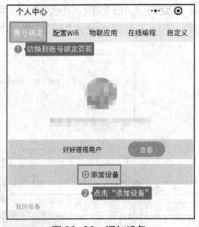

图 23-38 添加设备

图 23-39 绑定设备

① 扫描模块上的 MAC 地址二维码。

② 系统默认的设备别名是"我的无线下载器"，可以更改。

③ 单击"绑定设备"按钮，完成设备绑定。

2. 通过编程网页端

（1）登录好好搭搭在线编程页面，选择开发单片机型号"STC8"，如图 23-40 所示。

（2）进入编程页面，单击"添加"按钮，添加 MAC 地址，如图 23-41 所示。如果用微信小程序绑定过设备，就会自动显示；如果用其他方式配网，需要手动输入 MAC 地址。注意输入法应切换到英文模式，地址中的"："不能遗漏。

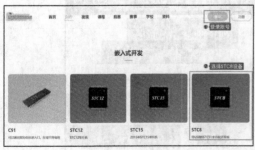

图 23-40 在线绑定 1

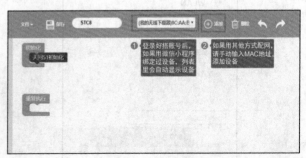

图 23-41 在线绑定 2

23.6.3　编译下载

程序编写完成后，单击上方的"无线下载"按钮，程序会自动在服务器编译，编译成功后程序会通过网络下载到设备，如图 23-42 所示。

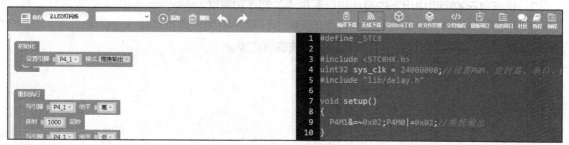

图 23-42　无线下载

23.7　项目 4　使用天问 51-Mini 开发板

天问 51-Mini 开发板编程和标准天问 51 开发板几乎一样，此处不再重复描述，只是需要注意以下几点。

1. 天问初始化

用户在对天问 51-Mini 进行图形化编程的时候，要特别注意：不能添加天问初始化图形块。

因为天问 51 图形块是针对天问 51 开发板的，主要是将开发板上 RGB、LED 灯、数码管、点阵等外设，在初始化的时候关闭，防止开机的时候意外开启。

使用天问 51-Mini
开发板

2. 10 位模数转换器

天问 51-Mini 上的集成芯片是 STC8H1K08，其内部的模数转换器精度是 10 位。而天问 51 开发板上的芯片是 STC8H8K64U，其内部的模数转换器精度是 12 位。所以，在使用到天问 51-Mini 上的模数转换器时，要特别注意其精度，应该选择 10 位精度的模数转换器。如果选择了 12 位精度的模数转换器，那么它只是启用 10 位精度的模数转换器。这点要特别注意。

23.8　知识拓展——【案例】乐鑫科技为物联网打造中国芯

天问无线下载器用到的 Wi-Fi 无线芯片是中国乐鑫科技有限公司生产的 ESP8266。自从 2014 年这款芯片上市以来，其以出色的性能和成本优势红遍全球，连续多年在 WiFi-MCU 领域占据市场第一位。乐鑫科技一直在为工业和消费电子制造商提供高集成的芯片设计，能够以极具竞争力的价格提供智能连接的产品，为中国芯片行业树立了榜样。

【思考与启示】

1. 为什么 ESP8266 能在市场中胜出？

2. 体会中国体制对高科技企业的推动作用。

23.9　强化练习

1. 从前面各章节任务中选几个导入 Keil 进行硬件仿真，体会硬件仿真的重要性。
2. 选择自己的项目中用到的模块进行图形库的制作和测试。
3. 将通过天问开发板实现的项目尝试用天问 51-Mini 开发板重新搭建。
4. 尝试给其他类型的 STC 开发板增加无线烧录功能。